高等学校电子信息类"十二五"规划教材

微型计算机原理与接口技术

主　编　刘永军　孙素静

副主编　刘玉红　林立忠　刘伟峰

西安电子科技大学出版社

内 容 简 介

本书选取微机的基础性知识和重点内容，在微机系统整体概念的基础上，帮助读者对微机基本知识和内容、基本原理和方法进行全面系统的理解和掌握。其主要内容包括微型计算机系统概述与基础知识、微处理器与系统总线、8086 的指令系统与寻址方式、汇编语言与程序设计、存储系统、输入/输出接口系统、中断技术与中断控制器、DMA 技术与定时/计数技术、并行接口技术、串行接口技术、人机交互接口技术、模拟量的输入/输出接口、微机应用系统设计等。

本书适用于本科层次的"微机原理与应用"、"微型计算机技术"、"计算机硬件技术基础"、"计算机接口技术"等课程的教学，可满足计算机类专业本科、机电类专业本科必修课程的学习，也可满足工学本科相关课程选修、高层次专科、非信息类研究生课程的需要。此外，本书也为各方面的工程技术人员和广大的微机爱好者提供了有价值的参考资料。

图书在版编目(CIP)数据

微型计算机原理与接口技术/刘永军，孙素静主编. —西安：西安电子科技大学出版社，2013.9
高等学校电子信息类"十二五"规划教材
ISBN 978-7-5606-3177-6

Ⅰ. ① 微… Ⅱ. ① 刘… ② 孙… Ⅲ. ① 微型计算机—理论—高等学校—教材 ② 微型计算机—接口技术—高等学校—教材 Ⅳ. ① TP36-33

中国版本图书馆 CIP 数据核字(2013)第 191258 号

策　　划　毛红兵
责任编辑　买永莲　毛红兵
出版发行　西安电子科技大学出版社(西安市太白南路 2 号)
电　　话　(029)88242885　88201467　　　邮　编　710071
网　　址　www.xduph.com　　　　　　　电子邮箱　xdupfxb001@163.com
经　　销　新华书店
印刷单位　陕西天意印务有限责任公司
版　　次　2013 年 9 月第 1 版　　2013 年 9 月第 1 次印刷
开　　本　787 毫米×1092 毫米　1/16　印　张　22
字　　数　522 千字
印　　数　1～3000 册
定　　价　39.00 元

ISBN 978-7-5606-3177-6/TP

XDUP 3469001-1

如有印装问题可调换

前　言

　　计算机是人类历史上最伟大的科技成就之一，计算学科也是当今教育领域最活跃、发展最快的学科。微型计算机系统作为 20 世纪 70 年代的伟大成就，一经出现便得到迅猛的发展和普及。尤其是近些年来，随着网络的普及、测控技术的广泛而深入的应用、消费电子市场的开拓等，微机技术在当今社会得以广泛应用，成为人们工作、生活、学习、娱乐的必需。微机方面的知识成为人们知识结构的必要组成部分，尤其对于电子信息类和机电类工科学生具有重要的意义。

　　本书根据教育部高等学校计算机科学与技术教学指导委员会和计算机基础课程教学指导委员会对相关课程的要求，并结合编者自身在计算机方面多年的工作体会，尤其是对于微机系统教学、科研的积累编写而成。本书具有理论性、系统性、完整性和实践性的特点，以微型计算机的硬件技术为主，突出软硬件结合、理论与实践结合，强调基本概念、基本原理、基本方法和技能，淡化内部原理，强化外部接口与应用，注重"宽基础、高素质"的创新能力培养，并具有启发、引导读者自主学习的作用。

　　本书在编写上保持"宽编窄用"的原则，选取微机的基础性知识和重点内容，满足"微机原理与应用"、"微型计算机技术"、"计算机硬件技术基础"、"计算机接口技术"和"汇编语言程序设计"等课程的教学需要，知识面涵盖"高等学校计算机科学与技术专业规范"和"大专院校计算机基础教学基本要求"，突出基础和技术应用，深入浅出地引导能力的培养，把微机系统的概念、理论和技术知识融入实践应用，加深对微机技术本质的认识和理解。

　　本书包含微机基本原理、汇编语言程序设计、微机接口技术与应用三大主体内容，对微机技术所涉及的知识进行了系统而全面的编排。书中各章的内容系统、详尽、实用，每章均附有代表性的习题，可作为巩固、检验和综合练习以及进一步思考的依据。书后的附录包含课程所需的基础知识以便查阅和进行实践指导。

　　全书的规划和内容组织由刘永军、孙素静完成，刘玉红、林立忠、刘伟峰参与了统稿和审定等工作，并分别编写了第 1～3 章、第 12～13 章的内容，第 4～11 章和附录分别由王彦芳、张翠肖、赵翠俭、李建勋、王福宁、徐红、刘仁芬、赵宁、叶青编写完成。本书的编写和出版得到了专家前辈、众多朋友同仁和出版社老师的鼎力相助，在此表示衷心感谢，并对提供参考文献和资料的专家、学者表示感谢。

　　微型计算机技术内容丰富，广博而精深，是计算机系统平台知识领域的深入课程，其针对的计算环境是微型计算机系统，既涉及指令级的问题求解又涉及局部模块、系统级(硬件系统)的问题求解。作为教材和参考资料，本书无法面面俱到和深入剖析，由于定位和篇幅等因素，参考性内容没有过多涉及或展开。希望本书能为读者展现微机的主干脉络的基本而关键的技术，使读者在把握微机计算环境的构成和运行机理的基础上，通过相应环境中的应用开发方法，初步领悟计算机系统级的问题求解及其计算思维的方式。另外，由于编者水平所限，本书存在的不尽如人意和不当之处，希望读者予以谅解，并恳请广大读者不吝批评、指正，以便今后继续提高、改进。

编　者

2013 年 7 月

目 录

第 1 章　微型计算机系统概述与基础知识

【教学提示】

本章介绍微型计算机(微机)系统的基本构成，微机技术及其学科的基本知识，同时对计算机工作的本质、基本数字电路、基本的编码与运算等基础知识作一些必要的介绍。其中的有关内容读者可根据自己的基础和认识情况自行选择或作为阅读、参考材料。

【教学目标】

- 了解各种常见的微机系统；
- 掌握微机系统的硬件组成及主要技术指标、基本技术等；
- 建立计算机学科的基础认识；
- 重点掌握计算机的基本逻辑和部件；
- 重点掌握计算机的编码与运算等。

本章主要从微机系统的整体层面构建一个概要性的认识，并简略介绍一些必要的基本知识，以使读者对以后的学习有一个整体了解和基础性准备。

1.1　微机系统概述

在二战期间，真正具有现代意义的计算机诞生了，之后随着电子技术的发展，计算机硬件所采用的器件经历了电子管、晶体管、集成电路(SI)、大规模集成电路(LSI)乃至超大规模集成电路(VLSI)，计算机从第一代、第二代、第三代直至现在的第四代，并呈现出不同体系结构、运算速度、规模、适用领域的巨型机、大型机、小型机和微型机等不同层次的系列机型。计算机在体积、能耗、可靠性、运算速度、复杂性、技术、应用等方面不断提高或改善，形成了现代计算机工业和新兴计算机学科(计算学科)对其他行业和学科的广泛渗透、交叉与融合，引起了现代社会经济、技术、学术等领域的深刻变革。以计算机技术为核心的 IT 行业已成为当前经济发展的重要支柱之一，是现代化最重要的标志。

微型计算机系统包括桌面/膝上型通用微机系统、测控类专用微机系统、家电消费电子类微机系统等。微机所涉及的范围从传统的办公管理、科学计算、企业管理、教育、工业控制，到人们日常生活的方方面面，如信息家电、手持信息设备、汽车电子、移动通信与计算等。从 20 世纪 90 年代后期的桌面系统通用微机到专门应用的微机，它们在众多行业或领域发挥着举足轻重的作用。微型化的计算机系统涵盖了计算机应用的绝大部分领域，验证了比尔·盖茨对 21 世纪 PC 时代的预言——计算无处不在。

计算机正朝着两极化方向发展，即巨型化和微型化。巨型化计算机追求更高处理速度、更大存储容量、更快吞吐率等目标；微型化计算机则以体积小、可靠性高、价格低廉为目标。微型计算机系统作为一个重要的独立类别，不但成为日常计算的首选，而且引领了后 PC(Post-PC)时代的大潮，引起了通用机和专用机市场的本质变化。

1.1.1 微机系统的三个层次

微型计算机系统从局部到全局存在三个层次，即微处理器—微机—微机系统。三个层次的微机系统有不同内涵，具有不同的组装形式和系统规模。

1. 微处理器

微处理器(MPU)也叫微处理机，它本身并不是计算机，但它是微机的核心部件。微处理器包括算术逻辑部件(ALU)、控制部件(CU)和寄存器组(Registers)三个基本部分，通常由一片或几片 LSI、VLSI 器件组成。

2. 微型计算机

微型计算机是以微处理器为核心，加上由大规模集成电路制作的存储器(ROM 和 RAM)、输入/输出接口和系统总线组成的，具有独立运算的功能。有的微机则是将这些组成部分做在一个印制电路板上或集成在一个超大规模芯片上，称之为单板计算机或单片机(国际标准叫法是微控制器(MCU))。

3. 微机系统

微机系统是以微机为核心，再配以相应的外围设备、电源、辅助电路和控制微机工作的软件而构成的完整的计算系统。软件分为系统软件和应用软件两大类。系统软件用来支持应用软件的开发与运行，它包括操作系统、标准实用程序和各种语言处理程序等；应用软件是用来为用户解决具体应用问题的程序及有关的文档和资料。微机系统是完整的计算系统，是能够正常独立工作的一般意义上的"电脑"，属于通用计算机范畴。

1.1.2 微机系统的基本构成

微型计算机系统包含硬件系统和软件系统两大部分。硬件系统是构成微机系统的"硬"设备，软件系统则是运行在硬件系统上的程序，包括系统软件和应用软件。

计算机的组织构成千差万别，但从体系结构与组成角度看，都是冯·诺依曼系统结构的。计算机包括运算器、控制器、存储器、输入设备和输出设备五大部分，并有机地结合在一起。计算机的初始设计是以运算器为核心构造的，现在已演化成以存储器为核心的结构，如图 1.1 所示。微型计算机系统(简称微机)是微型化的计算机。

微型计算机系统的构成如图 1.2 所示。

微机的硬件结构与计算机的硬件结构一致，作为一种普及型机型，微机在构成上有微处理器、存储器、I/O 接口、I/O 设备总线和外设等，如图 1.3 所示。

图 1.1 计算机的基本结构

图 1.2 微型计算机系统的构成

图 1.3 微机的基本构成

按照认识习惯,微机硬件包括主板、**CPU**、内存、键盘、鼠标、显示器、硬盘、机箱以及各种接口卡等。

微机的软件系统为用户使用计算机提供了方便。操作系统负责管理系统资源,是对硬件裸机的第一层扩展,负责调度系统的处理器、存储器、任务进程、文件操作,并提供输入/输出的管理和控制,减轻用户使用计算机时的 **I/O** 负担。各类应用软件具体完成针对用户需要的各种功能。

1.1.3　微机的主要技术指标与术语

1. 主频

数字电路是微处理器和外围芯片的基础，其工作需要时钟频率信号作为数据传递和处理的时间和时序控制信号。微处理器时钟信号的频率又称为微机的主振频率(简称主频)。一般来说，微处理器的主频越高，其处理速度越快，因此不断提高主振频率是处理器性能发展的物理手段和途径之一。主振频率一般用 MHz 或 GHz 来表示。

2. 字长

字长是微处理器内部一次可以处理的二进制的位数，与微处理器内部数据总线宽度、寄存器位数、算术/逻辑运算一次处理的位数相一致，代表着微机处理能力和处理的精度，一般用"位"来表示。如 16 位机，处理器字长的位数为 16，称为 1 个字(Word)，其信息内部表示、加工处理和传输的最大位数为 16。

3. 存储容量

存储容量是微机的内部存储部件能够存储二进制信息量的衡量指标，一般用位来表示，其中 8 位(bit)二进制代码称为 1 个字节(Byte)。字节是存储容量的基本衡量单位，1 个字节记为 1 B，1024 B 记为 1 KB，1024 KB 记为 1 MB，1024 MB 记为 1 GB，1024 GB 记为 1 TB，1024 TB 记为 1 PB，另外还有 EB、ZB、YB、NB、DB 等衡量单位。

4. 系统总线

系统总线是连接微机各个功能部件的公共通道部件，其性能对微机系统性能起关键的作用。系统总线的数据宽度和传输数据的时钟频率是其主要指标，决定着总线的吞吐率。总线的传输位数越多，工作的时钟频率越高，系统总线的数据吞吐率就越高，微机的整体性能也就越好。总线通常传递地址信息、数据信息和控制信息等。系统总线包括地址总线、数据总线和控制总线。微机总线标准有 ISA、EISA、VESA、PCI 等。

5. 外围配置

微机的外围设备及其接口电路是微机与用户交互的主要设备，为用户使用计算机提供方便，在微机系统中具有重要的地位。外围设备的功能直接影响微机的可用性。常用外围设备有键盘、鼠标、显示器、音箱、硬盘、光驱、打印机、网卡以及各种接口电路等。

1.1.4　微机系统的发展与分类

计算机发展史是人类生产力进步的历史。20 世纪 40 年代以前计算机器漫长的积累和不断发展的过程，大体可划分为算盘时代、机械时代和机电时代。现代计算机的历史从 1943 年英国数学家图灵领导制造出的一台名叫"巨人"(Colossus)的电子计算机(它专门用于译码，由于英国政府的保密制度，人们对它的成就了解甚少)和哈佛大学研制的 Mark-I 开始，以宾夕法尼亚大学于 1946 年研制成功的第一台高速、通用电子计算机 ENIAC 为标志，电子计算机进入一个快速发展的崭新阶段。从真空管和电子管计算机、晶体管计算机、集成电路计算机到大规模和超大规模集成电路(VLSI)计算机，实现了从人工机械、动力机械到电子器械的飞跃。由初步的计算机技术构思、初步的程序控制理论、电子管技术、晶体管技术到集成电路技术的产生和突破，计算机经历了少年时期的疯长，进入到了青年时期。靠着人类智慧的哺育，下一轮的飞速成长将使计算机变成众多学科交叉结合而成的"精灵"。

值得一提的是，我国古代技术文明也为计算机的诞生起到了间接的推动作用。公元前12 世纪，伏羲八卦的计数方式(阴爻、阳爻)直接关联计算机的二进制基本计算方法。伏羲八卦演化成的《周易》一书，是古人认识自然世界和人类社会的经典著作。另外，流传久远且广泛的算盘，也是一种构思奇妙的手动计算装置。

现在普遍使用的微机是 20 世纪 70 年代随着微处理器诞生而出现的。40 多年来，集成电路技术伴随着摩尔定律(1965 年由 Intel 公司创始人 Gordon Moore 预言的定律)而发展。摩尔定律指出未来 10 年中，每 18 个月处理器芯片上的晶体管数量都会翻一番。实际情况是在持续 40 多年的历史中，半导体工业不仅实现了每 18 个月晶体管数目加倍，计算机技术的其他方面也都应验着相同的发展规律，如磁盘容量、存储器容量、处理器性能、网络的普及等，也都呈现了类似的指数增长的情况。当前微处理器和微机得到了迅速发展，几乎每两年微处理器的性能和集成度就提高一倍，每 3～5 年微机就要更新换代一次。

微处理器(MPU)是构成微机的核心部件，统称中央处理单元或中央处理器(CPU)，简称处理器。根据微处理器的处理能力和特性，按照发展的时间顺序排列，微处理器的发展经历了以下几个历史阶段。

1．第一阶段(1971—1972 年)

第一阶段主要是 4 位和低档 8 位微处理器。其代表产品是美国 Intel 公司的 4004 和 4040 微处理器芯片，以及 8008 等，字长为 4 位，集成度为 2300 管/片，时钟频率为 1 MHz。

2．第二阶段(1973—1977 年)

第二阶段主要是中高档 8 位微处理器。MPU 采用 Intel 公司的 8080/8085、Motorola 公司的 MC6800、美国 Zilog 公司的 Z80 等产品，字长为 8 位，地址线为 16 条，集成度达 1 万管/片，时钟频率为 2 M～4 MHz，运算速度比第一代微处理器提高了 10 倍。

3．第三阶段(1978—1984 年)

第三阶段主要是 16 位微处理器。以 Intel 8086/8088、Z8000 和 MC68000 微处理器为代表构成的微机，字长为 16 位，地址线为 20 条，集成度为 2 万～6 万管/片，时钟频率为 4 M～8 MHz。后期的 Intel 80286 和 MC68010，字长为 16 位，地址线为 24 条，集成度为 13 万管/片，时钟频率高达 6 M～25 MHz，微处理器的内部结构和功能进一步得到完善和优化。其中，8088 即 8086 加上外部 8 位数据总线，属于准 16 位机型。

4．第四阶段(1985—1992 年)

第四阶段为 32 位微处理器时代。以 Intel 80386 和 MC68020 微处理器为代表构成的微机，字长为 32 位，地址线为 32 条，集成度为 15 万～50 万管/片，时钟频率高达 16 M～40 MHz。后来推出的 Intel 80486 等产品，制造工艺和集成度、时钟频率进一步提高。浮点运算单元(FPU)(相当于 80387)集成到 i486 处理器芯片，协处理器完成浮点运算功能，增加了平面寻址模式，在结构、功能、应用等方面有了大幅度的进步，代表了小型机的微型化水平。

5．第五阶段(1993—1999 年)

随着高档 32 位微处理器时代的到来，Intel 公司的 Pentium 机时代开始。因为 Intel 无法获得 CPU 编号的商标保护，所以改变了沿用数字命名的惯例，创造了"Pentium"这个词，汉译名为"奔腾"，称为 P5，即公司的第五代机。同时的代表产品还有 AMD、Cyrix 的同档次微处理器。这一时期的微处理器集成度高达 350 万管/片，时钟频率为 50 M～166 MHz，采用了许多大型机上的一些技术，如超标量结构、超流水线技术、大容量二级缓存技术等。1995 年，Intel 公司向世界宣布了它的第六代机 Pentium Pro(高能奔腾)。1997 年和 1999 年，Intel 先后发布了 Pentium Ⅱ(奔腾 2 代)、Pentium Ⅲ(奔腾 3 代)和 Pentium 4(奔腾 4 代)，统称为 P6，其微处理器集成度达 1000 万管/片，时钟频率为 1GHz。

6. 第六阶段(2000 年以后)

Intel 公司推出的第一个非 P6 核心的全新 32 位微处理器的 Pentium Ⅳ，采用 20 级分支预测/恢复的超级管道技术，算术逻辑单元(ALU)能运行到处理器核心频率的 2 倍，具备乱序执行等从大型计算机下移的技术。在这个阶段，AMD、Intel、HP、IBM 等各大计算机业内公司研制成功字长为 64 位的微处理器芯片，采用 0.18～0.25 μm 技术的制作工艺，工作频率达 1 GHz 以上，以 Intel 推出的 64 位微处理器芯片 Itanium 为代表的芯片为标志。进入 21 世纪，以 64 位技术为核心的"64 位微机时代"已经到来。近年来不断推出双核甚至多核处理器，其思想是将大规模并行处理器中的 SMP(对称多处理器)集成到同一芯片内，各个处理器并行执行不同的进程，从而利用线程级并行性提高系统性能。其优点是简化处理器核，利于优化设计并获得较高主频，缩短设计和验证时间，发展前景非常看好。除了采用多核处理器满足人们对并行处理的需求外，图形处理器(GPU)也逐渐成熟和普及。

微处理器的发展日新月异，也仅仅是计算机科学起步短短几十年的初步成就。计算机技术的飞跃和更美好的未来前景已初露端倪，如神经网络计算机、生物计算机、光计算机、量子计算机、纳米计算机等已进入人们的视野，其不但具有基本的信息处理和计算能力，而且具有知识处理和一定的智能，如识别、学习、联想、推理、理解和解释等能力。这类计算机产品将使计算机专业人士有所作为。

1.1.5　微机的基本特点

微机具有许多突出的优点，这与其早期的市场战略和众多公司的加盟有着密切的关系。

1. 开放性

微机的普及和发展得益于 WinTel 战略联盟针对计算机个人化的"启蒙运动"掀起者苹果公司而制定的发展策略，开放的 PC 架构成为了个人电脑消费领域新的标准。在这个开放性架构大潮中最大的受益者是英特尔(Intel)公司。通过向 PC 生产厂商提供其最核心的零件——CPU，英特尔公司取得了巨大的成功。英特尔公司给自己研制的 CPU 定下了一个标准，即新的 CPU 对老的 CPU 环境下的软件必须百分之百地兼容，即使是最原始的 CPU 8086/8088 环境下的软件采用如今最先进一代的 CPU Dothan 也照跑不误，这就是英特尔系列 CPU 一个最显著的特点。而从 8086 延续下来的这个架构则被称为 X86 架构。经过几十年的发展，如今的英特尔已经成为了一个年收益达到 300 亿美元的世界上最大的 CPU 制造商。开放性保障了其产品较长的社会寿命，广泛的用户以及稳定的市场需求。

2. 兼容性

兼容性伴随开放性致使众多计算机生产厂商纷纷选择与 IBM 合作，推出 PC 及其兼容机,形成了个人电脑消费领域新的标准。完全符合计算机发展潮流的开放性架构,使 IBM PC 获得了比 Apple 电脑更多的青睐,随之而来的是 IBM 取得了自其加入计算机行业以来的最大成功。IBM PC 及其兼容机个人化、价格便宜、操作简单和适应性极强等几个特点,使 PC 逐渐进入了人们的日常生活。与此同时,微软的 MS-DOS 操作系统广泛的适应性、良好的可维护性和大量丰富的开发资源则越来越吸引程序员们来到 PC 平台上开发软件和游戏,这为个人电脑的发展打下了深厚的软件基础。

3. 方便性

芯片集成度和封装技术、可编程门阵列器件、电路板工艺等的进步,使微机硬件的体积、重量、功耗等大大缩减,同时微机软件在可维护性与可操作性方面的进步,良好的编程手段和"傻瓜式"软件的应用,使微机成为人人可以使用的设备。

4. 可靠性

大规模集成电路技术的发展是微机出现与升级换代的最主要因素之一。集成电路把几千、几万甚至几千万的电子分立元件集成在一个小小的硅片上,大大减少了电路的体积、连线、焊点、插接、功率等,从而减少了不可靠因素,提高了可靠性。目前的微处理器与外围系列芯片的平均无故障时间可达几千万小时。随着大规模集成电路、超大规模集成电路的发展与应用,微机硬件电路制作从模块化到高度集成,只用很少几块电路板和配件构成的微机其可靠性就远远超出了人们的期望。

5. 价格低

微机的普及推广与微处理器及配套的芯片的大批量生产形成的价格优势互为因果,芯片集成度的提高也进一步促进微机成本不断下降,可靠性和方便性更为突出。

1.1.6 微机的应用

研制计算机的初衷是使人们摆脱复杂的科学计算,但随着计算机技术的发展和应用领域的不断扩大,计算机正深刻影响着人类的生产和生活方式,尤其是微机的出现和普及,其应用已经渗透到了人类生活、生产的各个方面。近些年来微机的普及、计算机网络的出现、自动精密制造工业的需求、多媒体技术的使用需要,为微机在深度与广度上的应用提出了各式各样的挑战,其前景值得期待。

1. 科学计算

科学计算的特点是计算强度大、计算复杂,多为数据量不大的数值计算。这是计算机应用的最早领域,也是发展比较成熟的领域。随着智能计算、并行计算、新算法的提出,这个领域的发展空间越来越大,也是计算机技术发展的主要动力之一。

2. 信息处理

信息处理是指对信息进行的有效采集、加工、处理、利用等,具有数据量大、计算简单等特点,是当今应用计算机最广泛的领域之一。该领域涉及的行业范围很广,如银行、企业、财务、办公、铁路售票、教学、地理等系统信息的处理。信息处理系统主要完成信息的输入、修改、删除、查询、统计和输出等功能。随着网络的普及和广泛应用,微机成为人们进行信息处理的首选工具。

3. 自动控制系统

通过计算机对某一过程进行的自动操作，不需要人工干预就能按人预先设定的目标和预定状态进行过程控制。过程控制的主要任务是对数据进行实时的采集、传输、检测、处理和判断等，并按最佳结果对整个系统进行调节。自动控制系统被广泛应用于复杂的工业、农业、医药等的生产中。恶劣、高强度、无人的环境以及高速场合等都是自动控制系统发挥作用的地方。它可以大大提高控制的实时性、智能性和准确性，提高生产效率和产品质量，降低生产成本，缩短生产周期。作为专门用途的微机——微控制器/嵌入式芯片在这一领域中的应用极为广泛。

4. 辅助系统

计算机辅助系统是计算机应用的又一主要领域，通常包含计算机辅助设计(CAD)、计算机辅助制造(CAM)、计算机辅助工艺(CAPP)、计算机辅助测试(CAT)、计算机集成制造系统(CIMS)、计算机辅助工程(CAE)、计算机辅助软件工程(CASE)、计算机辅助教学(CAI)等。该系统广泛用于各种设计、制造、生产、教育等领域，提高了工作效率以及质量和效果，节省人力、物力和财力。这也是微机对现代制造业最突出的贡献。

5. 网络系统

在计算机硬件资源十分昂贵的时期，基于硬件资源共享的动机，计算机网络得以诞生。近年来随着微机的普及和通信技术的发展，Internet 的发展速度和规模达到了惊人的程度，全球入网量每 6 个月翻一番。全球网络化促进了微机在网络时代的应用，并迅速改变着人们工作、生活、娱乐的各个方面。基于网络的微机应用，涉及电子商务、网络教育、敏捷制造、虚拟图书馆、虚拟娱乐等多个领域。

6. 人工智能

人工智能(AI)是一门模拟人类智能的技术，是研究如何使计算机去做过去只有人才能做的智能工作。人工智能几十年的发展历程跌宕起伏，但始终是计算机的主要领域。它包括传统人工智能、神经计算、演化计算和模糊计算(FC)等。人工智能模拟人脑进行思维、推理、学习、联想和决策，使计算机具有一定的"思维能力"，广泛用于机器人、语言翻译、机器博弈、定理证明、专家系统、智能识别和控制等，实现机器的听、看、感知、理解、动作等人类所具备的能力。如今，人类在人工智能领域已经取得了一定的成就，如《数学原理》中全部 350 多条定理的证明、"四色定理"的证明、世界级数学难题的演化计算、游戏中的智能路径选择、计算机棋手、图形图像识别、机器人、无人驾驶等等。

7. 数据管理

人们一直孜孜不倦地追求计算机系统的性能和效率。然而，计算机运算速度尽管有百万倍甚至上亿倍的提升，但是在机器翻译和天气预报等领域的应用仍然不尽如人意，这显然不是计算机性能不够好。如今，多年积累的海量数据将成为未来计算的核心，就像 PC 时代 Intel 芯片是核心一样，数据将成为新一代计算的核心。未来世界将承载在数据之上，以有效的数据管理技术驾驭和使用积累下来的海量而繁杂的数据。基于网络的社会化媒体公司如谷歌、雅虎、Facebook，其服务所产生的"大数据"需要一种全新的解决方案。如果利用得当，则现代化对于数据可以产生经济价值的冲击，大数据将源源不断地产生新的用途和应用。

简单的模型加上海量的数据比精巧的模型加上少量的数据更有效。对数据进行处理并从中提取洞察、理解和表达的能力，如 Google 公司的机器自动翻译系统和语音输入，基于海量的语料库而不是好的算法。Google 翻译采用"统计式"翻译算法，统计、分析某一单词在语言环境中被运用的概率和位置，寻找出词汇的排列规则；采用"类比式"算法，通过分析数亿翻译作品，遇到新的语句时，在现有数据中搜索与之最相似的语句进行翻译。又如，基于海量数据的 Facebook 数据管理团队，通过数据的分析建立的商业智能系统成为其成功的基础。

大数据更可能被称为"多层结构"，因为它可以包含文本字符串、所有类型的文件、音频和视频文件、元数据、网页、电子邮件、社交媒体供稿、表格数据等等。容量仅仅是界定大数据定义的关键要素之一，而对于大数据的定义至少有三个要素，其他两个分别是种类和传输速度。一般来说，专家们普遍认为 PB 级的数据为大数据的起点，尽管这一指标仍然是一个变化中的目标。因此，容量这一要素是非常重要的，种类则是指许多不同的数据和文件类型，它对于管理和更深入地分析数据是至关重要的，但不适合传统的关系数据库。这方面的例子包括各种声音和电影文件、图像、文档、地理定位数据、网络日志和文本字符串。速度是有关数据的变化率，以及其如何快速地被使用，以创造真正的价值。传统技术尤其不适合于高速数据的储存和使用，因此，采用新的方法是必要的。如果有问题的数据的创建和聚合速度非常快，就必须使用快速的方式来揭示其相关的模式和问题。发现问题的速度越快，就越有利于从大数据分析中获得更多的机会。

大数据的技术，如世界上使用排名第一的 Web 服务器软件 Apache 的 Hadoop 工具，是为大数据工作的开源软件框架；NoSQL，除了 SQL 或类似 SQL 接口外，还对相关类型的数据存储提供特定领域的访问和查询技术，包括关键值存储、面向文档的数据库、图形数据库、大表结构和缓存数据存储。目前的大数据技术主要应用于谷歌、雅虎、Facebook、腾讯、百度、中国移动、中国联通这样的互联网或通信运营巨头。用户将逐步了解大数据并不仅仅指处理网络数据，行业对大数据处理的需求也会增加，包括数据流监测和分析。数据挖掘、知识发现、数据智能分析和应用等无不基于海量数据管理，尤其是网络环境下数据密集型计算将是未来最具吸引力的数据管理技术。

1.1.7　计算机科学与技术

计算机科学作为一门学科，有其深厚的理论基础、学科形态、学科定义、知识体系、学科领域、学科内涵与本质、核心概念、典型学科方法以及学科能力、学科的发展等，通常也称为计算学科。

1. 计算学科常识

计算学科(通常也称做计算机科学与技术)作为现代技术的标志，已成为世界各国经济增长的主要动力，是现代科学体系的主要基石之一(计算机科学与量子力学、相对论、宇宙大爆炸模型、DNA 双螺旋结构、板块构造理论，这六大科学理论的突破，共同确立了现代科学体系的基本结构)。但如何认识这门学科，它究竟属于理科还是工科，属于科学还是工程的范畴，这是困扰国内外计算机科学界很长一段时间且争论不休的问题。

计算学科诞生于 20 世纪 40 年代初，它的理论基础在这之前就已经建立起来了。

美国普渡大学于 1962 年开设了最早的计算机科学学位课程。在计算机产生之初及随后的一二十年时间里，计算机主要用于数值计算。20 世纪 70、80 年代，计算机技术得到了迅猛的发展和广泛的应用，并开始渗透到大多数科学领域。这时人们普遍争论的问题是：计算是否能作为一门学科？它是科学还是工程？它属于理科还是工科？或者只是一门技术、一个计算商品的研制者或销售者？1985 年春，ACM(美国计算机协会)和 IEEE-CS(国际电子电气工程师学会计算机分会)组成联合攻关小组，开始了对"计算作为一门学科"的存在性证明。1989 年 1 月，该小组提交了《计算作为一门学科》(Computing as a discipline)的报告。该报告第一次给出了计算学科一个透彻的定义，回答了计算学科中长期以来一直争论的一些问题，完成了计算学科的"存在性"证明，还提出了未来计算科学教育必须解决的两个重大问题——整个学科核心课程详细设计及整个学科综述性导引课程的构建。1991年，在这份报告的基础上又提交了关于计算学科的教学计划 CC1991(Computing Curricula 1991)。2001 年 12 月，提交了最终的 CC2001 报告。

《计算作为一门学科》报告及 CC1991、CC2001 一起解决了三个重大问题。第一个重大问题(计算作为一门学科的存在性证明)的解决对学科本身的发展至关重要。如果在众多分支领域都取得了重大成果并已得到了广泛应用的"计算"，连作为一门学科的地位都不清楚，那么它的发展势必会受到很大的限制。第二个重大问题(整个学科核心课程详细设计)的解决将为高校制订计算机教学计划奠定基础。确定一个公认的本科生应该掌握的核心内容，将避免教学计划设计中的随意性，从而为我们科学地制订教学计划奠定基础。第三个重大问题(整个学科综述性导引课程的构建)的解决将使人们对整个学科的认知科学化、系统化和逻辑化。

如果人们对计算学科的认知能建立在公理化的基础之上，则该学科可被认为是严谨的、科学的和成熟的，从而有助于它的发展。计算学科的基本原理已纳入理论、抽象和设计这三个具有科学技术方法意义的过程中。这三个过程要解决的都是计算过程中的"能行性"和"有效性"问题，学科的各分支领域正是通过这三个过程来实现它们各自的目标。计算问题的本质即"能行性"，也是数学问题的"算法化"。算法也称为能行性方法或能行性过程。英国科学家图灵用形式化方法揭示了这一本质——计算就是计算者(人或机器)对一条两端可无限延长的纸带上的一串 0 和 1 执行指令，一步一步地改变纸带上的 0 和 1，经过有限步骤，最后得到一个满足预先规定的符号串的变换过程。ACM 和 IEEE-CS 联合攻关小组的报告如是定义计算学科：计算学科是对描述和变换信息的算法过程，包括对其理论、分析、设计、效率、实现和应用等进行的系统研究。计算学科的研究包括从算法与可计算性的研究到根据可计算硬件和软件的实际问题的研究，涉及理论研究、实验方法和工程设计。

2．计算学科的根本问题

《计算作为一门学科》的报告对学科的根本问题进行了概括，即什么能被有效地自动进行，这是对根本问题"能行性"的讨论。在计算学科极为宽广的领域内，其根本任务就是进行计算，实质就是字符串的变换，而"能行性"这一根本问题决定了计算机处理的对象是离散的而非连续的。以离散型变量为研究对象的离散数学成为学科的第一个领域——离散结构，它包括集合论、数理逻辑、近世代数、图论及组合数学等内容，并以抽象和理论的学科形态为计算学科领域提供了强有力的数学工具。

总之，计算学科研究计算机的系统设计、制造和应用以及如何进行信息的获取、表示、存储、处理、控制等的理论、方法、原则和技术，包含科学、工程、技术，注重理论和抽象，研究现象揭示规律，进行抽象和设计，理论和实践紧密结合，研究计算机系统进行信息的处理方法和技术手段等。

计算学科作为一门新兴学科，是以数学和电子科学为基础的，理论和实践相结合。学科发展的动力来自于科学理论和工程技术发展的驱动，具有自身发展的深度和广度，尤其是应用需求的牵引推动了学科持续高速的发展，并且具有很强的开放性、包容性和吸纳性。其应用的广泛及与其他学科的渗透，呈现出多学科的交叉和融合。跨学科、跨方向的创新与应用形成计算学科发展的新形态，同时还具有促进其他学科发展的作用。

3．计算学科的学科形态(过程)

计算学科的确立，反映了人们对计算的认识从感性到理论，再由理论回到实践的科学思维方法。其认知领域的三个最基本最原始的概念，即三个学科形态：抽象、理论和设计。它提供了定义计算学科的条件，是构成学科方法论的第一个方面。这三个学科形态源于人们认识客观事物的规律，反映了对现实世界的感性认识、依靠数学的理性认识以及完成工程设计的全过程，是从事该领域工作的文化方式。从研究过程、发展过程和实现过程来看，三个学科形态都有各自的步骤和内容。抽象形态包括形成假设、建造模型、进行预测、设计实验、收集数据和对结果进行分析；理论形态则包含定义和公理(对对象特征的研究和表述)、定理(假设对象间的基本性质和可能关系)、证明(确定关系是否为真)以及结论；设计形态包括需求分析、建立规格说明、设计并实现系统、系统的测试与分析。

三个学科形态在研究过程中都有相应的作用和内在的联系。一般是在理论指导下，运用抽象工具进行设计，最后形成计算机的软硬件系统和文档资料。三个学科形态(过程)错综缠绕，也可侧重深入、独立开展工作。

4．计算学科的分支与领域知识

早期的计算学科代表着两个领域的专业分支，即计算机科学和计算机工程，俗称软件和硬件。计算学科的知识发展演化与时俱进，经过近些年的积累和飞速发展，学科本身发生了巨大变化，其范畴拓宽，并涵盖了许多其他学科范围，已是软件和硬件所不能同日而语的了，远远超出计算机科学和计算机工程的单一范畴。ACM 和 IEEE-CS 的报告 CC2001和 CC2004 把计算学科分为计算机科学(CS)、计算机工程(CE)、软件工程(SE)、信息技术(IT)、信息系统(IS)，并为未来预留了一定的发展空间。新的专业分支具有不同的内涵和知识侧重的领域，需要不同的知识和技能背景，更主要的还在于不同的思维方式和工作模式。

1)　计算机科学

计算机科学的知识领域侧重理论与算法，在于发现规律，其根本问题即"什么能被有效地自动进行计算"。该领域知识具体包括离散结构、程序设计基础、算法与复杂性、计算机结构与组织、操作系统、网络计算、程序设计语言、人机交互、图形学与可视化计算、智能系统、信息管理、软件工程、社会和职业问题、数值科学计算。

2)　计算机工程

计算机工程知识领域侧重技术与工程实现，具体包括离散结构、概率与统计、计算机体系结构与组织、计算机系统工程、电路与信号、数据库系统、数字逻辑、数字信号处理、电子学、嵌入式系统、VLSI 设计与构造、算法与复杂性、操作系统、计算机网络、人机交互、程序设计基础、软件工程、社会和职业问题。与计算机科学有不同的侧重，但又相互交叉。计算机工程反映现代计算系统和计算机控制设备的软硬件设计、建造、实现的科学与技术。它以计算、数学及工程理论与原理为基础，基于计算机进行系统设计，围绕应用需求，解决硬件、软件、网络的设计及其他过程中的技术问题；在目标和约束之间折中处理，在软硬件解决问题中进行设计和取舍；关注计算机产品的正常运行和维护，其根本问题即"如何低成本、高效率地实现自动计算"。

3）软件工程

软件工程的定义是"以系统的、学科的、定量的途径，把工程应用于软件的开发、运营和维护；同时开展其过程中的方法、途径的研究"。这体现了软件工程领域的两大研究和应用方向——工程学和方法学，其重点在于构建系统。面向软件工程教育和行业教育的从业要求分别形成两个知识体系，即 IEEE-CS/ACM 的 CC2004 公布的 SEEK 和 IEEE 的 SWEBOK-2004。其中 SEEK 包含的知识体系是计算的本质、数学与工程基础、职业训练、软件建模与分析、软件设计、软件验证、软件进化、软件过程、软件质量、软件管理、系统与应用专题；SWEBOK-2004 包含的知识体系有软件需求、软件设计、软件构造、软件测试、软件维护、软件配置管理、软件工程管理、软件工程过程、软件质量、软件工程工具和方法及相关学科知识。

4）信息技术

信息技术以计算机硬件和体系结构为基础，覆盖了组织与系统、应用技术、软件开发和系统设施等内容，与应用技术相关性强。其根本问题是如何有效地利用系统进行计算，即实现服务。它涉及信息的分类、获取、存储、处理、传输、再生和输出等，拓展到 Web 的数字技术、信息应用等。信息技术是计算机学科新增加的专业分支。

5）信息系统

信息系统属于管理学学科。它涉及计算机各个应用领域和行业，侧重工程实施和系统构建，涵盖信息技术、组织管理、系统理论和开发。其包含的知识体系有计算机组织与体系结构、算法与数据结构、编程语言、操作系统、数据库、信息系统设计、系统实现与测试、系统操作与维护、信息系统管理、商务分析、项目管理、风险管理、应用计划及系统开发方法以及开发工具、技术、途径等内容。

5. 学科的核心概念和典型方法

计算学科的核心概念蕴含了学科的基本思想，是学科方法论的第二个方面。学科涉及的重要概念是问题求解中考虑的要点，是学科的重要思想、原则、方法、技术过程的集中体现。计算机专业工作中使用这些概念有助于在学科的深层次统一认识，能否对学科核心概念深入理解和正确拓展也是计算机专业工作人员的重要标志之一。这些体现学科基本思想的 12 个重要概念分别是绑定、问题复杂性、概念和形式模型、一致性和完备性、效率、演化、抽象层次、按空间排序、按时间排序、重用、安全性、折中与决策。

作为学科方法论的第三个方面是典型的学科方法，包括数学方法和系统科学方法，即以数学为工具进行的科学研究方法，包括问题的描述和变换，如公理化方法、构造性方法、内涵与外延法、模型化与具体化方法等，以及以抽象思维对应问题整体的抽象级别，并进行系统的整体优化，如系统分析方法、黑箱法、功能模拟方法、信息分析方法、分治法、自顶向下、自底向上、模块法和逐步求精等。

学科的能力除了交流、获取知识、分析信息的基本能力，还包括程序设计与实现能力、算法设计与分析能力、系统分析、开发与应用能力以及计算思维能力。学科不但强调以信息的获取、存储、处理等为主，更强调与人类社会、健康、艺术、生物、能源、材料等领域的联系。作为一门独立的学科的同时，也是一种典型的通用技术，并与各种学科建立广泛的横向关系，形成技术的多样性、开放性和个性化局面。

6. 计算机专业职位

现今，人们中的大多数已能够熟练使用计算机，但作为计算机专业或相关专业的毕业生，其专业素质、工作领域和职位有一定的内在要求。与计算机技术的应用或使用有着本质的区别。归纳起来，计算机的专业职位大体可分为计算机硬件、软件编程、计算机网络、计算机应用技术、信息系统、技术支持/服务、数字媒体/娱乐、人才培养八大类，具体如表1.1所示。

表 1.1 计算机专业职位

计算机硬件	软件编程	计算机网络	计算机应用技术
硬件工程师	系统分析师	网络工程师	计算机辅助设计师
计算机维护与管理员	系统架构师	网络策划师	嵌入式系统设计师
硬件系统设计师	软件设计师	网络分析师	网站设计师
	软件评测师	网络管理员	单片机应用设计师
	程序员	网站管理员	电子商务设计师
	技术文档员		
信息系统	技术支持/服务	数字媒体/娱乐	人才培养
数据库系统工程师	技术支持工程师	多媒体应用设计师	计算机专业教师
信息系统管理工程师	产品支持工程师	多媒体应用制作师	计算机认证培训师
信息系统运行管理员	产品/技术销售人员	动画制作师	公司技术推广员
信息系统设计师	顾客服务代表	计算机平面设计师	
信息系统监理师	技术部客户经理	游戏程序设计师	
	服务台技术员	流媒体技术员	
		虚拟现实技术员	

1.2　微机中的硬件逻辑

1.2.1　数字电路的基本逻辑

微机是以数字电路及其逻辑为基础构成的。逻辑电路有三种基本的门电路，即非门、或门、与门，如图1.4所示。

三种基本门电路可以组合形成更复杂的逻辑电路，如或非门、与非门、异或门、异或非门、同或门，以及缓冲器、译码器、比较器、加法器等。逻辑电路的数学基础是布尔代数，也叫逻辑

图 1.4 基本逻辑门电路

代数，其逻辑值只能是 0 或 1，其一般表达式如下：

$$Y=f(A，B，C，D)$$

其中，A、B、C、D 为变量，取 0 或 1；Y 为逻辑输出结果，取 0 或 1；f 为函数关系，基本的函数关系是"非"运算、"或"运算、"与"运算。

1.2.2　微机的基本电路部件

任何复杂电路都是由若干简单电路构成的。微机的基本电路部件有触发器、寄存器、三态门电路、加法器等。

1. 触发器

触发器由晶体管元件构成，具有记忆功能，是计算机中最常用的基本元件。

1) R-S 触发器

R-S 触发器是由 2 个与非门对称构成的，其电路符号如图 1.5 所示，逻辑功能如表 1.2 所示。

图 1.5　R-S 触发器电路符号

表 1.2　R-S 触发器逻辑功能

R(复位端)	S(置位端)	Q(输出端)	$\overline{Q}$(反相端)	功　能
0	1	1	0	置位
1	0	0	1	复位

2) D 触发器

D 触发器的电路符号如图 1.6 所示。在时钟信号 CLK 上升边沿触发作用下，输入端 D 的信号可以建立起来并在输出端 Q 输出显示。$\overline{Q}$ 是反相输出端，信号 PR 是预置端，CLR 是清除端。

3) J-K 触发器

J-K 触发器的电路符号如图 1.7 所示。在时钟信号 CLK 上升边沿触发作用下，根据 J、K 端的不同组合，Q 端输出不同的动作状态，其功能如表 1.3 所示。

图 1.6　D 触发器电路符号　　　　　　图 1.7　J-K 触发器电路符号

表 1.3 J-K 触发器逻辑功能

J	K	Q	功能
0	0	保持原状态	锁定
0	1	0	复位
1	0	1	置位
1	1	原状态取反	翻转

2. 寄存器

由触发器可构成不同结构和功能的寄存器,一个触发器提供 1 位二进制信息功能,常用的寄存器有缓冲寄存器、移位寄存器、计数器、累加寄存器等。

1) 缓冲寄存器

缓冲寄存器用于暂存数据,在外界时钟节拍作用下,把输入数据暂存起来并输出,起到稳定数据信号的作用。可用若干个 D 触发器构成若干位的缓冲寄存器。但往往为了使输入数据可控,对输入的数据增加控制电路和控制信号,如装入控制 LOAD 信号,如图 1.8 所示。

图 1.8 缓冲寄存器

2) 移位寄存器

移位寄存器由 D 触发器构成。移位寄存器在时钟信号作用下可实现左移、右移功能。图 1.9 是具有右移功能的移位寄存器。一般的移位寄存器具有可控制功能,可实现各种不同的移位操作,如装入、左移、右移、循环等。

图 1.9 4 位移位寄存器

3) 计数器

计数器是由若干个触发器组成具有计数功能的寄存器,可实现存储数据并加 1 的功能,如程序计数器、同步计数器、循环计数器、环形计数器等。用 4 个 J-K 触发器组成的循环计数器如图 1.10 所示,实现在 CLK 作用下从 0000 到 1111,再到 0000 的循环计数功能。它在计算机环形脉冲的产生、基本计数等功能中有广泛的应用。

图 1.10 4 位循环计数器

4) 累加寄存器

累加寄存器也叫累加器(ACC)，用于运算器的输入，不具备加法功能，但它可以实现基本的移位操作，在微机中有重要作用。

3．三态门电路

三态门电路可实现可控的方向选择传输，还具有缓冲或锁存功能，如图 1.11 所示。

(a) 缓冲功能的传输控制

(b) 锁存功能的传输控制

图 1.11　数据传输的三态控制

4．加法器

计算机基本运算除了与、或、非、移位等基本逻辑操作外，算术运算的基本电路则为加法运算，其他算术运算都是以加法为基础构建的。

1) 1位二进制加法器

该加法器包括本位的2个加数 A_i 和 B_i 以及低位向本位的进位 C_i，输出得到进位位 C_{i+1} 和本位的结果 S_i。其真值表如表1.4所示。

表1.4 1位二进制加法器的真值表

输 入			输 出	
A_i	B_i	C_i	C_{i+1}	S_i
0	0	0	0	0
0	0	1	0	1
0	1	0	0	1
0	1	1	1	0
1	0	0	0	1
1	0	1	1	0
1	1	0	1	0
1	1	1	1	1

根据真值表得出输出信号的逻辑表达式如下：

$$C_{i+1}=A_i B_i+B_i C_i+C_i A_i$$
$$S_i=A_i \oplus B_i \oplus C_i$$

其对应的电路及符号如图1.12所示。

(a) 电路   (b) 符号

图1.12 1位加法器

2) 多位二进制加法器

把1位加法器串接起来，可形成n位二进制加法器，经过改进，还可以增加方式控制进行减运算、溢出检测等，其电路如图 1.13 所示。

图 1.13　n 位加法器电路

1.3　计算机中的基本编码

计算机中的数据、符号、控制等采用了二进制数进行运算和编码，二值逻辑与数字电路的信号有自然的对应关系，使用起来很方便。

1.3.1　常用数制

数制也称计数制，是指用一组固定的符号和统一的规则来表示数值。按进位的原则进行计数的方法，称为进位计数制。比如，在十进制计数制中，是按照"逢 10 进 1"的原则进行计数的。若干位二进制位能够蕴含丰富的信息，但是二进制代码使用起来非常不方便，通常计算机中还采用八进制、十六进制、十进制等表示方法。通常在数据后加字母 B(Binary)表示二进制数，加字母 D(Decimal)表示十进制数，加字母 O(Octal)表示八进制数，加字母 H(Hexadecimal)表示十六进制数。

1. 十进制数

十进制数有 0~9 共 10 个数字符号(也称数码)，后缀为 D 或不加后缀。无论数的大小，都可以用这 10 个数码的组合来表示。任意一个十进制数都可以用权展开式表示为

$$D = D_{n-1} \times 10^{n-1} + D_{n-2} \times 10^{n-2} + \cdots + D_0 \times 10^0 + D_{-1} \times 10^{-1} + \cdots + D_{-m} \times 10^{-m}$$

$$= \sum_{i=-m}^{n-1} D_i \times 10^i$$

其中：D_i 是 D 的第 i 位的数码，可以是 0~9 中的任何一个；n 和 m 均为正整数，n 表示整数部分的位数，m 表示小数部分的位数；10 为基数；10^i 表示第 i 位的权。

【例 1.1】 十进制数 232.49 可表示为

$$232.49 = 2\times10^2 + 3\times10^1 + 2\times10^0 + 4\times10^{-1} + 9\times10^{-2}$$

对于十进制数：

(1) 每个 D_i 取值为 0～9 中的一个数码。

(2) 每一位的权值为 10^i。

(3) 低位向高位的进位为"逢 10 进 1"。

2. 二进制数

二进制数有 0、1 共两个数字符号，后缀为 B，也可用下标 2 来表示。二进制数用权展开式表示为

$$(B)_2 = B_{n-1}\times2^{n-1} + B_{n-2}\times2^{n-2} + \cdots + B_0\times2^0 + B_{-1}\times2^{-1} + \cdots + B_{-m}\times2^{-m}$$
$$= \sum_{i=-m}^{n-1} B_i\times2^i$$

其中：B_i 是 B 的第 i 位的数码，只能取值 0 或 1；n 和 m 的含义与十进制数表达式相同；2 为基数；2^i 表示第 i 位的权。

【例 1.2】 二进制数 1110.01B(或写为 $(1110.01)_2$)可表示为

$$1110.01B = 1\times2^3 + 1\times2^2 + 1\times2^1 + 0\times2^0 + 0\times2^{-1} + 1\times2^{-2}$$

对于二进制数：

(1) 每个 B_i 只能取值 0 或 1。

(2) 每一位的权值为 2^i。

(3) 低位向高位的进位为"逢 2 进 1"。

3. 十六进制数

十六进制数有 0～9 以及 A～F 共 16 个数码，后缀为 H，也可用下标 16 来表示。十六进制数用权展开式表示为

$$(H)_{16} = H_{n-1}\times16^{n-1} + H_{n-2}\times16^{n-2} + \cdots + H_0\times16^0 + H_{-1}\times16^{-1} + \cdots + H_{-m}\times16^{-m}$$
$$= \sum_{i=-m}^{n-1} H_i\times16^i$$

其中：H_i 是 H 的第 i 位的数码，可以是 0～9 以及 A～F 中的任何一个；n 和 m 的含义与十进制数表达式相同；16 为基数；16^i 表示第 i 位的权。

【例 1.3】 十六进制数 5AC.06H(或写为 $(5AC.06)_{16}$)可表示为

$$5AC.06H = 5\times16^2 + 10\times16^1 + 12\times16^0 + 0\times16^{-1} + 6\times16^{-2}$$

对于十六进制数：

(1) 每个 H_i 取值为 0～F 中的一个数码。

(2) 每一位的权值为 16^i。

(3) 低位向高位的进位为"逢 16 进 1"。

各种进制的对应关系如表 1.5 所示。

表 1.5 各种进制数的对应关系

十进制数	二进制数	八进制数	十六进制数数
0	0000	0	0
1	0001	1	1
2	0010	2	2
3	0011	3	3
4	0100	4	4
5	0101	5	5
6	0110	6	6
7	0111	7	7
8	1000	10	8
9	1001	11	9
10	1010	12	A
11	1011	13	B
12	1100	14	C
13	1101	15	D
14	1110	16	E
15	1111	17	F

1.3.2 常用数制之间的相互转换

任何进制的数都可写成"按权展开式"的形式。对于 N 位整数位、n 位小数位的 m 进制的数，按权展开式如下：

$$a_{N-1}a_{N-2}\cdots a_2 a_1 a_0 . a_{-1}a_{-2}\cdots a_{-n} = \sum_{i=-n}^{N-1} a_i m^i$$
$$= a_{N-1}m^{N-1}+\cdots+a_1 m^1+a_0 m^0+a_{-1}m^{-1}+\cdots+a_{-n}m^{-n}$$

任意进制的数转换成十进制的数时，只需"按权展开"计算结果即可。

1. 非十进制数转换为十进制数

非十进制数转换为十进制数的方法是按权表达式展开再求和，即可得到对应的十进制数。

【例 1.4】 把二进制数 10011.01B 转换为十进制数。

$$10011.01B=1\times2^4+0\times2^3+0\times2^2+1\times2^1+1\times2^0+0\times2^{-1}+1\times2^{-2}$$
$$=16+0+0+2+1+0+0.25$$
$$=19.25$$

【**例 1.5**】　把十六进制数 5B.8H 转换为十进制数。

$$5B.8H=5\times16^{1}+11\times16^{0}+8\times16^{-1}=80+11+0.5=91.5$$

2. 十进制数转换为非十进制数

十进制数转换为非十进制数需要把整数部分和小数部分分别进行转换。整数部分采用"除基数取余"的方法，小数部分采用"乘基数取整"的方法。

1) 十进制数转换为二进制数

整数部分：除 2 取余，直至商为 0。第一次得到的余数是二进制的最低位，最后一次得到的余数是二进制的最高位。将得到的余数逆序书写，即可得到转换后的二进制数的整数部分。

小数部分：乘 2 取整，小数部分连续用 2 乘，每次得到一个整数和一个小数，整数保留，小数继续乘 2，直到小数部分为零或达到所要求的精度为止。第一次取得的整数为二进制的最高位，最后一次得到的整数是二进制的最低位。将得到的整数正序书写即可得到转换后的二进制数的小数部分。

【**例 1.6**】　把十进制数 175.625 转换为二进制数。

解　对整数部分 175 和小数部分 0.625 分别进行转换。

整数部分：

2	175	余数
2	87	—— 1
2	43	—— 1
2	21	—— 1
2	10	—— 1
2	5	—— 0
2	2	—— 1
2	1	—— 0
	0	—— 1

小数部分：

	0.625
	× 2
整数 1 ——	0.250
	× 2
0 ——	0.500
	× 2
1 ——	0.000

所以，175.625=10101111.101B。

又如，十进制数 62.354 转换成二进制数：

$$(62.354)_{10}=(111110.0101101)_{2}$$

2) 十进制数转换为十六进制数

十进制数转换为十六进制数的方法与十进制数转换为二进制数的方法类似，对整数部分除 16 取余，对小数部分乘 16 取整。

【**例 1.7**】　把十进制数 1192.9032 转换为十六进制数。

解　对整数部分 1192 和小数部分 0.9032 分别进行转换。

整数部分：

```
16 | 1192        余数
16 |  74   --- 8
16 |   4   --- A
        0   --- 4
```

小数部分：

```
整数          0.9032
            ×    16
E  ---      0.4512
            ×    16
7  ---      0.2192
            ×    16
3  ---      0.5072
            ×    16
8  ---      0.1152
```

所以 1192.9032=4A8.E738H

3. 二进制数与十六进制数之间的转换

二进制的 4 位数与十六进制的 1 位数对应，因为 2^4=16，即可用 4 位二进制数表示一位十六进制数，所以二进制数转换为十六进制数的方法是：以小数点为界，向左(整数部分)每 4 位为一组，高位不足 4 位时补 0，向右(小数部分)每 4 位为一组，低位不足 4 位时补 0，然后分别用一个十六进制数表示每一组中的 4 位二进制数。

十六进制数转换为二进制数的方法为：直接将每一位十六进制数写成其对应的 4 位二进制数。

【例 1.8】　把二进制数 10110101.101010B 转换为十六进制数。

10110101.101010B＝1011 0101. 1010 1000B＝B5.A8H

【例 1.9】　把十六进制数 72E.C4H 转换为二进制数。

72E.C4H＝0111 0010 1110. 1100 0100B

同理，八进制数与二进制数之间的转换可同样得出，读者可自行得到。

1.3.3　微机信息与数的编码

计算机中的数据和非数值的符号按一定的二进制编码规则来表示。非数值编码包括汉字、图形符号和 ASCII 码(ASCII 编码表见附录 B)；数值编码分为有符号数和无符号数编码；数据有原码、反码、补码、移码以及定点数、浮点数；在特定领域还具有自检验、自纠错能力的编码，如 CRC 码。其中补码是计算机中数据运算的根本，其编码、规则与实际所表示的数值——真值，在形式上有很大差异，但在计算方面有很好的性能，是计算机中普遍采用的。

1. 二进制数编码的十进制数

用 4 位二进制代码对十进制数字符号进行编码，形成二—十编码，或称 BCD(Binary Coded Decimal)码。它既有二进制的形式，又有十进制的特点。BCD 码有 8421 码、2421 码和余 3 码等，较常用的是 8421BCD 码。

8421BCD 码(简称 BCD 码)是最常用的一种权码，其 4 位二进制码从高位至低位的权依次为 2^3、2^2、2^1、2^0，即 8、4、2、1，故称为 8421 码。因为 8421 码编码的 0～9 与用 4 位二进制数表示的 0～9 完全一样，所以 8421 码是一种人机联系时广泛使用的中间形式。十进制数与 8421BCD 码的对应关系如表 1.6 所示。

表 1.6　十进制数与 8421BCD 码的对应关系

十进制数	8421 码	十进制数	8421 码
0	0000	5	0101
1	0001	6	0110
2	0010	7	0111
3	0011	8	1000
4	0100	9	1001

8421 码中没有 1010～1111 六种组合。8421 码的计数规律与十进制相同，都是"逢 10 进 1"，在书写上，每 4 位写在一起，表示十进制的一位，结尾处写上下标 BCD。

BCD 码与十进制数之间的转换比较直接。例如：

$$(0001\ 0001.0010\ 0101)_{BCD}=11.25$$
$$946.1=(1001\ 0100\ 0110.0001)_{BCD}$$

BCD 码转换为二进制数时，要先把 BCD 码转换为十进制数，再转换为二进制数。例如：

$$(0001\ 0001.0010\ 0101)_{BCD}=11.25=(1011.01)B$$

计算机中存储 BCD 码有两种形式，即压缩 BCD 码和非压缩 BCD 码。

压缩 BCD 码是用 4 位二进制码表示一位十进制数，这种方式下，一个字节就表示 2 位十进制数。例如，一个字节中以压缩 BCD 码的形式存放着 10000101，就表示十进制数 85，即 $(1000\ 0101)_{BCD}=85$；非压缩 BCD 码是用 8 位二进制码表示一位十进制数，即一个字节存放一个 BCD 码，低 4 位为有效的 BCD，高 4 位为全 0。例如，85 用非压缩 BCD 码存放就要占用两个字节，00001000 00000101，即 $85=(00001000\ 00000101)_{BCD}$。

2. 字符的编码

目前微型机中普遍采用的字符编码是 ASCII(American Standard Code for Information Interchange，美国标准信息交换码)。它是用 7 位二进制码对 128 个字符和符号进行编码，其中有 96 个可打印字符，包括常用的字母、数字、标点符号等，另外还有 32 个控制字符。虽然标准 ASCII 码是 7 位编码，但由于计算机基本处理单位为字节(1 Byte=8 bit)，所以一般仍以一个字节来存放一个 ASCII 字符。每一个字节中多余出来的一位(最高位 D_7 位)在计算机内部通常保持为 0(在数据传输时可用作奇偶校验位)。ASCII 编码表参见书后的附录 B。

计算机中数据传输的基本单位是字节，所以在一个字节中存放 ASCII 码时，低 7 位对应字符的 ASCII 码，最高位 D_7 位常用作奇偶校验位，在数据传输过程中用来判断数据的传输是否正确。例如 A 的 ASCII 码是 41H(1000001B)，以奇校验传送则为 C1H(11000001B)，若以偶校验传送，则为 41H。

1.4　带符号数的表示及运算

计算机中二进制数分为无符号数和有符号数。

无符号数的各个二进制均是有效的数值。对于无符号数，一个 n 位无符号二进制数 X

可以表示的数的范围为 $0 \leqslant X \leqslant 2^n - 1$。比如一个 8 位无符号数，即 n=8，表示数的范围为 $0 \sim 2^8 - 1$，即 00H～FFH(0～255)。若运算结果超出这个范围，则会产生溢出，得到不正确的结果。

对于有符号数，在计算机中，为了区别正数和负数，通常用二进制数的最高位作为符号位，"0" 代表 "+"，"1" 代表 "−"，其余数位用作数值位，代表数值。

1.4.1 有符号数的表示

一个数及其符号位用机器中的一组二进制数形式表示，称为 "机器数"。机器数所代表的数值大小称为该机器数的 "真值"。例如：

机器数 00101011 的真值为：十进制的 +43 或二进制的 +0101011

机器数 10101011 的真值为：十进制的 −43 或二进制的 −0101011

计算机中的有符号数的表示方法有三种：原码、反码和补码。它们都是由二进制数的最高位作为符号位。

1. 原码

真值 X 的原码记为 $[X]_原$。最高位为符号位，用 "0" 表示正，用 "1" 表示负；其余位为数值本身，数值部分用二进制形式表示，称为该数的原码。

【例 1.10】 已知真值 X=+81，Y=−81，求 $[X]_原$ 和 $[Y]_原$。

解 X=+81 为正数，则

$$[X]_原 = 0\ 1010001B$$

Y=−81 为负数，则

$$[Y]_原 = 1\ 1010001B$$

原码表示方法的特点：

(1) 8 位二进制原码表示数的范围为 −127～+127，16 位二进制原码表示数的范围为 −32 767～+32 767。

(2) 真值和其原码表示之间的对应关系直接。

(3) 0 的表示不唯一：

$$[+0]_原 = 0\ 0000000B$$
$$[-0]_原 = 1\ 0000000B$$

采用原码表示法时，编程简单，便于理解，但是不便于运算。

2. 反码

真值 X 的反码记为 $[X]_反$。正数的反码与其原码相同，$[X]_反 = [X]_原$，即符号位用 0 表示正，其余位为数值本身。负数的反码是在原码基础上，符号位不变(仍为 1)，数值部分按位取反。

【例 1.11】 已知真值 X=+81，Y=−81，求 $[X]_反$ 和 $[Y]_反$。

解 X=+81 为正数，则

$$[X]_反 = [X]_原 = 0\ 1010001B$$

Y=−81 为负数，则

$$[Y]_反 = 1\ 0101110B$$

【例 1.12】 已知真值 X=+127，Y=−127，求[X]反和[Y]反。

解　X=+127 为正数，则

$$[X]_反=[X]_原=0\ 1111111B$$

Y=−127 为负数，则

$$[Y]_反=1\ 0000000B$$

反码表示方法的特点：

(1) 正数的反码与原码相同，负数的反码符号位为 1，数值部分按位取反。

(2) 8 位二进制反码表示数的范围为 −127～+127，16 位二进制反码表示数的范围为 −32 767～+32 767。

(3) 0 的表示不唯一：

$$[+0]_反=0\ 0000000B$$

$$[-0]_反=1\ 1111111B$$

采用反码表示法时，零的表示不唯一，在计算机中反码作为求补码的过渡码。

3. 补码

真值 X 的补码记为 [X]补，且[X]补=[X]原=[X]反，即符号位用 0 表示正，其余位为数值本身。负数的补码等于它的反码加 1，即符号位不变(仍为 1)，数值部分按位取反再加 1。

【例 1.13】 已知真值 X=+81，Y=−81，求[X]补和[Y]补。

解　X=+81 为正数，则

$$[X]_补=[X]_反=[X]_原=0\ 1010001B$$

Y=−81 为负数，则

$$[Y]_补=[Y]_反+1=1\ 0101111B$$

【例 1.14】 已知真值 X=+127，Y=−127，求[X]补和[Y]补。

解　X=+127 为正数，则

$$[X]_补=[X]_反=[X]_原=0\ 1111111B$$

Y=−127 为负数，则

$$[Y]_补=[Y]_反+1=1\ 0000001B$$

补码表示方法的特点：

(1) 正数的补码与原码、反码相同，负数的补码符号位为 1，数值部分按位取反再加 1。

(2) 8 位二进制补码表示数的范围为 −128～+127，16 位二进制补码表示数的范围为 −32 768～+32 767。

(3) 0 的表示唯一：

$$[+0]_补=0\ 0000000B$$

$$[-0]_补=[-0]_反+1=1\ 1111111+1=0\ 0000000B　（注：最高位的进位被舍掉）$$

在微型计算机中，所有带符号数都是用补码来表示的，运算的结果也是以补码的形式来表示和存储的。使用补码可以使符号位与有效值部分一起参加运算，从而简化运算规则，在不发生溢出的情况下，运算的结果总是正确的。同时，减法也可按加法来处理，从而可以简化硬件结构，降低成本。4 位二进制补码的正负数编码的对应如表 1.7 所示。

表 1.7　4 位二进制补码的正负数编码

正　　数		负　　数	
0	0000	…	…
1	0001	1111	−1
2	0010	1110	−2
3	0011	1101	−3
4	0100	1100	−4
5	0101	1011	−5
6	0110	1010	−6
7	0111	1001	−7
		1000	−8

各种编码数值的二进制表示如表 1.8 所示。

表 1.8　各种编码数值的二进制表示

无符号数数值	二进制代码	原码数值	反码数值	补码数值
0	00000000	+0	+0	+/−0
1	00000001	+1	+1	+1
2	00000010	+2	+2	+2
…	…	…	…	…
126	01111110	+126	+126	+126
127	01111111	+127	+127	+127
128	10000000	−0	−127	−128
129	10000001	−1	−126	−127
130	10000010	−2	−125	−126
…	…	…	…	…
253	11111101	−125	−2	−3
254	11111110	−126	−1	−2
255	11111111	−127	0	−1

1.4.2　补码与十进制数之间的转换

1. 正数补码的转换

由于正数的补码与其原码相同，所以除符号位之外，其余位就是该数的真值。数据的补码编码与真值存在对应关系：对于整数 X，若$[X]_{补}=[a_{N-1}a_{N-2}\cdots a_2a_1a_0]_{补}$，其中 a_{N-1} 为整数补码的符号位，则 $X=-a_{N-1}2^{N-1}+\sum_{i=0}^{N-2}a_i2^i$；对于小数 x，若$[x]_{补}=[x_0x_1\cdots x_{n-1}x_n]_{补}$，其中 x_0 为小数补码的符号位，则 $x=-x_0+\sum_{i=1}^{n}x_i2^{-i}$。

【例 1.15】　已知$[X]_{补}=0\ 1111111B$，求 X 的真值。

　解　因为$[X]_{补}=0\ 1111111B$，符号位为 0，为一个正数，则

$$X=+1111111B=+127$$

2. 负数补码的转换

负数的补码与其对应的正数补码之间的关系为

$$[X]_{补} \xrightarrow{\text{按位取反加 1}} [-X]_{补} \xrightarrow{\text{按位取反加 1}} [X]_{补}$$

即当 X 为正数时，对其补码按位取反，结果是 $-X$ 的补码；当 X 为负数时，对其补码按位取反，结果是 $+X$ 的补码。例如：

$$[4]_{补}=0000\ 0100B$$
$$[-4]_{补}=1111\ 1100B$$

$$[4]_{补} \xrightarrow{\text{按位取反加 1}} [-4]_{补} \xrightarrow{\text{按位取反加 1}} [4]_{补}$$

因此，对负数补码转换为真值的方法是：将负数的补码再求一次补，所得结果就是它的真值，即 $X=[[X]_{补}]_{补}$。

【例 1.16】　已知$[X]_{补}=00001111B$，$[Y]_{补}=11100101B$，求 X 和 Y。

解　因为$[X]_{补}=00001111B$，$[Y]_{补}=11100101B$，即 X 为正数，Y 为负数，所以

$$[X]_{原}=[[X]_{补}]_{补}=00001111B，X=15$$
$$[Y]_{原}=[[Y]_{补}]_{补}=10011011B，Y=-27$$

1.4.3　补码的运算

带符号数都是用补码表示的，在运算过程中，连同符号位一起参加运算，结果仍为补码。补码运算的特点：

(1) 补码运算时，其符号位与数值部分一起参加运算。

(2) 补码的符号位相加后，如果有进位出现，则把这个进位舍弃(自然丢失)，在不发生溢出的情况下，运算的结果总是正确的。

(3) 用补码运算，其结果仍为补码。在转换为真值时，若符号位为 0，数值位不变；若符号位为 1，应将结果求补才是真值。

通过引进补码，可将减法运算转换为加法运算。补码运算规则如下：

加法规则：$[X+Y]_{补}=[X]_{补}+[Y]_{补}$

减法规则：$[X-Y]_{补}=[X+(-Y)]_{补}=[X]_{补}+[-Y]_{补}$

【例 1.17】　已知 $X=+16$，$Y=-52$，求$[X+Y]_{补}$和 $X+Y$。

解　　　　　　$X=+16=+0010000B$，$[X]_{补}=[X]_{原}=0\ 0010000B$

$Y=-52=-0110100B$，$[Y]_{原}=1\ 0110100B$，$[Y]_{补}=[Y]_{反}+1=1\ 1001100B$

所以

$$[X+Y]_{补}=[X]_{补}+[Y]_{补}=0\ 0010000+1\ 1001100=1\ 1011100B$$
$$X+Y=[\ [X+Y]_{补}]_{补}=1\ 0100100B=-36$$

【例 1.18】　已知 $X=+16$，$Y=-52$，求$[X-Y]_{补}$和 $X-Y$。

解　由减法规则$[X-Y]_{补}=[X+(-Y)]_{补}=[X]_{补}+[-Y]_{补}$，知应分别求出$[X]_{补}$和$[-Y]_{补}$。

$$X=+16=+0010000B，[X]_{补}=[X]_{原}=0\ 0010000B$$
$$Y=-52=-0110100B，-Y=+52=+0110100B，[-Y]_{补}=[-Y]_{原}=0\ 0110100B$$

所以

$$[X-Y]_{补}=[X+(-Y)]_{补}=[X]_{补}+[-Y]_{补}=0\ 0010000+0\ 0110100=0\ 1000100B$$
$$X-Y=+68$$

【例 1.19】 已知 A=−1001，B=−0101，求[A+B]_{补}，[A−B]_{补}。

解　　　　　$[A]_{补}=1\ 0111$，$[B]_{补}=1\ 1011$，$[-B]_{补}=0\ 0101$

则

$$[A+B]_{补}=[A]_{补}+[B]_{补}=1\ 0111+1\ 1011=11\ 0010\ \mathrm{mod}\ 2^{4+1}=1\ 0010\ (\mathrm{mod}\ 2^{4+1})$$

而　　　　　　$[A-B]_{补}=[A]_{补}-[B]_{补}=[A]_{补}+[-B]_{补}=1\ 0111+0\ 0101=1\ 1100$

【例 1.20】 已知 X=+120，Y=+95，求[X+Y]_{补}和 X+Y。

解　　　　$X=+120=+1111000B$，$[X]_{补}=[X]_{原}=0\ 1111000B$

　　　　　　$Y=+95=+1101001B$，$[Y]_{补}=[Y]_{原}=0\ 1101001B$

　　　　　　$[X+Y]_{补}=[X]_{补}+[Y]_{补}=0\ 1111000+0\ 1101001=1\ 1100001B$

　　　　　　$X+Y=[[X+Y]_{补}]_{补}=[11100001B]_{补}=10011111B=-63$

两个正数相加得到一个负数，很显然，运算结果产生错误，这种情况称为溢出。

有符号数运算时的溢出判断方法是：两个带符号二进制数相加或相减时，次高位与最高位都产生进/借位或都没有产生进/借位，则结果无溢出；否则结果溢出。

BCD 码因为与十进制数的编码关系规则问题，运算时需要调整运算结果。加法运算时，有进位需要加 6 调整；减法运算时，有借位需要减 6 调整。例如：BCD 码的 5+7，是 BCD 码的 0101+0111，结果为 1100，加 0110 后为 10010，即 BCD 码的 12，结果正确；7−9 的 BCD 码操作发生借位，即 10111−1001=1110，减 0110 后为 1000，本位为 8，结果正确。运算如果没有发生进位或借位，结果不需要加 6 或减 6 调整。

1.5　计算机的工作本质

计算机系统作为一个有机的整体，其工作离不开软硬件的配合。从层次上看，计算机分为硬件层体系和软件层体系两大部分，硬件层体系提供电路逻辑和面向机器的代码语言等支持，软件层体系在硬件层体系支撑下提供面向用户的各种工具、操作和系统管理的手段，其层次体系如图 1.14 所示。

当今的计算机系统大多基于冯·诺依曼体系结构，冯·诺依曼最先提出了"存储程序"的思想，即把计算机程序用 0、1 的数字方式存放于计算机的存储器，计算机在程序控制下自动完成设定的各种操作从而实现各种处理。

计算机系统的工作主要是执行用户的程序和各种操作命令，而其本质是通过机器的指令形成各种操作信号获得执行的。程序存放在存储部件中，并按地址

软件层体系	高级语言/应用程序	
	操作系统	
	编译器	
	虚拟机器	
	汇编编译器	
机器语言		硬件层体系
计算机体系结构		
ALU	存储部件	
布尔算术	时序逻辑	
布尔逻辑		

图 1.14　计算机系统的层次体系

读/写访问。存储程序的思想是冯·诺依曼机器最核心的思想，机器在控制信号作用下一条一条地读出指令。指令包含操作码字段和地址码字段，通过操作码字段译码形成操作，地址码字段提供操作的对象，即指令或数据的地址信息等。这些内容在后面的章节中会有具体深入的介绍。

习 题 一

1．微处理器在微机中有什么作用？

2．微机经历了哪些发展阶段？

3．微机有哪些方面的应用？

4．微型计算机系统的构成包含哪些部分？

5．计算机有哪些主要技术指标？

6．如何认识计算学科？试述计算学科的内涵与领域。

7．描述计算机的层次体系。

8．机器数和真值有何区别？

9．写出下列真值对应的原码和补码。

(1) $X = +1010110B$

(2) $Y = -0100011B$

(3) $Z = -39H$

10．已知 X 和 Y 的真值，求 $[X-Y]_{补}$ 和 $X-Y$。

(1) $X = -15$，$Y = -63$

(2) $X = +0001110B$，$Y = -1010000B$

第 2 章　微处理器与系统总线

【教学提示】

本章从 8086 微处理器入手，分析微处理器的内部基本结构、外部引脚特性以及内部寄存器，并学习微机总线的基本知识及 8086 的总线结构与标准等内容。

【教学目标】

- 掌握微处理器的基本结构及功能；
- 掌握微处理器的内部寄存器的主要应用；
- 熟悉微处理器的外部引脚功能；
- 理解 8086 的总线结构与各种标准。

微处理器(Microprocessor)是采用大规模或超大规模集成电路技术制成的半导体芯片，上面集成了计算机的主要部件：控制器、运算器和寄存器组。微处理器是计算机系统的核心部件，所以它又称为中央处理器(Central Processing Unit，CPU)。微处理器与各部件及外部设备组成了微型计算机系统，它们之间通过系统总线相互进行信息或数据的交换。

系统总线上传送的信息包括数据信息、地址信息、控制信息，因此，系统总线包含有三种不同功能的总线，即数据总线 DB(Data Bus)、地址总线 AB(Address Bus)和控制总线 CB(Control Bus)。

(1) 数据总线 DB：用于传送数据信息。数据总线是双向三态形式的总线，既可以把 CPU 的数据传送到存储器或 I/O 接口等其他部件，也可以将其他部件的数据传送到 CPU。数据总线的位数是微型计算机的一个重要指标，通常与微处理器的字长一致。例如 Intel 8086 微处理器字长为 16 位，其数据总线宽度也是 16 位。需要指出的是，数据的含义是广义的，它可以是真正的数据，也可以是指令代码或状态信息，有时甚至是一个控制信息。因此，在实际工作中，数据总线上传送的并不一定是真正意义上的数据。

(2) 地址总线 AB：是专门用来传送地址的。由于地址只能从 CPU 传向外部存储器或 I/O 端口，所以地址总线总是单向三态的，这与数据总线不同。地址总线的位数决定了 CPU 可直接寻址的内存空间大小，比如 8 位微机的地址总线为 16 位，则其最大可寻址空间为 $2^{16} = 4$ KB；16 位微机的地址总线为 20 位，其可寻址空间为 $2^{20} = 1$ MB。一般来说，若地址总线为 n 位，则可寻址空间为 2^n(2 的 n 次方)字节。例如：一个 16 位宽度的地址总线可以寻址的内存空间为 $2^{16} = 65\,536 = 64$ KB，而一个 32 位宽度的地址总线可以寻址的内存空间为 $2^{32} = 4\,294\,967\,296 = 4$ GB。

(3) 控制总线 CB：用来传送控制信号和时序信号。控制信号中，有的是从微处理器送往存储器和 I/O 接口电路的,如读/写信号、片选信号、中断响应信号等;也有的是从其他部件反馈给 CPU 的,比如中断申请信号、复位信号、总线请求信号、设备就绪信号等。因此,控制总线的传送方向根据具体控制信号而定,一般是双向的,控制总线的位数要根据系统的实际控制需要而定。实际上控制总线的具体情况主要取决于 CPU。

2.1 Intel 8086/8088 微处理器的结构

Intel 8086 是由 Intel 公司于 1978 年推出的 16 位微处理器芯片,以 8080 和 8085 的设计为基础,拥有类似的寄存器组,但是其数据总线扩充为 16 位。8086 和 8088 属于第三代微处理器。8088 与存储器和 I/O 接口进行数据传输的外部数据总线宽度为 8 位,而 8086 为 16 位。除了 8086 的指令队列存放 6 条指令而 8088 为 4 条之外,两者几乎没有什么区别,程序不需要任何修改就能在另一个 CPU 上运行。8086 CPU 有 20 条地址线,可直接寻址 1 MB 的存储空间。8086 内部有 8 个通用寄存器、1 个指令指针寄存器、1 个标志寄存器和 4 个段寄存器。

2.1.1 8086 的基本结构与功能

8086 的结构由总线接口单元(Bus Interface Unit,BIU)和执行单元(Execution Unit,EU)组成。BIU 主要负责 CPU 内部与存储器和 I/O 接口之间的信息传送,包括取指令、传送指令时将执行所需的操作数传送到 EU,以及将 EU 的执行结果传送到内存或 I/O 接口。EU 则主要负责分析和执行指令,并产生相应的控制信号。8086 的基本结构如图 2.1 所示。

图 2.1 8086 的基本结构

1. 总线接口单元

总线接口单元(BIU)的功能是负责 CPU 与存储器、I/O 端口之间的信息传送。总线接口单元负责从内存中取指令送到指令队列。CPU 执行指令时，总线接口单元从指定的内存单元或者外设端口中取数据，将数据传送给执行单元，或者把执行单元的操作结果传送到指定的内存单元或外设端口中。BIU 根据执行单元 EU 得到的 16 位偏移地址和 16 位段寄存器提供的 16 位段地址，通过地址加法器产生 20 位物理地址，然后对存储器或 I/O 端口进行读/写操作。

总线接口单元由下列各部分组成：

(1) 4 个 16 位段地址寄存器。代码段寄存器 CS(Code Segment)存放程序代码段起始地址(20 位物理地址)的高 16 位；数据段寄存器 DS(Data Segment)存放数据段起始地址的高 16 位；堆栈段寄存器 SS(Stack Segment)存放堆栈段起始地址的高 16 位；附加段寄存器 ES(Extra Segment)存放附加数据段起始地址的高 16 位。

(2) 16 位的指令指针寄存器 IP。16 位指令指针寄存器 IP 用于存放下一条预取指令的偏移地址。其基本工作过程是：取指令时，IP 将其中的值作为指令的偏移地址，该地址与 CS 寄存器中的值组合生成指令的物理地址，然后 CPU 按照该物理地址读取指令，同时 IP 本身自动加 1。

(3) 20 位的地址加法器。20 位的地址加法器用于将段地址(16 位)与偏移地址(16 位)合成为 20 位的物理地址。

(4) 指令队列。指令队列用来存放预先从主存取出的指令。通过总线接口单元中的指令队列可实现流水操作。

2. 执行单元

执行单元(EU)主要由算术逻辑单元(ALU)、通用寄存器、指令指针寄存器、标志寄存器、暂存寄存器、指令译码器和控制电路等部分组成。其主要功能就是执行指令。执行指令的过程首先是指令译码，即从 BIU 的指令队列中取出指令码，在执行单元 EU 中翻译成可直接执行的微指令码，然后根据对指令译码后所得到的微指令码，向各有关部件发出相应的控制信号，完成指令规定的功能。指令要完成的各种运算处理由算术逻辑单元(ALU)和有关的寄存器实现。

在指令的执行过程中如果需要和存储器交换数据，那么就要向 BIU 发出总线请求，同时将指令直接提供的或者计算出来的逻辑地址中的偏移量送往 BIU，由 BIU 计算出相应的物理地址。在执行指令时不仅要使用算术逻辑单元(ALU)，同时还要配合使用相关的通用寄存器和标志寄存器，来提供操作数、存放运算的中间结果、反映运算结果的状态标志等等。因此，对通用寄存器的使用管理也是 EU 的任务。

总线接口单元和执行单元大部分的操作是可以并行的，可以同时进行读/写操作和执行指令操作。这样就减少了微处理器取指令所需要等待的时间，从而提高了微处理器执行指令的速度，这便是流水线结构的雏形。例如总线接口单元从存储器中预先取出一些指令存放在指令队列中，这样执行单元就不必等待总线接口单元去取指令，从而实现了流水线操作，如图 2.2 所示。流水线工作方式减少了 CPU 的等待时间，提高了微处理器的利用率和整个系统的效率。

图 2.2 流水线工作方式

2.1.2 8086 的内部寄存器

寄存器是 CPU 内部的重要组成部分，寄存器具有非常高的读/写速度，所以寄存器之间的数据传送非常快。CPU 对存储器中的数据进行处理时，通常需要先把数据取到内部寄存器中再作处理。8086 CPU 中有 14 个十六位的寄存器。这 14 个寄存器按用途可分为通用寄存器、控制寄存器和段寄存器三大类。8086 寄存器的结构如图 2.3 所示。

图 2.3 8086 寄存器结构

1. 通用寄存器

通用寄存器共 8 个 16 位的寄存器：AX、BX、CX、DX、SP、BP、SI 及 DI。其中包括四个数据寄存器，两个地址指针寄存器和两个变址寄存器。

1) 通用数据寄存器 AX、BX、CX、DX

通用数据寄存器既可以用作 16 位的寄存器，也可分为 8 位的独立寄存器 AL、AH、BL、BH、CL、CH、DL 和 DH 使用。通用数据寄存器既可以存放指令所需的操作数，也可存放运算后的结果，具有通用性，使用灵活。8086/8088 CPU 的 14 个寄存器中除了这 4 个 16 位寄存器能分别当做两个 8 位寄存器来用之外，其他寄存器都不能如此使用。

这 4 个通用数据寄存器除通用功能外，还有如下专门用途。

AX(Accumulator)——累加器，主要用于算术逻辑运算。用该寄存器存放运算结果可使指令简化，提高指令的执行速度。此外，所有的 I/O 指令都使用该寄存器与外设端口交换信息。

BX(Base)——基址寄存器，8086/8088 CPU 中有两个基址寄存器 BX 和 BP。BX 用来存放内存数据段中操作数的偏移地址，BP 用来存放堆栈段中操作数的偏移地址。

CX(Counter)——计数寄存器，常用来保存计数值，在移位指令、循环指令和串操作指令中作计数器使用。在设计循环程序时使用该寄存器存放循环次数，可使程序指令简化，有利于提高程序的运行速度。

DX(Data)——数据寄存器，在寄存器间接寻址的 I/O 指令中存放 I/O 端口地址。在做双字长乘除法运算时，DX 与 AX 一起存放一个双字长操作数，其中 DX 存放高 16 位数据，AX 存放低 16 位数据。

2) 地址指针寄存器 SP、BP

SP(Stack Pointer)——堆栈指针寄存器，和堆栈段寄存器 SS 一起用来确定栈顶的地址。在使用堆栈操作指令(PUSH 或 POP)对堆栈进行操作时，每执行一次进栈或出栈操作，系统会自动将 SP 的内容减 2 或加 2，以使其始终指向栈顶。

BP(Base Pointer)——基址寄存器，作为通用寄存器，它可以用来存放数据，但更重要的用途是存放操作数在堆栈段内的偏移地址，和堆栈段寄存器 SS 一起用来确定堆栈段中的任意存储单元的地址。

3) 变址寄存器 SI、DI

SI(Source Index)——源变址寄存器，用来存放源操作数的偏移地址，与数据段寄存器 DS 联用，以确定源操作数在数据段中的存储单元地址。在串操作指令中 SI 拥有自增和自减的变址功能。

DI(Destination Index)——目的变址寄存器，用来存放目的操作数的偏移地址，与附加段寄存器 ES 联用，以确定目的操作数在附加段中的存储单元地址。在串操作指令中 DI 拥有自增和自减的变址功能。

2. 控制寄存器

1) 指令指针 IP

指令指针 IP(Instruction Pointer)是一个 16 位的专用控制寄存器，用来存放下一条预取指令的偏移地址，与代码段寄存器 CS 联用。CS 存放代码段的基地址，IP 存放段内偏移量。当 BIU 从内存中取出一个字节后，IP 自动加 1，指向下一条指令代码。用户程序不能直接访问 IP。

2) 标志寄存器 FR

标志寄存器 FR(Flags Register)是一个按位定义的 16 位寄存器。在 8086 中只使用了 FR 中的 9 位，其中 6 位是状态标志，3 位是控制标志，如图 2.4 所示。

15…12	11	10	9	8	7	6	5	4	3	2	1	0
	OF	DF	IF	TF	SF	ZF		AF		PF		CF

图 2.4　8086 状态标志寄存器各位含义

状态标志位 CF、PF、AF、ZF、SF 和 OF，用来反映 EU 执行算术和逻辑运算以后的结果特征，这些标志常作为条件转移类指令的测试条件，控制程序的运行方向。

CF(Carry Flag)——进位标志。当 CF = 1 时，表示指令执行结果在最高位上产生一个进位(加法)或借位(减法)；CF = 0 时，则无进位或借位产生。CF 标志主要用于加、减运算，移位和循环指令也能把存储器或寄存器中的最高位(左移)或最低位(右移)移入 CF 位中。

PF(Parity Flag)——奇偶标志。当 PF = 1 时，表示指令执行结果中有偶数个 1；PF = 0，则表示结果中有奇数个 1。PF 标志用于检查在数据传送过程中，是否有错误发生。

AF(Auxiliary Carry Flag)——辅助进位标志。当 AF = 1 时，表示结果的低 4 位产生了一个进位或借位；当 AF = 0 时，则无进位或借位。AF 标志主要用于实现 BCD 码算术运算结果的调整。

ZF(Zero Flag)——零标志。当 ZF = 1 时，表示运算结果为零；当 ZF = 0 时，则运算结果不为零。

SF(Sign Flag)——符号标志。当 SF = 1 时，表示运算结果为负数，即最高位为 1；当 SF = 0 时，则表示结果为正数，即最高位为 0。

OF(Overflow Flag)——溢出标志。当 OF = 1 时，表示带符号数在进行算术运算时产生了算术溢出，即运算结果超出带符号数所能表示的范围；当 OF = 0 时，则无溢出。

控制标志位 TF、IF 和 DF，用来控制 CPU 的工作方式或工作状态，它一般由程序设置或由程序清除。

TF(Trap Flag)——陷阱标志。TF 标志是为了调试程序方便而设置的。若 TF = 1，则 8086 CPU 处于单步工作方式。8086 CPU 执行完一条指令就自动产生一个内部中断，转去执行一个中断服务程序；当 TF = 0 时，8086 CPU 正常执行程序。

IF(Interrupt Enable Flag)——可屏蔽中断允许标志。它是控制可屏蔽中断的标志。若 IF = 1，表示允许 CPU 接受外部从 INTR 引脚上发来的可屏蔽中断请求信号；若 IF = 0，则禁止 CPU 接受可屏蔽中断请求信号。

DF(Direction Flag)——方向标志。DF 用于控制字符串操作指令的步进方向。当 DF = 1 时，字符串操作指令按递减的顺序从高地址到低地址对字符串进行处理；当 DF = 0 时，字符串操作指令按递增的顺序从低地址到高地址对字符串进行处理。

3. 段寄存器

为了对 1 M 个存储空间进行管理，8086/8088 对存储器进行分段管理，即将程序代码和数据分别放在代码段、数据段、堆栈段或附加数据段中，每个段最多可达 64 K 个存储单元。段地址分别放在对应的段寄存器中，代码或数据在段内的偏移地址由有关的寄存器或立即数给出。

8086 CPU 共有 4 个 16 位的段寄存器，用来存放每一个逻辑段的段起始地址。

1) 代码段寄存器 CS

CS 用来存储程序当前使用的代码段的段地址。CS 的内容左移 4 位再加上指令指针寄存器 IP 的内容就是下一条要读取的指令在存储器中的物理地址。

2) 数据段寄存器 DS

DS 用来存放程序当前使用的数据段的段地址。DS 的内容左移 4 位再加上按指令中存储器寻址方式给出的偏移地址即可得到对数据段指定单元进行读/写的物理地址。

3) 堆栈段寄存器 SS

SS 用来存放程序当前所使用的堆栈段的段地址。堆栈是存储器中开辟的按先进后出原则组织的一个特殊存储区，主要用于调用子程序或执行中断服务程序时保护断点和现场。

4) 附加数据段寄存器 ES

ES 用来存放程序当前使用的附加数据段的段地址。附加数据段用来存放字符串操作时的目的字符串。

2.1.3　8086/8088 存储器与 I/O 组织

1. 内存地址分段与合成

8086/8088 系统的 20 位地址线可寻址 1 MB 字节的存储空间，其中任何一个内存单元都有一个 20 位的地址，称为内存单元的物理地址。访问的内存单元在多数情况下都要通过寄存器间接寻址，而 8086/8088 CPU 内部寄存器只有 16 位，可寻址 $2^{16}=64$ KB。为了解决这一矛盾，8086/8088 CPU 采用了将存储器地址空间分段的方法，即将 1 MB 空间划分成若干个逻辑段，每个逻辑段的最大长度为 64 KB，然后用段起始地址加上偏移地址来访问物理存储器。段基址放在段寄存器中，因为 8086/8088 CPU 中有 4 个段寄存器，所以它可以同时访问 4 个存储段。段与段之间可以重合、重叠、紧密连接或间隔分开。分段示意如图 2.5 所示。

图 2.5　内存分段示意图

把段起始地址的高 16 位称为段基址，相对于段起始地址的一个偏移量称为偏移地址(也叫有效地址)。把"段基址：偏移地址"的表示形式称为存储单元的逻辑地址，逻辑地址也是编程时采用的地址形式。

物理地址是内存的绝对地址，为 00000H～FFFFFH，是 CPU 访问内存的实际寻址地址。物理地址和逻辑地址的关系为：

$$物理地址 = 段基址 \times 16 + 偏移地址$$

物理地址在 BIU 的地址加法器中形成。"段基址×16"相当于段基址左移 4 位(或在段基址后面加 4 个 0)，然后再与偏移地址相加，得到 20 位的物理地址。物理地址的计算如图 2.6 所示。

图 2.6 内存物理地址的计算

【例 2.1】 若 CS = 2000H，IP = 003AH，求下条指令的物理地址。

CS 存放当前代码段基地址，IP 存放了下一条要执行指令的段内偏移地址，则下条指令的物理地址 = CS×16 + IP = 2000H×10H + 003AH = 2003AH。

存储器采用分段寻址的好处是允许程序在存储器内重定位(浮动)，可重定位程序是一个不加修改就可以在任何存储区域中运行的程序。这是因为段内偏移总是相对段起始地址的，所以只要在程序中不使用绝对地址访问存储器，就可以把一个程序作为一个整体移到一个新的区域。在 DOS 中，程序载入到内存时由操作系统指定段寄存器的内容，以实现程序的重定位。存储器采用分段编码使得程序中的指令只涉及 16 位地址，缩短了指令长度，提高了程序执行的速度。尽管 8086 的存储器空间多达 1 MB，但在程序执行过程中，不需要在 1 MB 空间中去寻址，多数情况下只需在一个较小的存储器段中运行。大多数指令运行时，并不涉及段寄存器的值，只涉及 16 位的偏移量。

2. 逻辑地址来源

由于访问内存的操作类型不同，BIU 所使用的逻辑地址来源也不同，如表 2.1 所示。取指令时，自动选择 CS 值作为段基址，偏移地址由 IP 来指定，计算出取指令的物理地址；当进行堆栈操作时，段基址自动选择 SS 值，偏移地址由 SP 来指定；当进行读/写内存操作数或访问变量时，则自动选择 DS 或 ES 值作为段基址(必要时修改为 CS 或 SS)，此时，偏移地址要由指令所给定的寻址方式来决定，可以是指令中包含的直接地址，可以是地址寄存器中的值，也可以是地址寄存器的值加上指令中的偏移量；当用 BP 作为基址寻址时，段基址由堆栈寄存器 SS 提供，偏移地址从 BP 中取得；在字符串寻址时，源操作数放在现行数据段中，段基址由 DS 提供，偏移地址由源变址寄存器 SI 取得，而目标操作数通常放在当前 ES 中，段基址由 ES 寄存器提供，偏移地址从目标变址寄存器 DI 取得。段寄存器与其他寄存器组合寻址存储单元的示意图见图 2.7。

表 2.1 逻辑地址的来源

操作类型	隐含段地址	替换段地址	偏移地址 (offset)
取指令	CS	无	IP
堆栈操作	SS	无	SP
BP 为间址	SS	CS，DS，ES	有效地址 EA
存取变量	DS	CS，ES，SS	有效地址 EA
源字符串	DS	CS，ES，SS	SI
目标字符串	ES	无	DI

图 2.7 存储单元寻址示意图

2.1.4 8086/8088 CPU 的引脚功能

8086 CPU 是 40 脚双列直插式芯片，其引脚排列如图 2.8 所示。为了减少芯片引脚的数量，对部分引脚进行了双重定义，采用分时复用方式工作，即一个引脚有多个功能，在不同的时刻，引脚上的信号是不同的。正是由于这种分时复用的方法，才使得 8086/8088 CPU 可用 40 条引脚实现 20 位地址、16 位数据(8 位数据)及许多控制信号和状态信号的传输。

图 2.8 8086 CPU 的引脚排列

由于 8088 只传输 8 位数据，所以 8088 只有 8 个地址引脚兼作数据引脚，而 8086 有 16 个地址/数据复用引脚。这些引脚构成了 8086/8088 CPU 的外总线，它包括地址总线、数据总线和控制总线。8086/8088 CPU 通过这些总线和存储器、I/O 接口等部件组成不同规模的系统并相互交换信息。

1. 数据总线和地址总线

在 8086 中，数据总线和地址总线共占 20 条引脚。这组引脚采用分时复用的方式传送数据或者地址。

$AD_{15} \sim AD_0$——地址/数据总线，为三态双向信号。这组引脚通过分时复用的方法传递数据或者地址。在每个总线周期开始(T_1)时，用于输出地址总线的低 16 位($A_{15} \sim A_0$)，其他时间为数据总线($D_{15} \sim D_0$)。

$A_{19}/S_6 \sim A_{16}/S_3$——地址/状态线，为三态输出信号。这组引脚通过分时复用的方法传递地址或状态。其中 $A_{19} \sim A_{16}$ 为 20 位地址总线的高 4 位，$S_6 \sim S_3$ 为状态信号。作地址线用时，在存储器操作的 T_1 状态下，输出 20 位地址总线的高 4 位地址信号($A_{19} \sim A_{16}$)。作状态线用时，输出状态信号 $S_6 \sim S_3$。这时 S_6 始终为 0；S_5 指示状态寄存器中中断允许标志(IF)的当前值，$S_5 =$ IF；而 S_4 和 S_3 表示正在使用哪个段寄存器，如表 2.2 所示。

表 2.2　状态位与所用段寄存器关系

S_4	S_3	正在使用的段寄存器
0	0	ES
0	1	SS
1	0	CS(或不是存储器操作)
1	1	DS

2. 控制总线

控制总线是传送控制信号的一组信号线。其中的输出线用来传输 CPU 发出的控制命令(如读、写命令等)，输入线用于由外部向 CPU 输入状态或请求信号(如复位、中断请求等)。

8086 的控制总线中有一条 MN/$\overline{\text{MX}}$ 输入引脚，称为工作方式选择控制线，用来决定 8086 CPU 的工作方式。当 MN/$\overline{\text{MX}}$ 接 +5 V 电压时，8086 处于最小工作方式，此时微机系统中只包含一个 8086 CPU，其提供系统所需要的全部控制信号；当 MN/$\overline{\text{MX}}$ 接地时，8086 处于最大工作方式，微机系统除 8086 CPU 以外还可以包含其他 CPU，该方式用于多处理机系统。

8086 的 16 条控制总线分为两类，每类包含 8 条控制总线。其中一类的功能与工作方式无关，而另外一类的功能随工作方式的不同而不同。

1) 与工作方式无关的控制总线

$\overline{\text{RD}}$——读控制信号，三态输出，低电平有效。当其有效时，表示 CPU 正从存储器或 I/O 端口读取信息。

READY——准备就绪信号，输入，高电平有效。当 READY 信号为高电平时，表示存储器或 I/O 端口传送数据完成；当 READY 信号为低电平时，表示被访问的存储器或 I/O 端口无法在规定的时间内完成数据传送，此时插入一个或多个等待周期，使 8086 处于等待状态，直到 READY 信号为高电平，表示数据传输完毕。

RESET——复位信号，输入，高电平有效。当 RESET 信号为高电平时，8086 CPU 停止正在运行的操作，系统处于复位状态，并将标志寄存器 FR、指令指针 IP、段寄存器 DS、SS、ES 清零以及指令队列清空，同时将代码段寄存器 CS 置为 FFFFH；当 RESET 信号变为低电平时，CPU 再次启动，开始执行程序。

INTR——可屏蔽中断请求信号，输入，高电平有效。当 INTR 有效时表示外部有可屏蔽中断请求。CPU 在当前指令的最后一个时钟周期对 INTR 进行检测，如果 INTR 为高电平，并且 FR 寄存器的 IF = 1，那么 CPU 在当前指令执行完后响应中断请求。

NMI——非屏蔽中断请求信号，输入，上升沿有效。当 NMI 有效时表示外部有非屏蔽中断请求，CPU 在当前指令执行完后，立即进行中断处理。CPU 对非屏蔽中断的响应不受中断允许标志 IF 的影响。

$\overline{\text{TEST}}$——等待测试信号，输入，低电平有效。只有 CPU 执行 WAIT 指令时才使用该信号。8086 CPU 每隔 5 个时钟周期对 $\overline{\text{TEST}}$ 引脚进行检测。若 $\overline{\text{TEST}}$ 为高电平，则 CPU 进入等待状态；若为低电平，则 CPU 继续执行后续指令。

$\overline{\text{BHE}}/S_7$——数据总线高 8 位允许/状态 S_7 信号，输出。在总线周期 T_1 状态，如果该信号为低电平，表示数据总线高 8 位有效，否则数据总线高 8 位无效。其他时刻，该引脚用作状态 S_7 信号线。

$\text{MN}/\overline{\text{MX}}$——工作方式选择信号，输入。$\text{MN}/\overline{\text{MX}}$ 高电平时，8086 处于最小工作方式；$\text{MN}/\overline{\text{MX}}$ 接地时，8086 处于最大工作方式。

2）最小工作方式下的控制总线

8086 处于最小工作方式时，CPU 仅支持由少量设备组成的单处理器系统，而不支持多处理器系统，其基本配置如图 2.9 所示。

图 2.9　CPU 处于最小工作方式时的基本配置图

ALE——地址锁存允许信号，输出，高电平有效。在总线周期 T_1 时刻，若 ALE 有效，则将 20 位地址信息锁存到地址锁存器中。

$\overline{\text{DEN}}$——数据允许信号，输出，低电平有效。该信号有效时，表示 CPU 准备进行数据读/写操作。

$\text{DT}/\overline{\text{R}}$——数据发送/接收信号，输出。该信号用于指示数据传送的方向，高电平表示发送数据，低电平表示接收数据。

$\text{M}/\overline{\text{IO}}$——存储器/输入输出控制信号，输出。$\text{M}/\overline{\text{IO}}$ 高电平表示访问存储器，低电平

表示访问 I/O 端口。

$\overline{WR}$——写控制信号，输出，三态，低电平有效。该信号有效时，表示 CPU 向存储器或 I/O 端口写数据。

$\overline{INTA}$——中断响应信号，输出，低电平有效。该信号有效时，表示 CPU 已接受 INTR 的可屏蔽中断请求。

HOLD——总线保持请求信号，输入，三态，高电平有效。该信号有效时，表示外部系统向 CPU 申请总线控制权。

HLDA——总线保持响应信号，输出，三态，高电平有效。当 CPU 接收到有效的 HOLD 信号后，就把处理器的地址线、数据线及相应的控制线变为高阻状态，同时输出一个有效的 HLDA，表示 CPU 已放弃对总线的控制。

3) 最大工作方式下的控制总线

CPU 处于最大工作方式时，8086/8088 的最大模式是微机系统中包含两个或多个微处理器。其中 8086/8088 是主处理器，其余的是协助主处理器工作的协处理器，如数值运算协处理器 8087 和 I/O 协处理器 8089 等。最大模式下，8086/8088 CPU 不直接提供用于存储器或 I/O 读/写的读/写命令等控制信号，而是将当前要执行的传送操作类型编码为 3 个状态位输出，由总线控制器 8288 对状态信息进行译码，产生相应的控制信号。

最大模式系统的特点是：总线控制逻辑由总线控制器 8288 产生和控制，即 8288 将主处理器的状态和信号转换成系统总线命令与控制信号。协处理器只是协助主处理器完成某些辅助工作。最大模式系统的基本配置如图 2.10 所示。

图 2.10　CPU 处于最大工作方式时的基本配置图

QS_1、QS_0——指令队列状态信号,输入/输出,三态。该信号用来表示 8086 CPU 中指令队列当前的状态,其含义如表 2.3 所示。

表 2.3　QS_1、QS_0 组合状态

QS_1	QS_0	指令队列状态
0	0	无操作,队列中指令未被取出
0	1	从队列中取出当前指令的第一字节
1	0	队列空
1	1	从队列中取出指令的后续字节

$\overline{S_2}$、$\overline{S_1}$、$\overline{S_0}$——总线状态信号,输出,三态。这三条状态信号输出到总线控制器 8288 中,通过组合产生多个控制信号,表示当前总线周期的不同操作类型,如表 2.4 所示。

表 2.4　$\overline{S_2}$、$\overline{S_1}$、$\overline{S_0}$ 的组合功能

总线状态信号			CPU 状态	8288 命令
$\overline{S_2}$	$\overline{S_1}$	$\overline{S_0}$		
0	0	0	中断响应	$\overline{INTA}$
0	0	1	读 I/O 端口	$\overline{IORC}$
0	1	0	写 I/O 端口	$\overline{IOWC}$,$\overline{AIOWC}$
0	1	1	暂停	无
1	0	0	取指令	$\overline{MRDC}$
1	0	1	读存储器	$\overline{MRDC}$
1	1	0	写存储器	$\overline{MWTC}$,$\overline{AMWTC}$
1	1	1	无作用	无

$\overline{LOCK}$——总线锁定信号,输出,低电平有效。该信号有效时表示 8086 不允许其他部件占用总线。

$\overline{RQ}/\overline{GT_1}$ 和 $\overline{RQ}/\overline{GT_0}$——总线请求允许信号,输入/输出,低电平有效。该信号为输入时,表示其他主控部件向 CPU 请求使用总线;为输出时则表示 CPU 对总线请求的响应信号。两根引脚可同时与两个主控部件相连。

3. 其他引脚

CLK——时钟信号,输入。该信号为 8086 CPU 提供基本的定时脉冲信号,时钟频率为 5 MHz～8 MHz。

V_{CC}——电源,输入,接 +5 V 电源。

GND:接地引脚。

2.2 微机系统总线技术

2.2.1 总线的基本概念

总线是各个模块之间传送信息的公共通道，是微机系统的重要组成部分。所谓总线(BUS)是芯片内部各单元电路之间、芯片与芯片之间、模块与模块之间、设备与设备之间，甚至系统与系统之间传输信息的公共通路，在物理上它是一组信号线(导线)的集合。微型计算机采用总线技术的目的是简化硬、软件的系统设计。在硬件方面，设计者只需按总线规范设计插件板，保证它们具有互换性与通用性，支持系统的性能及系列产品的开发；在软件方面，接插件的硬件结构带来了软件设计的模块化。用标准总线连接的计算机系统结构简单清晰，便于扩充与更新。

1. 总线分类

当前大多数微机采用了分层次的多总线结构，按照在系统内的不同层次位置，总线可以分为四类。

1) 片内总线

片内总线位于微处理器或 I/O 芯片内部。例如 CPU 芯片中的内部总线，它是 ALU 寄存器和控制器之间的信息通路。过去这种总线是由芯片生产厂家设计的，微机系统的设计者和用户并不关心，但是随着微电子学的发展，出现了 ASIC(专用集成电路)技术，用户可以按自己的要求借助 CAD(计算机辅助设计)技术，设计自己的专用芯片。在这种情况下，用户就需要掌握片内总线技术。

由于片内总线所连接的部件都在一个硅片上，追求高速度是它的主要目标，所以器件级的总线都采用并行总线。为了克服一组总线上同一时刻只能有两个部件通信所造成的限制，还采取了多总线的措施。

2) 系统总线

系统总线又称为内总线、板级总线，用于微机系统中各插件之间的信息传输，是微机系统中最重要的一种总线。一般谈到的微机总线指的就是这种总线。系统总线一般做成多个插槽的形式，各插槽相同的引脚都连在一起，总线就连在了引脚上。

3) 外总线

外总线又称为设备总线或通信总线，用于系统之间的连接，如微机与外设或仪器之间的连接，可以采用并行方式或串行方式来实现。如通用串行总线 RS-232C、智能仪表总线 IEEE-488、并行打印机总线 Centronics、并行外部设备总线 SCSI 和通用串行总线 USB 等。这种总线多利用工业领域已有的标准，并非微机专用。

4) 局部总线

局部总线是相对较新的概念，许多文献也把它称为片总线。一般将插件板内部的总线叫做局部总线，以区别于系统总线。

图 2.11 给出了一般计算机总线的结构示意图。可以看出，构成过程计算机控制系统除

了各种功能模板之外，还需要内部总线将各种功能相对独立的模板有机地连接起来，完成系统内部各模板之间的信息传送。计算机系统与系统之间通过外部总线进行信息交换和通信，以便构成更大的系统。

图 2.11　计算机总线结构示意图

2. 总线操作时序

时钟周期是 CPU 的基本时间计量单位，它由计算机的主频决定。比如，8086 CPU 的主频为 5 MHz 时，1 个时钟周期就是 200 ns。

总线周期是 CPU 通过系统总线对外部存储器或 I/O 接口进行一次访问所需的时间。

在 8086/8088 CPU 中，一个基本的总线周期由 4 个时钟周期组成，习惯上将 4 个时钟周期分别称为 4 个状态，即 T_1 状态、T_2 状态、T_3 状态和 T_4 状态。当存储器和外设速度较慢时，要在 T_3 状态之后插入 1 个或几个等待状态 T_W。

8086/8088 CPU 的总线周期分为读总线周期和写总线周期，此外还有中断响应周期和总线请求及总线授予周期。

1) 总线读操作时序

总线读操作就是 CPU 从存储器或 I/O 端口读取数据。图 2.12 是 8086 在最小模式下的总线读操作时序图。

(1) T_1 状态。为了从存储器或 I/O 端口读出数据，首先要用 M/$\overline{\text{IO}}$ 信号指出 CPU 是要从内存还是 I/O 端口读，所以 M/$\overline{\text{IO}}$ 信号在 T_1 状态成为有效(见图 2.12①)。M/$\overline{\text{IO}}$ 信号的有效电平一直保持到整个总线周期的结束即 T_4 状态。

为指出 CPU 要读取的存储单元或 I/O 端口的地址，8086 的 20 位地址信号通过多路复用总线 $A_{19}/S_6 \sim A_{16}/S_3$ 和 $AD_{15} \sim AD_0$ 输出，送到存储器和 I/O 端口(见图 2.12②)。

地址信息必须被锁存起来，这样才能在总线周期的其他状态下，向这些引脚上传输数据和状态信息。为了实现对地址的锁存，CPU 便在 T_1 状态下从 ALE 引脚上输出一个正脉冲作为地址锁存信号(见图 2.12③)。在 ALE 的下降沿到来之前，M/$\overline{\text{IO}}$ 信号、地址信号均已有效。锁存器 8282 正是用 ALE 的下降沿对地址进行锁存的。

$\overline{\text{BHE}}$ 信号也是通过 $\overline{\text{BHE}}/S_7$ 引脚送出的(见图 2.12④)，它用来表示高 8 位数据总线上的信息可以使用。

此外，当系统中接有数据总线收发器时，在 T_1 状态下，$\overline{\text{DT}}/\text{R}$ 输出低电平，表示本总线周期为读周期，即让数据总线收发器接收数据(见图 2.12⑤)。

图 2.12　8086 总线读操作时序图

(2) T_2 状态。在 T_2 状态下，地址信号消失(见图 2.12⑦)，$AD_{15} \sim AD_0$ 进入高阻状态，为读入数据作准备；而 $A_{19}/S_6 \sim A_{16}/S_3$ 和 $\overline{BHE}/S_7$ 输出状态信息 $S_7 \sim S_3$(见图 2.12⑥和⑧)。

该状态下，信号变为低电平(见图 2.12⑩)，从而在系统中接有总线收发器时，获得数据允许信号。

CPU 于 $\overline{RD}$ 引脚上输出读有效信号(见图 2.12⑨)，送到系统中所有存储器和 I/O 接口芯片中。但是，只有被地址信号选中的存储单元或 I/O 端口，才会被 $\overline{RD}$ 信号从中读出数据，将数据送到系统数据总线上。

(3) T_3 状态。在 T_3 状态前沿(下降沿处)，CPU 对引脚 READY 进行采样，如果 READY 信号为高，则 CPU 在 T_3 状态后沿(上升沿处)通过 $AD_{15} \sim AD_0$ 获取数据；如果 READY 信号为低，将插入等待状态 T_W，直到 READY 信号变为高电平。

(4) T_W 状态。当系统中所用的存储器或外设的工作速度较慢，从而不能用最基本的总线周期执行读操作时，系统中就要用一个电路来产生 READY 信号。低电平的 READY 信号必须在 T_3 状态启动之前向 CPU 发出，则 CPU 将会在 T_3 状态和 T_4 状态之间插入若干个(如 $n-1$ 个)等待状态 T_W，直到 READY 信号变高。在执行最后一个等待状态 T_W 的后沿(上升沿)处，CPU 通过 $AD_{15} \sim AD_0$ 获取数据。

(5) T4 状态。总线操作结束，相关系统总线变为无效电平。

2) 总线写操作时序

总线写操作就是 CPU 向存储器或 I/O 端口写入数据。图 2.13 是 8086 在最小模式下的总线写操作时序图。

总线写操作时序与总线读操作时序基本相同，区别仅在于对存储器或 I/O 端口操作选通信号的不同。总线读操作中，选通信号是 $\overline{RD}$，而总线写操作中是 $\overline{WR}$。

图 2.13　8086 总线写操作时序图

在 $T2$ 状态下，$AD_{15}\sim AD_0$ 上的地址信号消失后，$AD_{15}\sim AD_0$ 的状态不同。在总线读操作中，$AD_{15}\sim AD_0$ 进入高阻状态，并在随后的状态中为输入方向；而在总线写操作中，CPU 立即通过 $AD_{15}\sim AD_0$ 输出数据，并一直保持到 T_4 状态。

3) 空闲状态 T_I

CPU 的时钟周期一直存在，但总线周期并非一直存在。只有当 BIU 需要补充指令流队列的空缺，或当 EU 执行指令过程中需经外部总线访问存储器或 I/O 接口时才需要申请一个总线周期，BIU 也才会进入执行总线周期的工作时序。两个总线周期之间可能会出现一些没有 BIU 活动的时钟周期，这时的总线状态称为空闲状态，见图 2.14 中的 T_I。

图 2.14　典型的 8086 总线周期序列

3. 总线数据传输

一般来说，总线上完成一次数据传输要经历以下 4 个阶段：

(1) 申请(Arbitration)占用总线阶段。需要使用总线的主控模块(如 CPU 或 DMAC)，向总线仲裁机构提出占有总线控制权的申请。由总线仲裁机构判别确定，把下一个总线传输周期的总线控制权授给申请者。

(2) 寻址(Addressing)阶段。获得总线控制权的主模块，通过地址总线发出本次打算访问的从属模块，如存储器或 I/O 接口的地址。通过译码使被访问的从属模块被选中，而开始启动。

(3) 传数(Data Transferring)阶段。主模块和从属模块进行数据交换。数据由源模块发出，经数据总线流入目的模块。对于读传送，源模块是存储器或 I/O 接口，而目的模块是总线主控者 CPU；对于写传送，则源模块是总线主控者，如 CPU，而目的模块是存储器或 I/O 接口。

(4) 结束(Ending)阶段。主、从模块的有关信息均从总线上撤除，让出总线，以便其他模块能继续使用。

对于只有一个总线主控设备的简单系统，对总线无需申请、分配和撤除。而对于多 CPU 或含有 DMA 的系统，就要有总线仲裁机构，来受理申请和分配总线控制权。总线上的主、从模块通常以一定方式用握手信号的电压变化来指明数据传送的开始和结束，用同步、异步或半同步这 3 种方式之一实现总线传输的控制。

4. 总线传输控制方式

1) 同步方式

通信双方由统一时钟控制数据传送，称为同步通信。时钟通常由 CPU 的总线控制部件发出，送到总线上的所有部件；也可以由每个部件各自的时序发生器发出，但必须由总线控制部件发出的时钟信号对它们进行同步。

总线传输周期是总线上两个部件完成一次完整而可靠的传输的时间，它包含 4 个时钟周期 T_1、T_2、T_3、T_4。主模块在 T_1 时刻发出地址信息；T_2 时刻发出读命令；从模块按照所指定的地址和命令进行一系列内部动作，必须在 T_3 时刻前找到 CPU 所需的数据，并送到数据总线上；CPU 在 T_3 时刻开始，一直维持到 T_4 时刻，可以从数据线上获取信息并送到其内部寄存器中；T_4 时刻开始，输入设备不再向数据总线上传送数据，撤销它对数据总线的驱动。如果总线采用三态驱动电路，则从 T_4 时刻起，数据总线呈浮空状态。

这种通信的优点是规定明确、统一，模块间的配合简单一致。其缺点是主、从模块时间配合属强制性"同步"，必须在限定时间内完成规定的要求。对所有从模块都用同一限时，势必造成对各不相同速度的部件而言，必须按最慢速度部件来设计公共时钟，严重影响总线的工作效率，也给设计带来了局限性，缺乏灵活性。同步通信一般用于总线长度较短、各部件存取时间比较一致的场合。

2) 异步方式

对于具有不同存取时间的各种设备，是不适宜采用同步总线协定的。异步总线克服了同步总线的缺点，允许各模块速度的不一致，给了设计者充分的灵活性和选择余地。它没有公共的时钟标准，不要求所有部件严格地统一动作时间，而是采用应答方式(又称握手方式)，即当主模块发出请求(Request)信号时，一直等待从模块反馈回来"响应"(Acknowledge)信号后才开始通信。当然，这就要求主、从模块之间增加两条应答线(即握手交互信号线(Handshaking))。

(1) 不互锁方式：主模块发出请求信号后，不等待接到从模块的回答信号，而是经过一段时间，确认从模块已收到请求信号后，便撤销其请求信号；从模块接到请求信号后，在条件允许时发出回答信号，并且经过一段时间，确认主模块已收到回答信号后，自动撤销回答信号。可见通信双方并无互锁关系。

(2) 半互锁方式：主模块发出请求信号后，待接到从模块的回答信号后再撤销其请求信号，存在着简单的互锁关系；而从模块发出回答信号后，不等待主模块回答，在一段时间后便撤销其回答信号，无互锁关系。

(3) 全互锁方式：主模块发出请求信号后，待从模块回答后再撤销其请求信号；从模块发出回答信号，待主模块获知后，再撤销其回答信号。

3) 半同步方式

因为异步总线的传输延迟严重地限制了最高的频带宽度，因此，总线设计师结合同步和异步总线的优点设计出混合式的总线，即半同步总线。半同步通信集同步与异步通信之优点，既保留了同步通信的基本特点，如所有的地址、命令、数据信号的发出时间，都严格参照系统时钟的某个前沿开始，而接收方都采用系统时钟后沿时刻来进行判断识别。同时又像异步通信那样，允许不同速度的模块和谐地工作。这样，半同步总线就具有同步总线的速度和异步总线的适应性。

5. 总线传输信息方式

总线传输信息基本有四种方式：串行传送、并行传送、并串行传送和分时传送。

1) 串行传送

当信息以串行方式传送时，只有一条传输线，且采用脉冲传送。在串行传送时，按顺序来传送表示一个数码的所有二进制位(bit)的脉冲信号，串行传送时低位在前，高位在后。为了检测传输过程中可能发生的错误，在串行传送的信息中一般附加一个奇偶校验位。

串行传送的主要优点是只需要一条传输线，这一点对长距离传输显得特别重要，成本比较低廉。

2) 并行传送

用并行方式传送二进制信息时，每个数据位都需要一条单独的传输线，信息由多少二进制位组成，就需要多少条传输线。并行数据传送比串行数据传送快得多。

3) 并串行传送

如果一个数据由 4 个字节组成，那么传送一个字节时采用并行方式，而字节之间采用串行方式。

4) 分时传送

由于传输线上既要传送地址信息，又要传送数据信息，因此必须划分时间，以便在不同的时间间隔中完成传送地址和传送数据的任务。

2.2.2　总线技术与标准

总线技术研究如何利用一组信号线有效地传递信息，并使其具有通用性强、扩展性好、升级容易等性能。微型计算机系统的大量工作就在于信息的传输，因此，总线的设计或选择直接影响到系统的整体性能，若设计不好或选择不当，将成为系统的瓶颈。

1. 总线标准

总线标准是指计算机部件各生产厂家都需要遵守的系统总线要求，从而使不同厂家生产的部件能够互换。总线标准的制定要经过周密考虑，要有严格的规定。每种总线都有详细的规范标准，以便大家共同遵守，总线标准(技术规范)包括以下几部分。

(1) 机械结构规范：规定了总线的物理连接方式，包括模块几何尺寸、总线插头、总线接插件以及安装尺寸，总线根数和引脚如何排列均有统一规定。

(2) 功能结构规范：规定了总线每条信号线(引脚的名称)、功能、工作过程，以及相互作用的协议。从功能上看，总线分为地址总线、数据总线、控制总线、备用线和地线。

(3) 电气规范：规定了总线每条信号线的有效电平、动态转换时间、负载能力、时序安排以及信息格式的约定等等。

(4) 时序规范：规定了总线信号的定时、应答时序与周期及各种操作的时间参数。在总线中定义这些信号的时序以保证各功能板的兼容性。也就是说，用户什么时候可以用总线传输信号，或者用户什么时候把信号提供给总线，CPU 才能正确无误地使用。

2. 总线的技术指标

一种总线性能的高低是可以通过一些性能指标来衡量的。一般从如下几个方面评价一种总线的性能高低。

(1) 总线的带宽(总线数据传输速率)：总线的带宽指的是单位时间内总线上传送的数据量，即每秒钟的最大稳态数据传输率，单位是 MB/s。与总线密切相关的两个因素是总线的位宽和总线的工作频率，它们之间的关系为

$$总线的带宽 = \frac{总线的工作频率 \times 总线的位宽}{8}$$

(2) 总线的位宽：总线的位宽指的是总线能同时传送的二进制数据的位数，或数据总线的位数。总线的位宽越宽，每秒钟的数据传输率越大，总线的带宽越宽。

(3) 总线的工作频率：总线的工作时钟频率以 MHz 为单位，工作频率越高，总线工作速度越快，总线带宽越宽。

3. 总线仲裁

总线上所连接的各类设备，按其对总线有无控制功能可分为主设备和从设备两种。主设备对总线有控制权，从设备只能响应从主设备发来的总线命令。总线上信息的传送是由主设备启动的，如某个主设备欲与另一个设备(从设备)进行通信，首先由主设备发出总线请求信号；若多个主设备要同时使用总线，就由总线控制器的判优、仲裁逻辑按一定的优先等级顺序，确定哪个主设备能使用总线。只有获得总线使用权的主设备才能开始传送数据。按照总线仲裁电路的不同，仲裁方式分为集中式仲裁和分布式仲裁两类。

(1) 集中式仲裁。集中式仲裁中每个功能模块有两条线连到中央仲裁器：一条是送往仲裁器的总线请求信号线 BR，一条是仲裁器送出的总线授权信号线 BG。

① 链式查询方式。链式查询方式的主要特点是：总线授权信号 BG 串行地从一个 I/O 接口传送到下一个 I/O 接口。假如 BG 到达的接口无总线请求，则继续往下查询；假如 BG 到达的接口有总线请求，BG 信号便不再往下查询，该 I/O 接口获得了总线控制权，如图

2.15 所示。距中央仲裁器最近的设备具有最高优先级，通过接口的优先级排队电路来实现。

图 2.15　链式查询方式

链式查询方式的优点是：只用很少几根线就能按一定优先次序实现总线仲裁，很容易扩充设备。

链式查询方式的缺点是：对询问链的电路故障很敏感，如果第 i 个设备的接口中有关链的电路有故障，那么第 i 个以后的设备都不能进行工作。查询链的优先级是固定的，如果优先级高的设备出现频繁的请求，优先级较低的设备可能长期不能使用总线。

② 计数器定时查询方式。总线上的任一设备要求使用总线时，通过 BR 线发出总线请求。中央仲裁器接到请求信号以后，在总线忙信号 BS 为 "0" 的情况下让计数器开始计数，计数值通过一组地址线发向各设备，如图 2.16 所示。

图 2.16　计数器定时查询方式

每个设备接口都有一个设备地址判别电路，当地址线上的计数值与请求总线的设备地址相一致时，该设备置 BS 线为 "1"，标示 "总线忙"，以获得总线的使用权，此时中止计数查询。每次计数可以从 "0" 开始，也可以从中止点开始。如果从 "0" 开始，各设备的优先次序与链式查询法相同，优先级的顺序是固定的。如果从中止点开始，则每个设备使用总线的优先级相等。

计数器的初值也可用程序来设置,这可以方便地改变优先次序,但这种灵活性是以增加线数为代价的。

③ 独立请求方式。每一个共享总线的设备均有一对总线请求线 BRi 和总线授权线 BGi。当设备要求使用总线时,便发出该设备的请求信号。中央仲裁器中的排队电路决定首先响应哪个设备的请求,给设备以授权信号 BGi,如图 2.17 所示。

图 2.17 独立请求方式

独立请求方式的优点:响应时间快,确定优先响应的设备所花费的时间少,不用一个设备接一个设备地查询;其次,对优先次序的控制相当灵活,可以预先固定也可以通过程序来改变优先次序,还可以用屏蔽(禁止)某个请求的方法,不响应来自无效设备的请求。

(2) 分布式仲裁。分布式仲裁不需要中央仲裁器,每个潜在的主方功能模块都有自己的仲裁号和仲裁器。当它们有总线请求时,把它们唯一的仲裁号发送到共享的仲裁总线上,每个仲裁器将仲裁总线上得到的号与自己的号进行比较。如果仲裁总线上的号大,则它的总线请求不予响应,并撤销它的仲裁号。最后,获胜者的仲裁号保留在仲裁总线上。显然,分布式仲裁是以优先级仲裁策略为基础的。

微机系统采用的总线标准种类很多,目前采用最多的是工业标准结构 ISA 总线、扩展工业标准结构 EISA 总线、微通道结构 MCA 总线、VESA 总线和外部设备互连 PCI 总线等。

4. 总线的系统结构

(1) 单总线结构。在许多单处理器的计算机中,使用一条单一的系统总线来连接 CPU、主存和 I/O 设备。通过这条总线既可以访问主存储器,又可以进行 I/O 数据的传输,所以称为单总线结构。单总线结构如图 2.18 所示。

图 2.18 单总线结构

(2) 双总线结构。在这种结构中有两条总线：存储总线和系统总线。这种总线和单总线相比，增加了 CPU 和主存之间的一组高速的存储总线。双总线结构如图 2.19 所示。

图 2.19　双总线结构

(3) 三总线结构。三总线结构是在双总线结构的基础上增加了 I/O 总线形成的，如图 2.20 所示。其中系统总线是 CPU、主存和外围处理机(IOP)或通道之间进行数据传送的公共通路，I/O 总线是负责多个外部设备与通道之间进行数据传送的公共通路。

图 2.20　三总线结构

2.2.3　8086 系统总线

1. 8086 最小模式下的系统总线结构

如图 2.21 所示，8086 CPU 组成最小模式系统时，其基本配置除 CPU 芯片外，还应包括时钟发生器 8284A、地址锁存器 8282、总线收发器 8286/8287(可选)以及存储器、I/O 接口和外部设备，图中略去了与存储器、I/O 接口和外部设备的连接。

时钟发生器 8284A 为系统提供频率恒定的时钟信号，同时对外部设备发出的准备好(READY)信号和复位(RESET)信号进行同步。

由于 8086 CPU 采用了地址总线与数据总线复用、地址总线与状态线复用等技术，而在执行对存储器读/写或对 I/O 设备输入/输出的总线周期中，存储器或 I/O 设备要求地址信息一直保持有效，所以在构成微机系统时，必须附加地址锁存器，以形成独立的外部地址总线和数据总线。常用的地址锁存器有 8D 锁存器 8282 和 74LS373。

在总线周期的 T_1 状态，CPU 在复用线上输出地址信息，以指出要寻址的存储器单元或外设端口地址，而且在复用线 $\overline{BHE}/S_7$ 上输出 $\overline{BHE}$ 信号。为了表明地址已准备好，可以被锁存，CPU 此时还会送出高电平的 ALE 信号，所以 ALE 是允许锁存的信号。从总线周期的 T_2 状态开始，复用线上不再是地址信息，而是数据信息($AD_{15} \sim AD_0$)或状态信息($A_{19}/S_6 \sim A_{16}/S_3$)，$\overline{BHE}$ 也无效了。但因为有了锁存器对地址和 $\overline{BHE}$ 进行锁存，所以在总线周期的后半部分，地址和数据同时出现在系统的地址和数据总线上。同样，此时 $\overline{BHE}$ 也在锁存器输出端呈现有效电平。于是，确保了 CPU 对存储器和 I/O 设备的正常读/写操作。

只有当系统中所连接的存储器和外设较多，需要增加数据总线的驱动能力时，才用 8286/8287 作为总线收发器，也可采用 74LS245。

图 2.21　8086 最小模式下的系统总线结构

2. 8086 最大模式下的系统总线结构

在最大模式下，读/写控制信号由总线控制器 8288 产生，8288 与 8086 的连接及信号产生情况如图 2.22 所示。其中 $\overline{MRDC}$、$\overline{MWTC}$、$\overline{IORC}$、$\overline{IOWC}$ 分别为存储器读、写及 I/O 读、写控制信号。它们由 $\overline{S_2}$、$\overline{S_1}$、$\overline{S_0}$ 组合译码产生。这三条线是由 8086 在最大模式下输出的三条状态线。

8288 接收时钟发生器的 CLK 信号和来自 CPU 的 $\overline{S_2}$、$\overline{S_1}$、$\overline{S_0}$ 信号，产生相应的各种控制信号和时序，并且提高了控制总线的驱动能力。时钟信号 CLK 使得 8288 和 CPU 及系统中的其他部件同步；状态信号 $\overline{S_2}$、$\overline{S_1}$、$\overline{S_0}$ 组合得到包括存储器读/写和 I/O 读/写在内的控制信号。图 2.22 中还有两个信号未注上，一个叫提前的写 I/O 命令信号 $\overline{AIOWC}$，另一个叫提前的写内存命令信号 $\overline{AMWC}$。这两个命令的功能分别和 $\overline{IOWC}$、$\overline{MWTC}$ 一样，只是和 $\overline{IOWC}$ 及 $\overline{MWTC}$ 比起来，前面的两个信号是 8288 提前一个时钟周期向外设端口或存储器发出的。这样，一些较慢的设备或存储器芯片就得到一个额外的时钟周期去执行写入操作。

图 2.22　最大模式下的系统总线结构

2.2.4　常用系统总线和外设总线标准

目前常用的几种系统总线有 ISA 总线、EISA 总线、VESA 总线、PCI 总线、Compact PCI 总线、PCI-E 总线等。

1. ISA 总线

ISA(Industrial Standard Architecture)总线标准是 IBM 公司 1984 年为推出 PC/AT 而建立的系统总线标准，所以也叫 AT 总线。它是对 XT 总线的扩展，以适应 8/16 位数据总线要求。它在 80286 至 80486 时代应用非常广泛，以至于现在奔腾机中还保留有 ISA 总线插槽。ISA 总线扩展槽的插槽是在原来 XT 总线(62 线)的基础上增加了一条短插槽。该短插槽有 36 个引脚，因此加上原来 XT 总线的 62 线，共有 98 个引脚。该总线的数据传输速率为 8 MB/s，寻址空间为 16 MB，最多可提供 8 个总线扩展槽，优点是采用了开放性体系结构，适应性强，缺点是 8 个总线扩展槽共用一个 DMA 请求，经常会发生中断冲突。ISA 总线信号的引脚如图 2.23 所示，各个信号说明如下：

RESET、BCLK——复位及总线基本时钟信号，BLCK = 8 MHz。

$SA_{19} \sim SA_0$——存储器及 I/O 空间 20 位地址信号，带锁存。

$LA_{23} \sim LA_{17}$——存储器及 I/O 空间 20 位地址信号，地址线高位为 $A_{20} \sim A_{23}$，使原来的 1 MB 的寻址范围扩大到 16 MB，不带锁存。

BALE——地址锁存允许信号，外部锁存器选通信号。

AEN——地址允许信号，表明 CPU 让出总线，DMA 过程开始。

$\overline{SMEMR}$、$\overline{SMEMW}$——8 位 ISA 存储器读/写控制信号。

$\overline{MEMR}$、$\overline{MEMW}$——16 位 ISA 存储器读/写控制信号。

$SD_{15} \sim SD_0$——数据总线信号，访问 8 位 ISA 卡时高 8 位自动传送到 $SD_7 \sim SD_0$。

$\overline{\text{SBHE}}$——高字节允许信号，用于打开 SD_{15}～SD_8 数据通路。该信号与其他地址信号一起实现对高字节、低字节或一个字(高低字节)的操作。

$\overline{\text{MEMCS}_{16}}$、$\overline{\text{IOCS}_{16}}$——ISA 卡发出此信号确认可以进行 16 位传送。

I/OCHRDY——ISA 卡准备好，可控制插入等待周期。

$\overline{\text{NOWS}}$——不需等待状态，快速 ISA 发出不同插入等待。

$\overline{\text{I/OCHCK}}$——ISA 卡奇偶校验错。

DRQ_7～DRQ_5、DRQ_3～DRQ_0——采用两块 DMA 控制器级联使用，其中主控级的 DRQ_0 接从属级的请求信号(HRQ)。同时，不再采用 DMA 实现动态存储器刷新。故总线上的设备均可使用这 7 级 DMA 传送。除原 8 位 ISA 总线上的 DMA 请求信号外，其余的 DRQ_0、DRQ_5～DRQ_7 均定义在引脚为 36 的插槽上。与此相对应，DMA 控制器提供的响应信号 $\overline{\text{DACK}_0}$、$\overline{\text{DACK}_5}$～$\overline{\text{DACK}_7}$ 也定义在该插槽上。

MASTER——ISA 主模块确立信号。ISA 发出此信号，与主机内 DMAC 配合使 ISA 卡成为主模块，用于控制总线。

IRQ_{10}～IRQ_{15}：中断请求输入信号。其中 IRQ_{13} 指定给数值协处理器使用。另外，由于 16 位 ISA 总线上增加了外部中断的数量，在底板上，是由两块中断控制器(Intel8259)级联实现中断优先级管理的。

图 2.23　ISA 总线信号的引脚

2. EISA 总线

EISA(Extended Industrial Standard Architecture, Extended ISA)总线是 1988 年由 Compaq 等 9 家公司联合推出的总线标准，是 ISA 总线的扩展。EISA 在 ISA 的基础上，将数据总线宽度从 16 位变为 32 位，地址总线由 24 位变为 32 位，并具有高速同步传送功能，数据传输率为 33 MB/s，总线时钟频率为 10 MHz。它是在 ISA 总线的基础上使用双层插槽，在原来 ISA 总线的 98 条信号线上又增加了 98 条信号线，也就是在两条 ISA 信号线之间添加一条 EISA 信号线。EISA 总线保留了 ISA 总线原有的全部信号线，向上兼容 ISA 总线，在 ISA 总线上工作的适配器卡仍可以在 EISA 总线上工作，但 EISA 总线并不只是 ISA 总线简单意义上的扩展。

EISA 总线具有的主要特点如下：

(1) 支持 CPU、DMA、总线主控器 32 位寻址能力和 16 位数据传输能力，具有数据宽度变换功能。

(2) 扩展及增加了 DMA 仲裁能力，使得 DMA 的传输速率最高可达 33 MB/s。

(3) 程序可以采用边沿或电平方式控制中断的触发。

(4) 能够通过软件实现系统板和扩展板的自动配置功能。

(5) 规定总线裁决采用集中方式进行，使得 EISA 总线有效地支持构成多微处理器系统。

(6) 它与 PC/XT 总线相兼容，这就使得已大量开发的 PC/XT 总线的插件卡可方便地在 EISA 总线上运行。

为了构成 EISA 总线，在 AT 总线上附加的主要信号有：

$BE_3 \sim BE_0$——字节允许信号。它们分别用来表示 32 位数据总线上的哪个字节与当前总线周期有关。

M/IO——存储器或接口指示信号。用该信号的不同电平来区分 EISA 总线上是内存周期还是 I/O 接口周期。

START——起始信号，用来表示 EISA 总线周期的开始。

CMD——定时控制信号。在 EISA 总线周期中提供定时控制。

$LA_{31} \sim LA_2$：地址总线信号。它们与 $BE_3 \sim BE_0$ 共同决定 32 位地址的寻址空间，其范围可达 4 GB。

$D_{31} \sim D_{16}$——高 16 位数据总线。它们与原来 AT 总线上定义的 $D_{15} \sim D_0$ 共同构成 32 位数据总线。

$MIREQ_n$——主控器请求信号。总线上主控器希望得到总线时，发出该信号，用于请求得到总线控制权。

MAK_n——总线控制器指示信号，利用该信号表示第几个总线主控器已获得总线控制权。

EISA 总线的数据传输速率可达 33 MB/s，以这样的速度进行 32 位的猝发传输，很适合高速局域网、快速大容量磁盘及高分辨率图形显示，其内存寻址能力达 4 GB。EISA 还可支持总线主控，可以直接控制总线进行对内存和 I/O 设备的访问而不涉及主 CPU。

由于 EISA 总线性能优良，因此多数 386、486 微型计算机系统都采用了 EISA 总线。后来随着总线技术不断进步，EISA 总线最终被淘汰。

3. VESA 总线

80486 和 Pentium 等高性能 CPU 的内部处理速度大大提高，再加上集成了高速缓存和数字协处理器 FPU，高速的 CPU 和内存访问同慢速 I/O 操作成为 PC 技术中的瓶颈。多媒体的出现，对于图形和高速显示提出能更快速传送大量信息的要求，而这些问题是 ISA 和 EISA 总线都无法解决的。

VESA(Video Electronics Standard Association)总线是 1992 年由 60 家附件卡制造商联合推出的一种局部总线，简称为 VL(VESA Local Bus)总线。VESA 总线的推出为微机系统总线体系结构的革新奠定了基础。该总线系统考虑到 CPU 与主存和 Cache 的直接相连，通常把这部分总线称为 CPU 总线或主总线，其他设备通过 VL 总线与 CPU 总线相连，所以 VL 总线被称为局部总线。它定义了 32 位数据线，且可通过扩展槽扩展到 64 位，使用 33 MHz 时钟频率，最大传输速率达 132 MB/s，可与 CPU 同步工作。它是一种高速、高效的局部总线，可支持 386SX、386DX、486SX、486DX 及奔腾微处理器。

由于 VESA 总线是在 CPU 总线基础上扩展而成的，它与 CPU 类型相关，因此开放性差，并且由于 CPU 总线负载能力有限，目前 VESA 总线扩展槽仅支持 3 个设备。

4. PCI 总线

PCI(Peripheral Component Interconnect)总线是当前最流行的总线之一，它是 Intel 公司推出的一种局部总线。它定义了 32 位数据总线，且可扩展为 64 位。PCI 总线主板插槽的体积比原 ISA 总线插槽还小，其功能比 VESA、ISA 有极大的改善，支持突发读/写操作，最大传输速率可达 132 MB/s，可同时支持多组外围设备。PCI 局部总线不能兼容现有的 ISA、EISA、MCA(Micro Channel Architecture)总线，但它不受制于处理器，是基于奔腾等新一代微处理器而发展的总线。

PCI 总线标准所定义的信号线通常分成必需的和可选的两大类。PCI 总线分 A、B 面，每面为 60 条引脚，分前 49 条和后 11 条。分界处的几何尺寸占两条引脚，在 PCI 插槽上有一个限位缺口与之对应，其信号线总数为 120 条(包括电源、地、保留引脚等)。

主控设备又称主设备，是指取得了总线控制权的设备，而被主设备选中以进行数据交换的设备称为从设备或目标设备。作为主设备需要 49 条信号线，若作为目标设备，则需要 47 条信号线，可选的信号线有 51 条(主要用于 64 位扩展、中断请求、高速缓存支持等)。利用这些信号线便可以传输数据、地址，实现接口控制、仲裁及系统的功能。PCI 局部总线信号如图 2.24 所示。

图 2.24　PCI 局部总线信号

下面按 PCI 局部总线的功能分组进行说明。

1) 系统信号

CLK——系统时钟信号，为所有 PCI 传输提供时序，对于所有的 PCI 设备都是输入信号。其频率最高可达 33 MHz/66 MHz，这一频率也称为 PCI 的工作频率。

$\overline{\text{RST}}$——复位信号，用来迫使所有 PCI 专用的寄存器、时序器和信号转为初始状态。

2) 地址和数据信号

$AD_0 \sim AD_{31}$——地址、数据复用信号。PCI 总线上地址和数据的传输，必须在 $\overline{\text{FRAME}}$ 有效期间进行。在 $\overline{\text{FRAME}}$ 有效时的第 1 个时钟，$AD_0 \sim AD_{31}$ 上的信号为地址信号，称地址期；在 $\overline{\text{IRDY}}$ 和 $\overline{\text{TRDY}}$ 同时有效时，$AD_0 \sim AD_{31}$ 上的信号为数据信号，称数据期。一个 PCI 总线传输周期包含一个地址期和接着的一个或多个数据期。

$C/\overline{BE}_0 \sim C/\overline{BE}_3$——总线命令和字节允许复用信号。在地址期，这 4 条线上传输的是总线命令；在数据期，它们传输的是字节允许信号，用来指定在数据期，$AD_0 \sim AD_{31}$ 上 4 个数据字节中哪些字节为有效数据，以进行传输。

PAR——奇偶校验信号。它通过 $AD_0 \sim AD_{31}$ 和 $C/\overline{BE}_0 \sim C/\overline{BE}_0$ 进行奇偶校验。主设备为地址周期和写数据周期驱动 PAR，从设备为读数据周期驱动 PAR。

3) 接口控制信号

$\overline{\text{FRAME}}$——帧周期信号，由主设备驱动，表示一次总线传输的开始和持续时间。当 $\overline{\text{FRAME}}$ 有效时，预示总线传输的开始，在其有效期间，先传地址，后传数据；当 $\overline{\text{FRAME}}$ 撤销时，预示总线传输结束，并在 $\overline{\text{IRDY}}$ 有效时进行最后一个数据期的数据传送。

$\overline{\text{IRDY}}$——主设备准备好信号。当 $\overline{\text{IRDY}}$ 与 $\overline{\text{TRDY}}$ 联合使用，当二者同时有效时，数据方能传输。

$\overline{\text{TRDY}}$——从设备(被选中的设备)准备好信号。

$\overline{\text{STOP}}$——从设备要求主设备停止当前数据传送的信号。显然，该信号应由从设备发出。

$\overline{\text{LOCK}}$——锁定信号。当对一个设备进行可能需要多个总线传输周期才能完成的操作时，使用锁定信号 $\overline{\text{LOCK}}$，进行独占性访问。例如，某一设备带有自己的存储器，那么它必须能进行锁定，以便实现对该存储器的完全独占性访问，也就是说，对此设备的操作是排他性的。

$\overline{\text{IDSEL}}$——初始化设备选择信号。在参数配置读/写传输期间，用作片选信号。

$\overline{\text{DEVSEL}}$——设备选择信号。该信号由从设备在识别地址时发出，当它有效时，说明总线上某处的某一设备已被选中，并作为当前访问的从设备。

4) 仲裁信号(只用于总线主控器)

$\overline{\text{REQ}}$——总线占用请求信号。该信号有效，表明驱动它的设备要求使用总线。它是一个点到点的信号线，任何主设备都有它自己的 REQ 信号。

$\overline{\text{GNT}}$——总线占用允许信号。该信号有效，表示申请占用总线的设备的请求已获得批准。

5) 错误报告信号

$\overline{\text{PERR}}$——数据奇偶校验错误报告信号。一个设备只有在响应设备选择信号($\overline{\text{DEVSEL}}$)和完成数据期之后，才能报告一个 $\overline{\text{PERR}}$。

$\overline{\text{SERR}}$——系统错误报告信号，用作报告地址奇偶错、特殊命令序列中的数据奇偶错，以及其他可能引起灾难性后果的系统错误。它可由任何设备发出。

6) 中断信号

在 PCI 总线中，中断是可选项，不一定必须具有。

$\overline{\text{INTA}}$——用于请求中断。

$\overline{\text{INTB}}$、$\overline{\text{INTC}}$、$\overline{\text{INTD}}$——用于请求中断，仅对多功能设备有意义。所谓的多功能设备是指将几个相互独立的功能集中在一个设备中。各功能与中断线之间的连接是任意的，没有任何附加限制。

7) 其他可选信号

$\overline{\text{SBO}}$、$\overline{\text{SDONE}}$——高速缓存支持信号。

$\overline{\text{REQ}}_{64}$、$\overline{\text{ACK}}_{64}$、$AD_{32} \sim AD_{63}$、$C/\overline{BE}_4 \sim C/\overline{BE}_7$、$PAR_{64}$——64 位总线扩展信号。

TCK、TDI、TDO、TMS、$\overline{\text{TRST}}$——测试访问端口/边界扫描信号。

PCI 局部总线已形成工业标准。它的高性能总线体系结构满足了不同系统的需求，低成本的 PCI 总线构成的计算机系统达到了较高的性能/价格比水平。因此，PCI 总线被应用于多种平台和体系结构中。

5. Compact PCI 总线

以上所列举的几种系统总线一般都用于商用 PC 中，在计算机系统总线中，还有另一大类为适应工业现场环境而设计的系统总线，比如 STD 总线、VME 总线、PC/104 总线等。这里仅介绍当前工业计算机的热门总线之一——Compact PCI 总线。

Compact PCI 的意思是"坚实的 PCI"，它是当今第一个采用无源总线底板结构的 PCI 系统，是 PCI 总线的电气和软件标准加欧式卡的工业组装标准，是当今最新的一种工业计算机标准。Compact PCI 是在原来 PCI 总线基础上改造而来的，它利用 PCI 的优点，提供满足工业环境应用要求的高性能核心系统，同时还充分利用传统的总线产品，如 ISA、STD、VME 或 PC/104 来扩充系统的 I/O 和其他功能。

6. PCI-E 总线

PCI-E(PCI Express)采用的也是目前业内流行的点对点串行连接。比起 PCI 以及更早期的计算机总线的共享并行架构，每个设备都有自己的专用连接，不需要向整个总线请求带宽，而且可以把数据传输率提高到很高，达到 PCI 所不能提供的高带宽。相对于传统 PCI 总线在单一时间周期内只能实现单向传输，PCI Express 的双单工连接能提供更高的传输速率和质量，它们之间的差异跟半双工和全双工类似。

外部总线(External Bus)又称为通信总线，用于计算机之间、计算机与远程终端、计算机与外部设备以及计算机与测量仪器仪表之间的通信。该类总线不是计算机系统已有的总线，而是利用电子工业或其他领域已有的总线标准。外部总线又分为并行总线和串行总线，并行总线主要有 IEEE-488 总线，串行总线主要有 RS-232-C、RS-422、RS-485、

IEEE1394 以及 USB 总线等。在计算机接口、计算机网络以及计算机控制系统中得到了广泛应用。下面主要介绍 RS-232-C 和 RS-485 串行总线、IEEE-488 并行总线、通用串行总线(USB)等。

1) RS-232-C 串行总线

RS-232-C 是美国电子工业协会 EIA(Electronic Industry Association)制定的一种串行物理接口标准。RS 是英文"推荐标准"的缩写，232 为标识号，C 表示修改次数。RS-232-C 总线标准设有 25 条信号线，包括一个主通道和一个辅助通道。在多数情况下主要使用主通道，对于一般的双工通信，仅需几条信号线就可实现，如一条发送线、一条接收线及一条地线。RS-232-C 标准规定的数据传输速率为每秒 50、75、100、150、300、600、1200、2400、4800、9600、19200 波特。RS-232-C 标准规定，驱动器允许有 2500 pF 的电容负载，通信距离将受此电容限制。例如，采用 150 pF/m 的通信电缆时，最大通信距离为 15 m，若每米电缆的电容量减小，则通信距离可以增加。传输距离短的另一原因是 RS-232 属单端信号传送，存在共地噪声和不能抑制共模干扰等问题，因此一般用于 20 m 以内的通信。

2) RS-485 串行总线

在要求通信距离为几十米至上千米时，广泛采用 RS-485 串行总线标准。RS-485 采用平衡发送和差分接收，因此具有抑制共模干扰的能力。加上总线收发器具有高灵敏度，能检测低至 200 mV 的电压，故传输信号能在千米以外得到恢复。RS-485 采用半双工工作方式，任何时候只能有一点处于发送状态，因此，发送电路须由使能信号加以控制。RS-485 用于多点互连时非常方便，可以节省许多信号线。应用 RS-485 可以联网构成分布式系统，其允许最多并联 32 台驱动器和 32 台接收器。

3) IEEE-488 并行总线

IEEE-488 并行总线用来连接系统，如微机、数字电压表、数码显示器等设备及其他仪器仪表。它按照位并行、字节串行双向异步方式传输信号，连接方式为总线方式，仪器设备直接并联于总线上而不需中介单元，但总线上最多可连接 15 台设备。其最大传输距离为 20 米，信号传输速度一般为 500 KB/s，最大传输速度为 1 MB/s，所有数据交换都必须是数字化的。总线规定使用 24 线的组合插座，并且采用负逻辑，即用小于 +0.8 V 的电压表示逻辑"1"，用大于 2 V 的电压表示逻辑"0"。

IEEE-488 并行总线接口结构如图 2.25 所示。利用 IEEE-488 并行总线将微型计算机和其他若干设备连接在一起，可以采用串行连接，也可以采用星形连接。

图 2.25 IEEE-488 并行总线接口结构

IEEE-488 系统中的每一个设备可按如下三种方式工作。

● "听者"方式：从数据总线上接收数据，一个系统在同一时刻可以有两个以上的"听者"在工作。可以充当"听者"功能的设备有微型计算机、打印机、绘图仪等。

● "讲者"方式：向数据总线发送数据，一个系统可以有两个以上的"讲者"，但任一时刻只能有一个讲者在工作。具有"讲者"功能的设备有微型计算机、磁带机、数字电压表、频谱分析仪等。

● "控制者"方式：是一种向其他设备发布命令的方式。

在 IEEE-488 并行总线上的各种设备可以具备不同的功能。有的设备如微型计算机可以同时具有控制者、听者、讲者三种功能。有的设备只具有收、发功能，而有的设备只具有接收功能，如打印机。在某一时刻系统只能有一个控制者，而当进行数据传送时，某一时刻只能有一个发送器发送数据，允许多个接收器接收数据，也就是可以进行一对多的数据传送。

4) USB 总线

通用串行总线 USB(Universal Serial Bus)是由 Intel、Compaq、Digital、IBM、Microsoft、NEC、Northern Telecom 等 7 家世界著名的计算机和通信公司共同推出的一种新型接口标准，先后推出了 USB 1.0、USB 1.1、USB 2.0、USB 3.0 和 USB On-The-Go(OTG)总线标准。现在最为流行的是 USB 2.0 标准。

在 USB 1.1 版本中定义了两种速度的传输工作模式，即低速(Low Speed)模式和全速(Full Speed)模式。低速模式下数据传输速度为 1.5 MB/s，全速模式下 USB 的传输速度峰值达到了 12 MB/s。

在 USB 2.0 版本中推出了高速(High Speed)模式，将 USB 总线的传输速度提高到了 480 MB/s。它基于通用连接技术，实现了外设的简单快速连接，达到了方便用户、降低成本、扩展 PC 连接外设范围的目的。它可以为外设提供电源，而不像普通的使用串、并口的设备需要单独的供电系统。

(1) USB 设备及其体系结构。

USB 总线是一种串行总线，支持在主机与各式各样即插即用的外设之间进行数据传输。它由主机预定传输数据的标准协议，在总线上的各种外设上分享 USB 总线带宽。当总线上的外设和主机在运行时，允许自由添加、设置、使用以及拆除一个或多个外设。

USB 总线系统中的设备可以分为三个类型。一是 USB 主机，在任何 USB 总线系统中，只能有一个主机。主机系统中提供 USB 总线接口驱动的模块，称做 USB 总线主机控制器。二是 USB 集线器(HUB)，类似于网络集线器，可实现多个 USB 设备的互连，主机系统中一般整合有 USB 总线的根(节点)集线器，可以通过次一级的集线器连接更多的外设。三是 USB 总线的设备，又称 USB 功能外设，是 USB 体系结构中的 USB 最终设备，如打印机、扫描仪等，接受 USB 系统的服务。

USB 总线连接外设和主机时，利用菊花链的形式对端点加以扩展，形成了如图 2.26 所示的金字塔形的外设连接方法。它最多可以连接 7 层、127 台设备，有效地避免了 PC 上插槽数量对扩充外设的限制，减少 PC 上 I/O 接口的数量。

图 2.26　基于 USB 总线的外设连接

(2) USB 设备的电气连接。

USB 连接分为上行连接和下行连接。所有 USB 外设都有一个上行连接，上行连接采用 A 型接口，而下行连接则一般采用 B 型接口。这两种接口不可简单地互换，从而避免集线器之间循环往复的非法连接。一般情况下，USB 集线器输出连接口为 A 型口，而外设及 HUB 的输入口均为 B 型口。所以 USB 电缆一般采用一端 A 口、一端 B 口的形式。USB 电缆中有 4 条导线：一对互相绞缠的标准规格线，用于传输差分信号 D_+ 和 D_-；一对符合标准的电源线 VBUS 和 GND，用于给设备提供 +5 V 电源。USB 连接线具有屏蔽层，以避免外界干扰。

低速模式和全速模式可在用同一 USB 总线传输的情况下自动地动态切换。数据传输时，调制后的时钟与差分数据一起通过数据线 D_+、D_- 传输出去，信号在传输时被转换成 NRZI 码(不归零反向码)。为保证转换的连续性，在编码的同时还要进行位插入操作，这些数据被打包成有固定时间间隔的数据包，每一数据包中附有同步信号，使得收方可还原出总线时钟信号。USB 对电缆长度有一定的要求，最长可为 5 m。终端设备位于电缆的尾部，在集线器的每个端口都可检测终端是否连接或分离，并区分出高速或低速设备。

7. IEEE1394 总线

IEEE1394 是一种高性能的串行总线，应用范围主要是那些带宽要求超过 100 kb/s 的硬盘和视频外设。利用其两对(4 条)信号线 TPA/TPA* 和 TPB/TPB*，既支持同步传输，也支持异步传输。这 4 条信号线为差模时钟信号线对和差模数据线对。

IEEE1394 是一种新型的高速串行总线，它具有以下显著的特点：

(1) 高传输速率。

(2) 采用同步传输和异步传输两种数据传输模式。

(3) 可以实现即插即用，并支持热插拔。

上述特点使它可广泛地应用于多媒体声卡、图像和视频产品、打印机、扫描仪的图像处理等方面，尤其是磁盘阵列、数字照相机、显示器和数字录像机等。

习 题 二

1．8086/8088 CPU 由哪两部分组成，功能分别是什么？

2．8086/8088 CPU 有几个通用寄存器，几个变址寄存器，几个指针寄存器？

3．8086/8088 CPU 标志寄存器有哪些标志位？分别说明各个标志位的作用。

4．8086/8088 CPU 地址总线位数是多少，最大的物理存储空间是多少？

5．8086/8088 CPU 系统中的存储器为什么要采用分段结构？

6．段寄存器的作用是什么？为什么要使用段寄存器？

7．若已知当前 DS=7F06H，在偏移地址为 0005H 开始的存储器中连续存放 4 个字节的数据，分别为 11H、22H、33H、44H。请指出这些数据在存储器中的物理地址。

8．什么是 8086/8088 的最小模式和最大模式？

9．简述 8088 CPU 引脚中可以复用的引脚和与中断有关的引脚。

10．简述 8086 芯片引脚 CLK、$\overline{RD}$、MN/$\overline{MX}$ 的功能。

11．简述 8086 CPU 的两种工作方式。

12．微型计算机采用总线结构有什么优点？

13．什么是时钟周期？什么是总线周期？8086 CPU 的基本总线周期是多少个时钟周期？

14．8086/8088 最小模式下的读写总线周期包括几个时钟周期，什么情况下需要插入等待周期 T_W？

15．总线的一次信息传送过程大致分为哪几个阶段？

16．什么是总线标准？为什么要制定总线标准？总线标准包括哪些内容？

第3章　8086 的指令系统与寻址方式

【教学提示】

本章系统学习 8086 的指令系统与寻址方式。8086 的寻址方式分为基本寻址方式和复合寻址方式。常用的指令有数据传送指令、算术运算指令、逻辑运算和移位指令、程序控制指令、处理器控制指令和串操作指令。重点掌握常用的寻址方式和操作指令，为汇编语言的程序设计打下良好的基础。

【教学目标】

- 掌握 8086 的各种寻址方式；
- 掌握 8086 的各种常用指令；
- 理解面向机器语言的指令特点。

3.1　指令系统概述

指令就是微处理器所能执行的每一种基本操作的二进制的表达形式。指令是组成程序的基本单位。指令系统是微处理器(CPU)所具有和能执行的全部指令的集合，它与微处理器有密切的联系，不同的微处理器有不同的指令系统，决定着 CPU 的技术性能。

8086 指令系统是向上兼容的，因此可以处理 8085 中全部指令的功能。8086 采用可变字节的指令格式，寻址方式多种多样，能处理 8 位或 16 位数据。8086 指令系统中增加了软件中断指令和串操作指令，为多处理机系统的构成奠定了基础。

8086 指令系统共包含 92 种基本指令，根据功能可分为 6 大类：① 数据传送类指令；② 算术运算类指令；③ 逻辑运算与移位指令；④ 串操作指令；⑤ 控制转移指令；⑥ 处理器控制指令。

3.1.1　指令格式

8086 指令的一般格式如图 3.1 所示。

操作码	目的操作数、源操作数

图 3.1　8086 指令的一般格式

指令一般由操作码和操作数两部分构成。操作码指示指令要完成的操作，用助记符表示。助记符是一类具有相同功能的指令操作码的保留名。操作数是指令执行的对象，可显式给出也可隐含存在。操作数有多个时，操作数之间应用逗号隔开。

8086的指令长度为1~7个字节，其中操作码占用1~2个字节，因此指令的长度主要取决于操作数的个数及其寻址方式。根据操作数的个数，指令在格式上可分为以下三类：

(1) 零操作数指令。指令只有操作码，操作数是隐含的，该类指令的操作对象多为处理器本身。

(2) 单操作数指令。指令中包含操作码和一个操作数，另一个操作数隐含存在。

(3) 双操作数指令。指令中包含操作码和两个操作数。

3.1.2 指令操作数类型

根据操作数存放位置的不同，8086指令中的操作数有三种类型：立即数操作数、寄存器操作数和存储器操作数。

1．立即数操作数

立即数是有固定数值的操作数，指令的执行对其不产生影响。立即数操作数包含在指令中，即操作数本身直接在指令中给出，并随指令一起从存储器中取出参与运算。

立即数操作数是常数，没有表示地址的含义，故立即数操作数只能作源操作数。立即数操作数可以是8位数也可以是16位数。

2．寄存器操作数

寄存器操作数是指操作数在某个寄存器中，指令中给出寄存器的名字。

可以作为寄存器操作数的包括8086 CPU的8个通用寄存器和4个段寄存器，在指令中寄存器操作数既可作为源操作数又可作为目的操作数。

通用寄存器常用来存放数据或数据所在的存储器单元的偏移地址，段寄存器常用来存放操作数的段基址。

3．存储器操作数

存储器操作数在内存中，指令中给出的是操作数的地址。

存储器操作数既可作为源操作数又可作为目的操作数。一般情况下，一条指令中的两个操作数不允许同时为存储器操作数。

3.2 寻 址 方 式

所谓寻址方式，是指CPU指令中规定的获得操作数所在地址的方式。

8086指令系统中，根据指令中操作数的存放位置不同，将操作数所在地址的寻址方式分为8类。其中立即数对应的寻址方式为立即寻址；寄存器操作数对应的寻址方式为寄存器寻址；存储器操作数对应的寻址方式有多种，包括直接寻址、寄存器间接寻址、寄存器相对寻址、基址变址寻址、基址变址相对寻址，另外还有一种隐含寻址。在本节中讨论的寻址方式都是针对源操作数的。

3.2.1 立即寻址

立即寻址是指源操作数为立即数，直接包含在指令中，并紧跟指令操作码存放于内存代码段中，随指令一起取出。立即数可以是 8 位或者 16 位数。例如：

    MOV　AX, 3B13H

该指令表示将 16 位数 3B13H 送入寄存器 AX 中。立即寻址示意图如图 3.2 所示。

图 3.2　立即寻址示意图

3.2.2　直接寻址

直接寻址是指参加运算的数据存放于内存中，数据存放的 16 位偏移地址在指令中直接给出，并与操作码一起存放在代码段中。偏移地址在指令中放在"[ ]"内，默认数据的段基址为数据段 DS，允许段重设。例如：

    MOV　AX, [3B13H]

该指令表示将数据段中偏移地址为 3B13H 和 3B14H 两单元的内容送入寄存器 AX 中。该指令对应的直接寻址示意图如图 3.3 所示。

假设 DS = 1000H，则参与运算的数据的物理地址为 1000H × 16 + 3B13H = 13B13H。

要注意区别直接寻址和立即寻址。直接寻址中并没有直接给出操作数，而是给出了操作数的 16 位偏移地址。在表现形式上，直接寻址的偏移地址必须加方括号以区分。在上例中，并不是将 3B13H 送入 AX 寄存器中，而是将偏移地址为 3B13H 的内存单元中的内容送入 AX。

图 3.3　直接寻址示意图

在直接寻址方式中，如不特别说明，操作数默认存放在 DS 段。若要使用其他寄存器，则需要在指令中用段重设符号标明。例如：

    MOV　AX, ES:[3B13H]

该指令表示将 ES 段中偏移地址为 3B13H 单元的内容送入 AX 寄存器中。

3.2.3　寄存器寻址

寄存器寻址是指指令中给出的是寄存器，操作数存放在寄存器中。可以使用寄存器寻址方式的寄存器包括通用数据寄存器(8 位或者 16 位)、地址指针、变址寄存器以及段寄存器。

寄存器寻址方式中，操作数位于 CPU 内部寄存器中，因此指令执行时不需要访问内存就可以取得操作数，指令的执行速度很快。例如：

  MOV CX, AX

该指令表示将寄存器 AX 的内容送到寄存器 CX 中，若执行前，AX＝1234H，CX＝3423H，则执行后，CX＝1234H。寄存器寻址示意图如图 3.4 所示。

图 3.4　寄存器寻址示意图

3.2.4　寄存器间接寻址

  寄存器间接寻址是指指令中出现的是寄存器，该寄存器中存放的是操作数的有效地址，操作数存放在存储器中。

  寄存器间接寻址所使用的寄存器分为两类：

  (1) 以 SI、DI 或 BX 作为间址寄存器，此时操作数在数据段，即段基址在默认情况下由 DS 决定。

  (2) 以 BP 作为间址寄存器，此时操作数在堆栈段，即段基址在默认情况下由 SS 决定。

  寄存器间接寻址方式允许段重设，在指令中使用段重设符即可重设操作数所在的段寄存器。

  为了区分寄存器间接寻址和寄存器寻址，寄存器间接寻址指令中的寄存器必须用方括号括起来。例如：

  MOV AX, [DI]

  若已知 DS＝1000H，DI＝2000H，该指令表示将物理地址为 1000H×16 + 2000H＝12000H 单元和 12001H 单元的内容送入寄存器 AX 中。寄存器间接寻址示意图如图 3.5 所示，执行后 AX＝5655H。

图 3.5　寄存器间接寻址示意图

  若操作数在附加段，上条指令可修改为 MOV AX, ES : [DI]。

3.2.5　寄存器相对寻址

  寄存器相对寻址是指指令中出现的是间址寄存器和一个 8 位或者 16 位的位移量，二者之和作为操作数的有效地址。操作数存放在存储器中，数据存放的段由所使用的间址寄存器决定，间址寄存器只能采用 BX、BP、SI、DI。例如：

  MOV AX,DATA[DI]

若已知 DS = 1000H，DI = 2000H，DATA = 0001H，该指令表示将物理地址 = 1000H×16 + 2000H + 0001H = 12001H 单元和 12002H 单元的内容送到寄存器 AX 中。寄存器相对寻址示意图 3.6 所示。

在汇编语言中，寄存器相对寻址的表示形式有多种，如：

　　　　MOV　AX, DATA[DI]

　　　　MOV　AX, [DI]DATA

　　　　MOV　AX, DATA+[DI]

　　　　MOV　AX, [DI]+DATA

　　　　MOV　AX, [DI+DATA]

　　　　MOV　AX, [DATA+DI]

3.2.6　基址变址寻址

图 3.6　寄存器相对寻址示意图

基址变址寻址是指指令中出现的是一个基址寄存器(BX 或 BP)和一个变址寄存器(SI 或 DI)，两个寄存器内容之和作为操作数的有效地址。基址寄存器只能用 BX 或 BP，默认情况下对应的段寄存器分别为 DS 和 SS。基址变址寻址允许段重设。例如：

　　　　MOV AX, [BX][DI]

若 DS = 1000H，BX = 0810H，DI = 0050H，该指令表示将物理地址 = 1000H×16 + 0810H + 0050H = 10860H 单元和 10861H 单元的内容送到寄存器 AX 中。基址变址寻址方式示意图如图 3.7 所示。

图 3.7　基址变址寻址示意图

在基址变址寻址方式中，不允许同时使用两个基址寄存器或者两个变址寄存器。

3.2.7　基址变址相对寻址

基址变址相对寻址是指指令中出现的是一个基址寄存器(BX 或 BP)、一个变址寄存器(SI 或 DI)和一个 8 位或者 16 位的位移量，三者之和为操作数的有效地址。操作数在存储器中，数据存放的段由所使用的基址寄存器决定。基址变址寻址允许段重设。

例如：

　　MOV　AX, DATA[BX][DI]

　　若 DS＝1000H，BX＝0810H，DI＝0050H，DATA＝0001H，该指令表示将物理地址＝1000H×16＋0810H＋0050H＋0001H＝10861H 单元和 10862H 单元的内容送入寄存器 AX 中。基址变址相对寻址示意图如图 3.8 所示。

图 3.8　基址变址相对寻址示意图

　　基址变址相对寻址的表示形式有多种：

　　MOV　AX, DATA[BX][DI]

　　MOV　AX, DATA[BX+DI]

　　MOV　AX, [DATA+BX+DI]

　　MOV　AX, [DATD+BX][DI]

　　MOV　AX, [BX]DATA[DI]

　　在基址变址相对寻址方式中，不允许同时使用两个基址寄存器或者两个变址寄存器。

3.2.8　隐含寻址

　　有些指令的操作码不仅包含操作的性质，还隐含了部分操作数的地址。例如乘法指令 MUL，该指令中只给出乘数的地址，被乘数和乘积的地址是隐含且固定的。这种在指令操作码中隐含操作数的寻址方式称为隐含寻址。

3.3　8086 的指令系统

　　8086 指令系统包含 133 条基本指令，按功能将其分为 6 类：数据传送指令、算术运算指令、逻辑运算和移位指令、串操作指令、程序控制指令、处理器控制指令。

3.3.1　数据传送指令

　　数据传送指令是程序中使用最频繁的一类指令，可以实现数据在内存、通用寄存器和段寄存器之间的传送。数据传送指令通常不会对标志寄存器 FR 产生影响。

　　数据传送指令根据功能可以分为 3 类：

　　(1) 通用数据传送指令。

　　(2) 目标地址传送指令。

　　(3) 输入输出指令。

1. 通用数据传送指令

　　通用数据传送指令包括一般传送指令 MOV、堆栈操作指令 PUSH 和 POP、数据交换指令 XCHG 和查表转换指令 XLAT。

　　1) 一般传送指令 MOV

　　指令格式：

MOV　dest，src　；(dest)←(src)

其中，dest 为目标操作数，src 为源操作数。该指令是将源操作数的内容送入目标操作数，同时源操作保持不变。MOV 操作相当于数据的复制。

　　汇编语言中对于双操作数的指令，规定必须将目标操作数写在前面，源操作数写在后面，两者之间用逗号隔开。

　　MOV 指令是最普遍、最常用的传送指令，该指令具有以下特点：

　　(1) 既可以传送字节操作数也可以传送字操作数。

　　(2) 可以使用 3.2 节中所介绍的各种寻址方式。

　　(3) 可以实现寄存器和寄存器或者存储器之间的数据传送、立即数至寄存器或者存储器的数据传送、寄存器或存储器和段寄存器之间的数据传送。

　　① 寄存器和寄存器之间的数据传送：

　　　　MOV AX, CX ；　寄存器 AX 中的内容送到寄存器 CX

　　② 寄存器和存储器之间的数据传送：

　　　　MOV　[1000H]，AX ；将 AX 中的内容送到数据段内存单元 1000H 和 1001H 中

　　　　MOV　AX，[DI] ；将数据段中 DI 所指向的连续两个内存单元的内容送入 AX

　　③ 立即数至寄存器的数据传送：

　　　　MOV AX, 0800H ；将 0800H 送入 AX

　　④ 立即数至存储器的数据传送：

　　　　MOV　BYTE PTR[BX], 08H ；将 08H 送入数据段 BX 所指向的内存单元中

　　　　MOV　WORD PTR[BX], 0800H ；将 0800H 送入数据段 BX 所指向的连续两个内存单元中

　　⑤ 寄存器与段寄存器之间的数据传送：

　　　　MOV　AX, DS ；将 DS 的内容送入 AX

　　　　MOV　ES, BX ；将 BX 的内容送入 ES 中

　　⑥ 存储器和段寄存器之间的数据传送：

　　　　MOV　[1000H], DS ；将 DS 的内容送入数据段 1000H 单元

　　　　MOV　DS, [DI] ；将数据段 DI 所指向的连续两个内存单元的内容送入 DS

　　MOV 指令对操作数有如下要求：

　　(1) 指令中目标操作数和源操作数的字长必须相等，都是字节操作数或者字操作数。

　　(2) 目标操作数不能为立即数。

　　(3) 源操作数为立即数时，目标操作数不能为段寄存器。

　　(4) 两个操作数不能同时为存储器操作数。

　　(5) 两个操作数不能同时为段寄存器。

　　(6) 一般情况下指令指针 IP 和代码段寄存器 CS 可以作为源操作数，但不能作为目标操作数。

　　(7) 状态寄存器 FR 不能以整体作为操作数。

　　例如，将(*) 的 ASCII 码 2AH 送入内存从 1000H 开始的 100 个单元中。

　　　　　　MOV　DI，1000H

　　　　　　MOV　CX，64H

　　　　　　MOV　AL，2AH

```
AGAIN: MOV   [DI], AL
        INC   DI              ; DI+1
        DEC   CX              ; CX−1
        JNZ   AGAIN           ; CX≠0 则继续
        HLT
```

2) 堆栈操作指令 PUSH 和 POP

堆栈是按先进后出原则在内存中开辟的一段特定区域(见图 3.9)，用来存放寄存器或者存储器中暂时不用但需要保存的数据。堆栈在内存中的段称为堆栈段，使用堆栈段寄存器 SS。堆栈主要应用于子程序调用、中断响应等操作时的参数保护。

指令格式：

　　入栈操作　　PUSH　src
　　出栈操作　　POP　dest

指令中的操作数可以是 16 位的通用寄存器或者段寄存器和存储器单元。

图 3.9　堆栈区示意图

堆栈空间在使用时需要遵循以下原则：

(1) 堆栈操作遵循"先进后出"的原则。

(2) 堆栈的存取每次必须是一个字，即 16 位数据，且必须是寄存器或者存储器操作数。

(3) 用 PUSH 指令存放数据时，总是从高地址向低地址方向增长。

(4) SS 决定堆栈段的位置，堆栈指针 SP 总是指向栈顶单元。栈顶是当前可用堆栈操作指令进行数据交换的单元。PUSH 操作存放操作数之前 SP 先减 2，POP 取出操作数时，先取出操作数然后 SP 加 2。

堆栈指令的执行过程：

(1) 入栈指令 PUSH。首先将栈顶指针 SP 内容减 2，即栈顶指向原来的 SP−2 的位置，然后将操作数向低地址方向存放，高 8 位放在 SP+1 单元，低 8 位放在 SP 单元。

(2) 出栈指令 POP。首先将 SP 单元内容取出放入操作数低 8 位，SP+1 内容取出放入操作数的高 8 位，然后将 SP 内容加 2。

【例 3.1】 已知 AX＝1122H，BX＝3344H，SS＝9000H，SP＝1010H，执行指令：

    PUSH   AX
    PUSH   BX
    POP   AX
    POP   BX

后，AX、BX、SP 的结果如何？

执行结果为

    AX=3344H

    BX=1122H

    SP=1010H

该指令的执行结果如图 3.10 所示。

图 3.10   例 3.1 的示意图

3) 数据交换指令 XCHG

指令格式：

    XCHG   OPRD1， OPRD2 ；(OPRD1) ↔ (OPRD2)

数据交换指令的功能是将源地址和目标地址中的内容互换。

数据交换指令对操作数的要求如下：

(1) 两操作数的字长必须相等，同为字操作数或字节操作数。

(2) 源操作数和目标操作数可以是寄存器或存储器操作数，但不能同时为存储器操作数。

(3) 段寄存器不能作为操作数。

【例 3.2】 设 DS＝1000H，DI＝2000H，AL＝05H，[12000H]＝66H，执行指令：

    XCHG [DI], AL

后，结果为

    [12000H]=05H，AL=66H

4) 查表交换指令 XLAT

指令格式：

　　XLAT　；将数据段中偏移地址为 BX+AL 所指向单元的内容送入 AL

或

　　XLAT　src_table　；src_table 表示要查找的表的首地址

【例 3.3】　数据段中存放有一张十六进制数的 ASCII 码转换表(见图 3.11)，设首地址为 2000H，查表得出第 10 个元素"A"的 ASCII 码(设 DS＝4000H)。

	内存单元	代码值
42000H＋0	31	"0"
	32	"1"
	33	"2"
	...	
	39	"9"
42000H＋10	41	"A"
	42	"B"
	...	
	45	"E"
	46	"F"
	...	

图 3.11　ASCII 码转换表

　　MOV　BX，2000H　　；BX←表首地址

　　MOV　AL，0AH　　　；AL←序号

　　XLAT　　　　　　　；查表转换

执行结果为

　　AL＝41H

2. 目标地址传送指令

该指令用于将源操作数的地址传送到目标操作数。

指令格式：

　　LEA　reg16, mem

该指令表示将 mem 的 16 位偏移地址送入指定寄器。该指令要求源操作数必须是存储器操作数，目标操作数必须是 16 位通用寄存器。该指令的执行不影响标志位。

例如：

　　LEA　BX, [DI]

表示将 DI 所指向单元的地址即 DI 的内容送入 BX。

例如，若 DS＝1000H，DI＝2000H，[12005H]＝30H，[12006H]＝40H，则执行 LEA　BX, [DI+05H]和 MOV　BX, [DI+05H]两条指令后的结果分别为 BX＝2005H 和 BX＝4030H。

也可以用 MOV 指令得到存储器操作数的偏移地址，以下两条指令的执行效果相同：

　　LEA　　BX, BUFFER

　　MOV　　BX, OFFSET BUFFER

3. 输入/输出指令

一台计算机可以连接多台外部设备，如打印机、显示器等，CPU 需要与这些外设进行数据交换，传送控制命令或者查询外设状态。8086 指令系统有专门用于对输入/输出端口进行读/写的 I/O 指令，包含 IN 和 OUT 两条指令。

8086 的 I/O 指令中，CPU 对外设端口有两种寻址方式：直接寻址和寄存器间接寻址。直接寻址方式中的端口地址为 8 位，因此可寻址的端口地址范围为 0～FFH，共 256 个端口；寄存器间接寻址方式中的端口地址为 16 位，因此可寻址的端口地址范围为 0000H～FFFFH，共 64K 个，这种方式下端口地址只能由 DX 寄存器给出。

1) 输入指令 IN

指令格式：

　　IN　acc, port　　　；直接寻址，port 是用 8 位立即数表示的端口地址

或

　　　IN　acc, DX　　　; 间接寻址，16 位端口地址由 DX 给出

该指令表示从端口输入一个字节到 8 位寄存器 AL 或者输入一个字到 16 位寄存器 AX。
例如：

　　　IN　　AX, 34H　　; 从地址为 34H 的端口输入一个字到 AX

　　　MOV　DX, 1234H

　　　IN　　AL, DX　　 ; 从地址为 1234H 的端口输入一个字节到 AL

2）输出指令 OUT

指令格式：

　　　OUT　port, acc　　; 直接寻址，port 是用 8 位立即数表示的端口地址

或

　　　OUT　DX, acc　　 ; 间接寻址，16 位端口地址由 DX 给出

该指令表示将 AL 或者 AX 的内容输出到指定的端口。
例如：

　　　OUT　34H, AL　　　　; 将 AL 的内容输出到地址为 34H 的端口

　　　OUT　34H, AX　　　　; 将 AX 的内容输出到地址为 34H 的端口

　　　MOV　DX, 1234H

　　　OUT　DX, AL　　　　 ; 将 AL 的内容输出到地址为 1234H 的端口

3.3.2　算术运算指令

8086 CPU 能够对字节、字或者双字进行包括加、减、乘、除在内的算术运算，操作数的数据形式可以是 8 位或 16 位的无符号数或带符号数。算术运算的执行大多会影响标志位。

1．加法运算指令

加法运算指令包括普通加法指令 ADD、带进位加法指令 ADC 和加 1 指令 INC。双操作数加法指令对操作数的要求和 MOV 指令基本相同，但段寄存器不能作为加法指令的操作数。

1）普通加法指令 ADD

指令格式：

　　　ADD　OPRD1, OPRD2　　 ; OPRD1←OPRD1+OPRD2

该指令的功能是将源操作数和目标操作数相加，并将结果送回目标操作数。

该指令的目标操作数可以是 8 位或 16 位的寄存器或存储器操作数，源操作数可以是 8 位或 16 位的立即数、寄存器或存储器操作数。但操作数不能为段寄存器，也不能同时为存储器操作数。进行加法运算的操作数既可以是无符号数，也可以是有符号数。加法指令对全部 6 个标志位均产生影响。

例如：

　　　MOV　AL, 10H

　　　ADD　AL, 02H

两条指令执行后的结果为

AX=1200H

各标志位状态分别为：

AF=0　表示 bit3 向 bit4 无进位；

CF=0　表示最高位向前无进位；

OF=0　表示若为有符号数加法，其运算结果不产生溢出；

PF=1　表示 8 位的运算结果中，"1"的个数为偶数；

SF=1　表示运算结果的最高位为 1；

ZF=0　表示运算结果不为 0。

2) 带进位加法指令 ADC

指令格式：

　　　ADC　OPRD1, OPRD2　　　; OPRD1←OPRD1+OPRD2+CF

该指令的功能是将源操作数和目标操作数相加，再加上 CF 的值，并将结果送回目标操作数。

该指令对操作数的要求和对标志位的影响都与 ADD 指令基本相同。

例如：若 CF=1，则

　　　MOV　AL, 56H

　　　ADC　AL, 13H

两条指令执行后的结果为

　　　AL=6AH，CF=1

【例 3.4】　求两个无符号双字 123FAB5H＋0ABC212AH 相加的和。

　　　MOV　DX, 0123H

　　　MOV　AX, 0FAB5H

　　　ADD　AX, 212AH　　　　; 先加低字，CF=1　AX=1BDFH

　　　ADC　DX, 0ABCH　　　　; 高字带进位加，CF=0　DX=0BE0H

3) 加 1 指令 INC

指令格式：

　　　INC　OPRD　　　; OPRD←OPRD+1

该指令的功能是将操作数加 1 后的结果送回该操作数，常用于修改偏移地址和计数次数。加 1 指令的操作数可以是 8 位或者 16 位的寄存器或存储器操作数，操作数不能是立即数或段寄存器。加 1 指令影响 AF、OF、PF、SF 和 ZF 标志位，而对 CF 标志位不产生影响。

例如：

　　　INC　CX　　　　　　　　; 寄存器 CX 内容加 1

　　　ING　BYTE PTR[DI]　　　; 将 DI 所指向的存储单元的内容加 1

2. 减法运算指令

减法运算指令包括普通减法指令 SUB、考虑借位的减法指令 SBB、减 1 指令 DEC、求补指令 NEG 和比较指令 CMP。

1) 普通减法指令 SUB

指令格式：

　　SUB　OPRD1, OPRD2　; OPRD1←OPRD1-OPRD2

该指令的功能是将目标操作数减去源操作数的结果送回目标操作数。

该指令对操作数的要求和对状态标志位的影响与加法指令 ADD 相同。

例如：

　　SUB　AL, 10H　; AL←AL-10H

2) 考虑借位的减法指令 SBB

指令格式：

　　SBB　OPRD1, OPRD2　; OPRD1←OPRD1-OPRD2-CF

该指令的功能是将目标操作数减去源操作数，再减去 CF 的结果送到目标操作数。

该指令对操作数的要求和对状态标志位的影响都和 SUB 指令相同。

例如：

　　SBB　AL, 10H　; AL←AL-10H-CF

3) 减 1 指令 DEC

指令格式：

　　DEC　OPRD　; OPRD←OPRD-1

该指令的功能是将操作数减 1 后的结果送回该操作数，常用于在循环程序中修改循环次数。

该指令对操作数的要求和对状态标志位的影响与 INC 指令相同。

例如：

　　DEC　CX　; CX←CX-1

　　DEC　BYTE PTR[DI]　; 将 DI 所指向单元的内容减 1 后送回该单元

4) 求补指令 NEG

指令格式：

　　NEG　OPRD　; OPRD←0-OPRD

该指令的功能是将 0 减去操作数的结果送回该操作数。

该指令的操作数可以是寄存器或者存储器操作数，利用该指令可得到负数的绝对值。指令对全部 6 个状态标志位均有影响。执行该指令后，一般 CF=1，操作数为 80H 或 8000H 时结果不变，但 OF=1，其余情况下 OF=0。

例如：

　　NEG　AL　; AL←0-AL

5) 比较指令 CMP

指令格式：

　　CMP　OPRD1, OPRD2　; OPRD1-OPRD2，但结果不送回 OPRD1

该指令的功能是目标操作数减去源操作数，结果不送回目标操作数，但对 6 个状态标志位均有影响。

该指令对操作数的要求和对状态标志位的影响与减法指令 SUB 相同。

利用比较指令可以判断两个数的大小关系，判断方法为：

(1) 判断两个操作数是否相等。若 ZF＝1，则两个操作数相等；若 ZF＝0，则两个操作数不相等。

(2) 判断两个操作数的大小。

① 判断两个无符号操作数的大小。若 CF＝1，则目标操作数小于源操作数；若 CF＝0，则目标操作数大于源操作数

② 判断两个带符号操作数的大小。当两个操作数符号相同时，若 SF＝1，则目标操作数小于源操作数；若 SF＝0，则目标操作数大于源操作数。

当两个操作数的符号不同时，若 OF⊕SF＝1，则目标操作数小于源操作数；若 OF⊕SF＝0，则目标操作数大于源操作数。

3. 乘法运算指令

乘法运算指令包括无符号数乘法指令和有符号数乘法指令。两个乘法指令均采用隐含寻址的方式，源操作数在指令中给出，而目标操作数则隐含在 AX 或 AL 中。8 位数乘法的乘积为 16 位数，存放在 AX 中；16 位数乘法的乘积为 32 位数，高位和低位分别存放在 DX 和 AX 中。

1) 无符号数乘法指令 MUL

指令格式：

MUL　OPRD	；字节操作：	AX←OPRD×AL
	；字操作：	DX:AX←OPRD×AX

该指令的功能是将源操作数与 AL 或 AX 内容相乘的结果送到 AX 或 DX:AX 中。

乘法指令的操作数可以是 8 位或者 16 位的寄存器或存储器操作数，操作数不能为立即数。如果乘积的高半部分不为零，则 CF＝OF＝1，表示 AH 或 DX 中包含有效数字，否则 CF＝OF＝0。该指令对其他状态标志位不产生影响。

【例 3.5】　已知 AL＝0FEH，BL＝0AH，均为无符号数，求 AL 和 BL 的乘积。

MUL　CL

执行后，AX＝09ECH，且 CF＝OF＝1。

2) 有符号数乘法指令 IMUL

指令格式：

IMUL　OPRD	；字节操作：	AX←OPRD×AL
	；字操作：	DX:AX←OPRD×AX

该指令的功能和对操作数的要求与 MUL 指令相同。

如果乘积的高半部分是低半部分的符号位扩展，则 CF＝OF＝0，否则 CF＝OF＝1。对其他状态标志位不产生影响。

【例 3.6】　已知 AL＝0FEH，BL＝0AH，均为有符号数，求 AL 和 BL 的乘积。

IMUL　CL

执行后，AX＝FFECH，且 CF＝OF＝0。

4. 除法运算指令

除法运算指令包括无符号数除法指令和有符号数除法指令。和乘法指令一样，除法指

令的被除数同样隐含在 AL 或 AX 中，除数在指令中给出。

除法指令要求被除数的字长是除数的两倍，因此对于 8 位除数，被除数为 16 位，存放在 AX 中；对于 16 位除数，被除数为 32 位，存放在 DX 和 AX 中。

1) 无符号数除法指令

指令格式：

　　DIV　OPRD　　；字节操作：AL←AX/OPRD，AH←AX%OPRD

　　　　　　　　　；字操作：AX←DX:AX/OPRD，DX←DX:AX%OPRD

该指令的功能是将 AL 或 AX 的内容除以源操作数，其结果送到 AX 或 DX:AX 中，其中高位存放余数，低位存放商。

该指令对操作数的要求和无符号数乘法指令一样，对 6 个状态标志位均不产生影响。

例如：

　　DIV CL　　　；用 AX 的内容除以 CL 的内容，商放入 AL 中，余数放入 AH 中

2) 有符号数除法指令

指令格式：

　　IDIV　OPRD　　；字节操作：AL←AX/OPRD，AH←AX%OPRD

　　　　　　　　　；字操作：AX←DX:AX/OPRD，DX←DX:AX%OPRD

该指令的功能、对操作数的要求和对状态标志位的影响均与无符号数除法指令相同。

5. 其他算术运算指令

(1) DAA 指令。

指令格式：

　　DAA

该指令的功能是将以二进制运算规则执行后存放在 AL 中的结果调整为压缩 BCD 码。

例如：

　　MOV　AL, 48H

　　MOV　AL, 27H　　；AL=6FH

　　DAA　　　　　　　；AL=75H

(2) AAA 指令。

指令格式：

　　AAA

该指令的功能是对两个非压缩 BCD 码相加之后存放于 AL 中的和进行调整，形成正确的扩展 BCD 码，调整后的结果的低位在 AL 中，高位在 AH 中。

例如：

　　MOV　AL, 09H

　　ADD　AL, 4

　　AAA　　　　　　　；AL=03H, AH=1, CF=1

(3) DAS 指令。

指令格式：

　　DAS

该指令的功能是对两个压缩 BCD 码相减后的结果(在 AL 中)进行调整,产生正确的压缩 BCD 码。

(4) AAS 指令。

指令格式:

AAS

该指令的功能是对两个非压缩 BCD 码相减之后的结果(在 AL 中)进行调整,形成一个正确的非压缩 BCD 码,调整后的结果的低位在 AL 中,高位在 AH 中。

(5) AAM 指令。

指令格式:

AAM

该指令的功能是对两个非压缩 BCD 码相乘的结果(在 AX 中)进行调整,得到正确的非压缩 BCD 码,即把 AL 寄存器的内容除以 0AH,商放在 AH 中,余数放在 AL 中。

例如:

```
MOV  AL, 07H
MOV  BL, 09H
MUL  BL              ; AX=003FH
AAM                  ; AX=0603H
```

(6) AAD 指令。

指令格式:

AAD

该指令的功能是在除法之前执行,将 AX 中的非压缩 BCD 码(十位数放在 AH 中,个位数放在 AL 中)调整为二进制数,并将结果放入 AL 中。

例如:

```
MOV  AX, 0203H       ; AX=23
MOV  BL, 4
AAD                  ; AX=0017H
DIV  BL              ; AH=03H, AL=05H
```

3.3.3 逻辑运算和移位指令

1. 逻辑运算指令

逻辑运算指令是对 8 位或者 16 位的寄存器或者存储器操作数按位进行操作的指令。8086 包含逻辑与 AND、逻辑或 OR、逻辑异或 XOR、逻辑非 NOT 和测试 TEST 五条指令。

这五条逻辑运算指令除 NOT 指令外,其余指令对操作数的要求和 MOV 指令相同,且这四条指令对状态标志位的影响均为使 CF=OF=0,AF 不定,并影响 SF、PF 和 ZF 标志位。NOT 指令对操作数的要求和 INC 指令相同,该指令的执行对全部状态标志位均不产生影响。

1) 逻辑与指令 AND

指令格式:

AND OPRD1, OPRD2 ; OPRD1←OPRD1∧OPRD2

该指令的功能是将目标操作数与源操作数按位相与后的结果送回目标操作数。

【例3.7】 已知 AL='6'，将 AL 中数的 ASCII 码转换成非压缩 BCD 码。

  AND AL，0FH   ; AL=06H，屏蔽高4位(高位清0)，保留低4位，

            ; 即对应位为0则清0，对应位为1则不变

【例3.8】 把 AL 中的小写字母转换成大写字母。(A~Z 的 ASCII 码为 41H~5AH；a~z 的 ASCII 码为 61H~7AH)

  AND AL，11011111B

2) 逻辑或指令 OR

指令格式：

  OR OPRD1, OPRD2 ; OPRD1←OPRD1∨OPRD2

该指令的功能是将目标操作数与源操作数按位相或的结果送回目标操作数。

例如：

  MOV AX，8888H

  OR AX，00FFH ; AX=88FFH，将 AX 的低8位置1，其他位不变

例如：将 AL 中的非组合 BCD 码转换成 ASCII 码。

  OR AL，30H

3) 逻辑异或指令 XOR

指令格式：

  XOR OPRD1, OPRD2 ; OPRD1←OPRD1⊕OPRD2

该指令的功能是将目标操作数与源操作数按位相异或的结果送回目标操作数。

例如：

  MOV AX，3333H

  XOR AX，00FFH

执行完后，AX=33CCH，AH 数据保持不变，对 AL 数据求反，即对应0不变，对应1求反。

XOR 指令常用于对某个寄存器或存储器单元清0。

4) 逻辑非指令 NOT

指令格式：

  NOT OPRD

该指令的功能是将操作数按位取反后送回该操作数。

例如：

  MOV AX，1

  NOT AX   ; AX=0FFFEH

5) 测试指令 TEST

指令格式：

  TEST OPRD1, OPRD2

该指令的功能是将目标操作数与源操作数相与，结果不送回目标操作数，但影响标志

位。该指令常用于保持目标操作数不变的情况下，检测数据的某些位为 0 还是为 1。

【例 3.9】　测试 AX 中的 D_{15} 位是 1 还是 0。

```
TEST    AX, 8000H          ; 若 D₁₅为 1, 则 ZF＝0, 否则 ZF＝1
JNC     ZERO
```

2. 移位指令

8086 指令系统包含非循环移位指令和循环移位指令两大类，操作的对象为 8 位或 16 位寄存器操作数或存储器操作数。移动次数为 1 位时，移动次数由指令给出，移动次数大于 1 位时需将移动次数置于 CL 寄存器中。

1) 非循环移位指令

8086 的非循环移位指令包含四类移位指令：针对无符号数的逻辑左移指令 SHL 和逻辑右移指令 SHR，针对有符号数的算术左移指令 SAL 和算术右移指令 SAR。

(1) 逻辑左移指令 SHL 和算术左移指令 SAL。

指令格式：

```
    SHL   OPRD, 1          SAL   OPRD, 1
```

或

```
    SHL   OPRD, CL         SAL   OPRD, CL
```

该指令的功能是将目标操作数的内容左移 1 位或者 CL 寄存器指定的位数，移动时左边的最高位移入 CF 中，右边的最低位补零。

若移动次数为 1，移位后如果操作数的最高位和 CF 不相同，则 OF＝1，否则 OF＝0。若移位次数大于 1，则 OF 值不定。OF＝1；对于 SHL 不表示左移后溢出，对于 SAL 则表示左移后超过有符号数的表示范围。

该指令还影响 PF、SF 和 ZF 标志位。

例如：

```
    MOV  BL, 0CH    ; BL＝12
    SHL  BL, 1      ; BL＝24
```

【例 3.10】　对 AX 中无符号数进行乘 10 运算(设无溢出，乘 10 后仍为一个字)。

分析：$AX \times 10 = AX \times (8+2) = AX \times 2 + AX \times 8$

```
    MOV  BX, AX
    SAL  BX, 1                  ; 原数×2
    MOV  CL, 3
    SAL  AX, CL                 ; 原数×8
    ADD  AX, BX                 ; 相加等于原数×10
```

(2) 逻辑右移指令 SHR。

指令格式：

```
    SHR   OPRD, 1
```

或

```
    SHR   OPRD, CL
```

该指令的功能是将目标操作数的内容右移 1 位或者 CL 寄存器指定的位数，移动时右边的最低位移入 CF 中，左边的最高位补零。

若移动次数为 1，移位后如果操作数新的最高位和次高位不相同，则 OF=1，否则 OF=0。若移位次数大于 1，则 OF 值不定。

(3) 算术右移指令 SAR。

指令格式：

    SAR　OPRD, 1

或

    SAR　OPRD, CL

该指令的功能是将目标操作数的内容右移 1 位或者 CL 寄存器指定的位数，移动时右边的最低位移入 CF 中，左边的最高位保持不变。

该指令对 CF、PF、SF 和 ZF 四个标志位有影响，不影响 OF 和 AF 标志位。

例如：

    MOV　　　BX，FFFCH

    SAR　　　BX，1

执行后，BX=FFFEH，BX 由 −4 变为 −2。

2) 循环移位指令

8086 指令系统包含不带进位标志 CF 的循环左移指令 ROL、不带进位标志 CF 的循环右移指令 ROR、带进位标志 CF 的循环左移指令 RCL 和带进位标志 CF 的循环右移指令 RCR。

(1) 不带进位标志 CF 的循环左移指令 ROL。

指令格式：

    ROL　OPRD, 1

或

    ROL　OPRD, CL

该指令的功能是将目标操作数向左循环移动 1 位或者 CL 寄存器指定的位数，左边最高位移入 CF 的同时移入右边最低位，如此循环。

若移动次数为 1，移位后如果操作数新的最高位和 CF 不相同，则 OF=1，否则 OF=0。若移位次数大于 1，则 OF 值不定。

(2) 不带进位标志 CF 的循环右移指令 ROR。

指令格式：

    ROR　OPRD, 1

或

    ROR　OPRD, CL

该指令的功能是将目标操作数向右循环移动 1 位或者 CL 寄存器指定的位数，右边最低位移入 CF 的同时移入左边最高位，如此循环。

若移动次数为 1，移位后如果操作数新的最高位和次高位不相同，则 OF=1，否则 OF=0。若移位次数大于 1，则 OF 值不定。

(3) 带进位标志 CF 的循环左移指令 RCL。

指令格式：

  RCL OPRD, 1

或

  RCL OPRD, CL

该指令的功能是将目标操作数连同进位标志位 CF 一起向左循环移动 1 位或者 CL 寄存器指定的位数，左边最高位移入 CF 的同时移入右边最低位，如此循环。

该指令对标志位的影响和 ROL 指令一样。

(4) 带进位标志 CF 的循环右移指令 RCR。

指令格式：

  RCR OPRD, 1

或

  RCR OPRD, CL

例如：

  MOV CL, 5

  SAR [DI], CL

  MOV CL, 2

  SHL SI, CL

该指令的功能是将目标操作数连同进位标志位 CF 一起向右循环移动 1 位或者 CL 寄存器指定的位数，右边最低位移入 CF 的同时移入左边最高位，如此循环。

移位指令的操作如图 3.12 所示。

图 3.12　移位指令的操作

【例 3.11】　要求测试 AL 寄存器中第 5 位是 1 还是 0。

  MOV CL, 3

```
    ROL   AL，CL
    JNC   ZERO
```

3.3.4　串操作指令

字符串或者数据串是指存储器中地址连续的若干单位的字符或数据。所谓串操作就是对串中的每个字符或数据做同样的操作。

8086 串操作指令包含串传送指令 MOVS、串比较指令 CMPS、串扫描指令 SCAS、串装入指令 LODS 和串存储指令 STOS，这五种串操作指令有以下特点：

(1) 源串的偏移地址由 SI 寄存器给出，默认段基址在 DS 段中，允许段重设；目标串偏移地址由 DI 给出，默认段基址在 ES 段中，且不允许段重设。

(2) 串长度放在 CX 寄存器中。

(3) 串操作的地址指针是自动修改的，DF＝0 时，SI 和 DI 向地址增量方向修改；DF＝1 时，SI 和 DI 向地址减量方向修改。每次修改的地址值由指令是对字节操作还是对字操作决定。

(4) 串操作指令可以结合重复前缀使用。

重复前缀包括：

- 无条件重复前缀 REP——重复执行指令规定的操作直至 CX＝0；
- 相等/结果为零时重复前缀 REPE/REPZ——ZF＝1 且 CX≠0 时重复执行规定操作；
- 不相等/结果补为零时重复前缀 REPNE/REPNZ——ZF＝0 且 CX≠0 时重复执行规定操作。

重复前缀可以实现自动修改串长度 CX 的值，重复进行指定操作直至 CX＝0 或满足指定条件，程序中加重复前缀可简化程序，加快运行速度，但是重复前缀不可单独使用。

1) 串传送指令 MOVS

指令格式：

```
MOVS   OPRD1，OPRD2   （格式一）
MOVSB   （格式二）
MOVSW   （格式三）
```

格式一是将源串地址中的字节或字送到目标串地址中，源串允许使用段重设。格式二和格式三两种格式均隐含了操作数的地址，使用这两种格式时，源串和目标串必须满足默认要求。串传送指令可以实现存储器和存储器之间的数据传送。该指令的执行不影响标志位。

执行操作：

(1) ((DI))←((SI))。

(2) 执行 MOVSB 时：(SI)←(SI)±1，(DI)←(DI)±1；方向标志位 DF＝0 时执行"+1"，DF＝1 时执行"−1"。

(3) 执行 MOVSW 时：(SI)←(SI)±2，(DI)←(DI)±2；方向标志位 DF＝0 时执行"+2"，DF＝1 时执行"−2"。

源操作数据地址由 DS:SI 指定，目的操作数地址由 ES:DI 指定。指令执行时，由 DF

标志位控制 SI 和 DI 是增大还是减小。

【例3.12】将数据段中首地址为 BUFFER1 的 200 个字节的数据传送到附加段首地址为 BUFFER2 开始的存储区中。

```
            LEA SI，BUFFER1              ; 源串首地址送 SI
            LEA    DI，BUFFER2           ; 目的串首地址送 DI
            MOV    CX，200               ; 串长送 CX
            CLD                          ; 清方向标志位，使正向传送
     PL1:   MOVSB                        ; 串传送一字节，[SI]→[DI]，SI、DI 加 1
            DEC CX                       ; 计数器减 1
            JNZ    PL1                   ; 未传送完则继续
```

【例3.13】将偏移地址为 BUFF1 的内存区中 100 个字数据，传送到偏移地址为 BUFF2 的内存区。

操作如下：

```
    LEA    SI，BUFF1
    LEA    DI，BUFF2
    CLD                      ; CLD 指令使 DF＝0，STD 指令使 DF＝1
    MOV   CX，100
    REP    MOVSW
```

2) 串比较指令 CMPS

指令格式：

```
CMPS    OPRD1, OPRD2
CMPSB
CMPSW
```

若配合条件重复前缀，串比较指令的结束有两种情况：一种是不满足条件前缀要求的条件，另一种是 CX＝0。因此在程序中需要利用 ZF 标志位判断是哪种结束情况。

执行操作：

(1)　((DI))－((SI))。

(2)　执行 CMPSB 时：(SI)←(SI) ± 1，(DI)←(DI) ± 1；方向标志位 DF＝0 时执行"+1"，DF＝1 时执行"－1"。

(3)　执行 CMPSW 时：(SI)←(SI) ± 2，(DI)←(DI) ± 2；方向标志位 DF＝0 时执行"+2"，DF＝1 时执行"－2"。

指令把由(SI)指向的数据段中的一个字节(或字)与由(DI)指向的附加段中的一个字节(或字)相减，但不产生运算结果，仅影响状态标志位 CF、PF、ZF、SF、OF，其余与串传送指令相同。

【例3.14】　比较串长为 20 的两个字节串，找出其中第一个不相等字符的地址并存放在 SI、DI；若两串完全相同，则给 SI、DI 赋 0。

程序如下：

```
                MOV    SI, 0FFSET  STRING1        ; 源串在 DS 段
                LEA    DI, STRING2                 ; 目的串在 ES 段
```

```
              CLD                           ; DF = 0
              MOV      CX, 20               ; 计数值送 CX
              REPE     CMPSB                ; 相同且 CX 非零，继续比较
              JZ       ALLMATCH             ; ZF = 0，两串相同
              DEC      SI                   ; 取源串地址
              DEC      DI                   ; 取目的串地址
              JMP      DONE
   ALLMATCH:  MOV      SI, 0
              MOV      DI, 0
   DONE:      HLT
```

3) 串扫描指令 SCAS

指令格式：

```
   SCAS   OPRD          ; OPRD 为目标串
   SCASB
   SCASW
```

该指令的功能和 CMPS 指令类似，区别是 SCAS 指令是用累加器 AL 或者 AX 的内容与目标串中的字节或者字进行比较，且比较的结果不改变目标操作数，只对标志位产生影响。SACS 指令常用来搜索一个字符串中的特定关键字。

执行操作：

(1) 执行 SCASB 时：(AL)−((DI))，(DI)←(DI) ± 1；方向标志位 DF = 0 时执行 "+"，DF = 1 时执行 "−"。

(2) 执行 SCASW 时：(AX)−((DI))，(DI)←(DI) ± 2；方向标志位 DF = 0 时执行 "+"，DF = 1 时执行 "−"。

指令把 AL(或 AX)的内容与由(DI)指定的在附加段中的一个字节(或字)进行比较，但不保存结果，仅影响状态标志位 CF、PF、ZF、SF、OF，其余与串传送指令相同。

【例 3.15】在首地址为 STRING 的包含 100 个字符的字符串中寻找第一个回车符 CR，找到后将其地址保留在(ES:DI)中，并在屏幕上显示字符'Y'。如果字符串中没有回车符，则在屏幕上显示字符'N'。

程序如下：

```
              LEA      DI，STRING
              MOV      AL，0DH           ; 回车符 ASCII 码
              MOV      CX，100
              CLD
              REPNE    SCASB            ; 不等且 CX 非零扫描
              JZ       MATCH
              MOV      DL，'N'           ; 'N'的 ASCII 码送 DL
              JMP      DSPY
   MATCH:     DEC      DI               ; 取回车符的地址
              MOV      DL，'Y'
```

```
DSPY:    MOV      AH，02H           ；功能号送 AH
         INT      21H              ；DOS 功能调用
         …
```

4）串装入指令 LODSB/W

指令格式：

　　LODSB/W　OPRD　　；OPRD 为源串

该指令的功能是把源串的字节或者字放入累加器 AL 或者 AX 中。LODS 指令一般不和重复前缀一起使用，因为重复一次，AL 或者 AX 中的内容就会被新的内容覆盖一次。

执行操作：

(1) 执行 LODSB 时：$(AL) \leftarrow ((SI))$，$(SI) \leftarrow (SI) \pm 1$；方向标志位 DF＝0 时执行 "＋"，DF＝1 时执行 "－"。

(2) 执行 LODSW 时：$(AX) \leftarrow ((SI))$，$(SI) \leftarrow (SI) \pm 2$；方向标志位 DF＝0 时执行 "＋"，DF＝1 时执行 "－"。

指令把由(SI)指向的数据段中某单元的内容送到 AL 或 AX 中，并根据方向标志位及数据类型修改 SI 的内容。该指令的执行对标志位不产生影响。

5）串存储指令 STOSB/W

指令格式：

　　STOSB/W　OPRD　　；OPRD 为目标串

该指令的功能是把累加器 AL 或者 AX 的内容放入 ES:DI 指向的存储器单元中。

执行操作：

(1) 执行 STOSB 时：$((DI)) \leftarrow (AL)$，$(DI) \leftarrow (DI) \pm 1$；方向标志位 DF＝0 时执行 "＋"，DF＝1 时执行 "－"。

(2) 执行 STOSW 时：$((DI)) \leftarrow (AX)$，$(DI) \leftarrow (DI) \pm 2$；方向标志位 DF＝0 时执行 "＋"，DF＝1 时执行 "－"。

该指令把 AL 或 AX 的内容存入由(DI)指向的附加段的单元中，并根据 DF 及数据类型修改 DI 的内容。该指令的执行对标志位不产生影响。

【例 3.16】　一个数据块由大写或小写的英文字母、数字和各种其他符号组成，其结束符是回车符 CR，数据块的首地址为 BLOCK1。要求将数据块传送到以 BLOCK2 为首地址的内存区，并将其中的所有英文小写字母转换成相应的大写字母，其余不变。

程序如下：

```
         LEA      SI，BLOCK1
         LEA      DI，BLOCK2
         CLD
NEXT:    LODSB
         CMP      AL，0DH            ；是回车符 ASCII 码
         JZ       DONE              ；是回车符，则到 DONE
         CMP      AL，'a'
         JC       OK                ；不是小写字母，到 OK
```

```
        CMP     AL，'z'
        JNC     OK              ；不是小写字母，到 OK
        SUB     AL，20H          ；小写字母转换成大写
OK：    STOSB
        JMP     NEXT
DONE：…
```

3.3.5　程序控制指令

8086 指令系统中的程序控制指令包括转移指令、循环控制指令、过程调用指令和中断控制指令四大类。

1．转移指令

转移指令包括无条件转移指令和条件转移指令两种。

1）无条件转移指令 JMP

无条件转移指令是无条件地使程序转移到指定的目标地址，执行该地址开始的程序段。无条件转移指令按寻找目标地址的方式分为直接转移指令和间接转移指令两种。

(1) 段内直接转移指令。

指令格式：

　　JMP　LABEL

该指令中 LABEL 为符号地址，表示指令要转移的目的地。该指令被汇编时，汇编程序会计算 JMP 的下一条指令到目标地址的 8 位或 16 位偏移量，对应的转移范围分别为 −128～+127 字节和 −32 768～+32 767 字节。段内转移的标号前可加运算符 NEAR，也可省略。默认为段内转移。转移后新的 IP 值为当前 IP 值加上计算出的地址位移量，CS 保持不变。

执行操作：

　　(IP)←(EA)=(IP)+8 位位移量/16 位位移量

例如：

```
        MOV     AX, 0676H
        JMP     NEXT
NEXT：  MOV     BX, 0900H
```

(2) 段内间接转移指令。

指令格式：

　　JMP　OPRD

该指令中的操作数 OPRD 为 16 位的寄存器或存储器操作数，指令执行时以寄存器或存储器单元的内容作为转移的目的地址，即新的 IP 位为寄存器或存储器单元的内容。

执行操作：

　　(IP)←(EA)

例如：

```
JMP   SI    ；指令执行后 IP = SI
```

(3) 段间直接转移指令。

指令格式：

  JMP FAR LABEL

该指令中利用 FAR 标明其后的标号 LABEL 是一个远标号，即目标地址在另一个代码段内，汇编时将根据 LABEL 的位置确定新地址，并将段地址送入 CS，偏移地址送入 IP。

执行操作：

  (IP)←目标地址的段内偏移地址

  (CS)←目标地址所在段的段地址

例如：

  JMP FAR NEXT   ; 程序转移到 NEXT 标号处执行

  JMP 1000H:2000H ; CS = 1000H，IP = 2000H

(4) 段间间接转移指令。

指令格式：

  JMP OPRD

执行操作：

  (IP)←(EA)

  (CS)←(EA+2)

该指令中操作数 OPRD 为 32 位的存储器操作数。其中 EA 由目标地址的寻址方式确定，它可以使用除立即数及寄存器方式以外的任何存储器寻址方式。根据寻址方式求出 EA 后，把指定存储单元的字内容送到 IP 寄存器，并把下一个字的内容送到 CS 寄存器，即将 OPRD 指定的 4 个单元的内容送入 CS 和 IP。

例如：

  JMP DWORD PTR[DI]

若执行前 DS = 1000H，DI = 2000H，[12000H] = 0AH，[12001H] = 0BH，[12002H] = 0CH，[12003H] = 0DH，则执行后 CS = 0D0CH，IP = 0B0AH。

2) 条件转移指令

8086 指令系统有 18 条条件转移指令，如表 3.1 所示。这些转移指令都是根据前一条指令执行后标志位的状态来决定是否转移的。全部的条件转移指令都是直接寻址方式的短转移指令，即新的 IP 值在当前 IP 值的 −127～+128 字节范围内。

表 3.1　条件转移指令

指令名称	指令格式	转移条件	备　注
CX 内容为 0 转移	JCXZ target	CX = 0	
大于/不小于等于转移	JG/JNLE target	SF = OF 且 ZF = 0	带符号数
大于等于/不小于转移	JGE/JNL target	SF = OF	带符号数
小于/不大于等于转移	JL/JNGE target	SF ≠ OF 且 ZF = 0	带符号数
小于等于/不大于转移	JLE/JNG target	SF ≠ OF 或 ZF = 1	带符号数

续表

指令名称	指令格式	转移条件	备　注
溢出转移	JO　　　　target	OF = 1	
不溢出转移	JNO　　　target	OF = 0	
结果为负转移	JS　　　　target	SF = 1	
结果为正转移	JNS　　　target	SF = 0	
高于/不低于等于转移	JA/JNBE　target	CF = 0 且 ZF = 0	无符号数
高于等于/不低于转移	JAE/JNB　target	CF = 0	无符号数
低于/不高于等于转移	JB/JNAE　target	CF = 1	无符号数
低于等于/不高于转移	JBE/JNA　target	CF = 1 或 ZF = 1	无符号数
进位转移	JC　　　　target	CF = 1	
无进位转移	JNC　　　target	CF = 0	
等于或为零转移	JE/JZ　　target	ZF = 1	
不等于或非零转移	JNE/JNZ　target	ZF = 0	
奇偶校验为偶转移	JP/JPE　　target	PF = 1	
奇偶校验为奇转移	JNP/JPO　target	PF = 0	

条件转移指令是根据状态标志位的状态决定是否跳转的，因此在程序中，条件转移指令的前一条指令应是能够对标志位产生影响的指令。

【例 3.17】 在 DATA 开始的存储区中存放了 100 个 16 位带符号数，找出其中最大和最小的数分别存入以 MAX 和 MIN 为首地址的内存单元。

程序如下：

```
              LEA    BX，DATA        ；BX 指向数据首地址
              MOV    AX，[BX]        ；AX 暂存最大的数
              MOV    DX，[BX]        ；DX 暂存最小的数
              MOV    CX，99          ；CX 作计数器
      NEXT：  INC    BX
              INC    BX             ；BX 指向下一个数
              CMP    [BX], AX        ；两数比较
              JG     GREATER        ；大于 AX 中的数，转 GREATER
              CMP    [BX], DX        ；两数比较
              JL     LESS           ；小于 DX 中的数，转 LESS
              JMP    GOON           ；不大于也不小于，转 GOON
    GREATER： MOV    AX，[BX]        ；将[BX]中大数→AX
              JMP    GOON
      LESS：  MOV    DX，[BX]        ；将[BX]中小数→DX
      GOON：  DEC    CX             ；计数器减 1
              JNZ    NEXT           ；没找完，转 NEXT
              MOV    MAX，AX         ；找完送结果
```

MOV　　MIN，DX　　　　　　　　　　；找完送结果
　　　　　　...

2. 循环控制指令

　　循环控制指令是指在程序中控制循环的指令，能够控制转向的目标地址是在当前 IP 的 −128～+127 字节范围内。使用时循环次数须存放在 CX 寄存器中。8086 的循环控制指令有 LOOP、LOOPZ(LOOPE)和 LOOPNZ(LOOPNE)三条。

　　1) LOOP 指令

　　指令格式：

　　　　LOOP　LABEL

　　测试条件：

　　　　$(CX) \neq 0$

　　该指令中的 LABEL 为一个近地址标号。执行时先将 CX 的内容减 1，再判断 CX 的值。若 $CX \neq 0$，则程序转移到目标地址继续循环；若 $CX = 0$，则退出循环程序，执行下一条指令。在功能上，LOOP 相当于下述两条指令的组合：

　　　　DEC　CX

　　　　JNZ　NEXT

　　2) LOOPZ(或 LOOPE)指令

　　指令格式：

　　　　LOOPZ　LABEL

或

　　　　LOOPE　LABEL

　　测试条件：

　　　　ZF = 1 且$(CX) \neq 0$

　　该指令执行时先将 CX 的内容减 1，然后再根据 CX 和 ZF 的值来决定是否继续循环。若 $CX \neq 0$ 且 ZF = 1，则程序转移到目标地址继续循环；若 $CX = 0$ 或者 ZF = 0，则退出循环，执行下一条指令。

　　3) LOOPNZ(或 LOOPNE)指令

　　指令格式：

　　　　LOOPNZ　LABEL

或

　　　　LOOPNE　LABEL

　　测试条件：

　　　　ZF = 0 且$(CX) \neq 0$

　　该指令与 LOOPZ 指令功能相似，两者的区别是该指令循环条件与 LOOPZ 指令相反，即执行时先将 CX 的内容减 1，然后再根据 CX 和 ZF 的值来决定是否继续循环。若 $CX \neq 0$ 且 ZF = 0，则程序转移到目标地址继续循环；若 $CX = 0$ 或者 ZF = 1，则退出循环，执行下一条指令。

　　这三条指令的执行步骤是：

(1) $(CX) \leftarrow (CX) - 1$；

(2) 检查是否满足测试条件，如满足则进行$(IP) \leftarrow (IP) + D_8$的符号地址跳转。

例如：有一个首地址为 ARRAY 的 M 字数组，试编写一个程序，求出该数组的内容之和(不考虑溢出)，并把结果存入 TOTAL 中。

```
            MOV     CX，M
            MOV     AX，0
            MOV     SI，AX
START_LOOP:
            ADD     AX，ARRAY[SI]
            ADD     SI，2
            LOOP    START_LOOP
            MOV     TOTAL，AX
```

3. 过程调用指令

为了节省内存空间，通常将程序中常用到的具有相同功能、会多次反复出现的程序段独立出来，形成一个模块，称为子程序。需要使用该模块功能时则用主程序直接调用子程序，完成对应功能后，返回主程序继续执行，这一过程就称为过程的调用和返回。

1) 调用指令 CALL

调用指令 CALL 在执行时，CPU 自动将主程序下一条指令的地址入栈保护，然后将子程序的入口地址送到 CS 和 IP，实现程序转入子程序执行。根据子程序的存放位置，调用指令有四种形式：段内直接调用、段内间接调用、段间直接调用和段间间接调用。

(1) 段内直接调用。

指令格式：

　　CALL　NEAR PROC

该指令中 PROC 是一个近过程符号地址，调用的子程序就在当前代码段内。指令执行时将下一条指令的偏移地址入栈保护，新的 IP 为当前 IP 加指令中的相对位移量。

该指令中的 NEAR 可以省略。

执行操作：

　　$(SP) \leftarrow (SP) - 2$

　　$((SP)+1，(SP)) \leftarrow (IP)$

　　$(IP) \leftarrow (IP) + D_{16}$

(2) 段内间接调用。

指令格式：

　　CALL　OPRD

该指令中的 OPRD 是 16 位寄存器或两个存储器单元的内容，新 IP 即寄存器或存储器单元的内容。

执行操作：

　　$(SP) \leftarrow (SP) - 2$

　　$((SP)+1，(SP)) \leftarrow (IP)$

(IP)←(EA)

其中，EA 是由 DST 的寻址方式所确定的有效地址。

(3) 段间直接调用。

指令格式：

    CALL   FAR PROC

该指令中的 PROC 是远过程符号地址，调用的子程序和主程序不在同一个代码段内。指令执行时，将指令中给出的段地址送入 CS 中，偏移地址送入 IP 中。

执行操作：

    (SP)←(SP)−2

    ((SP)+1，(SP))←(CS)

    (SP)←(SP)−2

    ((SP)+1，(SP))←(IP)

    (IP)←偏移地址

    (CS)←段地址

(4) 段间间接调用。

指令格式：

    CALL   OPRD

该指令中的 OPRD 为 4 个存储器单元的内容。指令执行时，将高地址的两个单元的内容送入 CS，将低地址的两个单元的内容送入 IP。通常为子程序名代表的入口地址。

执行操作：

    (SP)←(SP)−2

    ((SP)+1，(SP))←(CS)

    (SP)←(SP)−2

    ((SP)+1，(SP))←(IP)

    (IP)←(EA)

    (CS)←(EA+2)

2) 调用返回指令 RET

指令格式：

    RET

该指令的执行过程是 CALL 指令的反过程，执行时将入栈保护的内容出栈。近过程时将栈顶一个字的内容送入 IP；远过程时从栈顶弹出一个字的内容送入 IP，然后再弹出一个字的内容送入 CS。返回指令不论是段间返回还是段内返回，其格式都是 RET。返回指令对标志位均不产生影响。

(1) 段内返回。

指令格式：

    RET

执行操作：

    (IP)←((SP)+1，(SP))

    (SP)←(SP)+2

(2) 段内带立即数返回。

指令格式：

 RET　exp

执行操作：

 $(IP)\leftarrow((SP)+1,(SP))$

 $(SP)\leftarrow(SP)+2$

 $(SP)\leftarrow(SP)+D_{16}$

其中，exp 是一个表达式，根据它的值计算出来的常数成为机器指令中的位移量 D_{16}。

(3) 段间返回。

指令格式：

 RET

执行操作：

 $(IP)\leftarrow((SP)+1,(SP))$

 $(SP)\leftarrow(SP)+2$

 $(CS)\leftarrow((SP)+1,(SP))$

 $(SP)\leftarrow(SP)+2$

(4) 段间带立即数返回。

指令格式：

 RET　exp

执行操作：

 $(IP)\leftarrow((SP)+1,(SP))$

 $(SP)\leftarrow(SP)+2$

 $(CS)\leftarrow((SP)+1,(SP))$

 $(SP)\leftarrow(SP)+2$

 $(SP)\leftarrow(SP)+D_{16}$

4．中断控制指令

8086 CPU 可以利用中断控制指令产生软件中断，用以执行特殊的中断处理过程。

1) 中断指令

指令格式：

 INT　n

该指令中 n 为中断类型号，n＝0～255。在执行中断控制指令时，首先将 FR 入栈保护，然后清 IF 和 TF 标志位，利用 n×4 得到中断矢量的入口地址。然后将中断矢量的第二个字送入 CS，最后将 IP 入栈保护，将中断矢量的第一个字送入 IP，程序即转入相应的中断服务程序执行。中断指令对除 IF、TF 外的标志位不产生影响。

执行操作：

 $(SP)\leftarrow(SP)-2$

 $((SP)+1,(SP))\leftarrow(PSW)$

 $(SP)\leftarrow(SP)-2$

$$((SP)+1, (SP)) \leftarrow (CS)$$

$$(SP) \leftarrow (SP) - 2$$

$$((SP)+1, (SP)) \leftarrow (IP)$$

$$(IP) \leftarrow (TYPE \times 4)$$

$$(CS) \leftarrow (TYPE \times 4 + 2)$$

2) 中断返回指令 IRET

指令格式：

　　IRET

该指令使 CPU 返回到被中断的主程序处继续执行。执行时，先将堆栈中的断点地址送入 CS 和 IP，然后弹出入栈保护的 FR 内容。中断返回指令对全部标志位均有影响。

执行操作：

$$(IP) \leftarrow ((SP)+1, (SP))$$

$$(SP) \leftarrow (SP) + 2$$

$$(CS) \leftarrow ((SP)+1, (SP))$$

$$(SP) \leftarrow (SP) + 2$$

$$(PSW) \leftarrow ((SP)+1, (SP))$$

$$(SP) \leftarrow (SP) + 2$$

3.3.6　处理器控制指令

处理器控制指令用以对 CPU 进行控制，实现修改标志位、暂停 CPU 工作等。处理器控制指令如表 3.2 所示。

表 3.2　处理器控制指令

指令		功　　能
标志位操作指令	CLC	CF←0　；进位标志位清零
	STC	CF←1　；进位标志位置位
	CMC	CF←$\overline{CF}$　；进位标志位取反
	CLD	DF←0　；方向标志位清零，串操作从低地址到高地址
	STD	DF←1　；方向标志位置位，串操作从高地址到低地址
	CLI	IF←0　；中断标志位清零，即关中断
	STI	IF←1　；中断标志位置位，即开中断
外部同步指令	HLT	暂停指令，使 CPU 处于暂停状态，常用于等待中断的产生
	WAIT	当 $\overline{\text{TEST}}$ 引脚为高电平时，执行 WAIT 指令会使 CPU 进入等待状态。主要用于 CPU 与协处理器和外部设备的同步
	ESC	处理器交权指令，用于与协处理器配合工作
	LOCK	总线锁定指令，主要为多机共享资源设计
	NOP	空操作指令，消耗 3 个时钟周期，常用于程序的延时

习　题　三

1. 设 DS=3000H，BP=1000H，SI=2000H，说明下列各条指令源操作数的寻址方式，并计算源操作数的物理地址。

(1) MOV　AX，DS

(2) MOV　AX，[1500]

(3) MOV　AX，[SI]

(4) MOV　AX，[BP]

(5) MOV　AX，[SI+BP]

(6) MOV　BP，20H[BP]

2. 判断下列指令是否正确，若有错误，请指出并改正。

(1) MOV　AX，BL

(2) MOV　CS，1700H

(3) ADD　BYTE PTR[DI]，260

(4) JMP　　BYTE PTR[BX]

(5) SUB　38H，BH

(6) MOV　DS，AX

3. 已知 AL=45H，CH=89H，试问：执行指令"ADD　AL，CH"后，AF、CF、OF、PF、SF 和 ZF 的值各为多少？

4. 已知 AX=1234H，BX=5566H，SP=1000H，试指出下列指令或程序段执行后的相关寄存器的内容。

(1) PUSH　AX

执行后 AX、SP 各为多少？

(2) PUSH　AX

　　 PUSH　BX

　　 POP　　CX

　　 POP　　DX

执行后 AX、BX、CX、DX 各为多少？

5. 写出满足下列要求的指令或程序段。

(1) 写出两条使 AX 寄存器内容为零的指令。

(2) 将 1234H 送入 DS 中。

(3) 使 BL 寄存器中的高 4 位和低 4 位互换。

(4) 将 AX 中的高 4 位变为全 1。

6. 分别指出下列程序段的功能。

(1) MOV　AX，10

　　 LEA　 SI，DATA1

　　 LEA　 DI，DATA2

```
        CLD
        REP    MOVSB
    (2) STD
        LEA    DI, [1000H]
        MOV    CX, 0980H
        XOR    AX, AX
        REP    STOSW
```

7. 试编程找出 AX 寄存器中"1"的个数，将其存入 CL 中。

8. 试分析下列程序段：

```
        ADD AX, BX
        JNO    L1
        JNC    L2
        SUB    AX, BX
        JNC    L3
        JNO    L4
        JMP    SHORT  L5
```

如果 AX、BX 的内容给定如下：

(1) (AX) = 147BH，(BX) = 80DCH。

(2) (AX) = B568H，(BX) = 54B7H。

(3) (AX) = 42C8H，(BX) = 608DH。

(4) (AX) = D023H，(BX) = 9FD0H。

(5) (AX) = 94B7H，(BX) = B568H。

问：该程序执行完后，程序转向哪里？

9. 若 32 位二进制数存放于 DX 和 AX 中，试利用移位与循环指令实现以下操作：

(1) DX 和 AX 中存放的无符号数，将其分别乘 2 和除 2。

(2) 若 DX 和 AX 中为有符号数，将其分别乘 2 和除 2。

10. 设堆栈指针 SP 的初值为 2300H，(AX) – 5000H，(BX) = 4200H。执行指令"PUSH AX"后，(SP)为多少？再执行指令"PUSH BX"及"POP AX"之后，(SP)、(AX)、(BX)各为多少？

第 4 章　　汇编语言与程序设计

【教学提示】

本章介绍 8086 汇编语言的语句、伪指令、数据与表达式以及 DOS 功能调用，重点学习汇编语言的程序设计方法，包括顺序程序设计、分支程序设计、循环程序设计及子程序设计，全面掌握汇编语言的伪指令与程序设计方法，为后面的硬件连接编程打下良好的基础。

【教学目标】

- 了解汇编语言的语句组成及 DOS 功能调用；
- 掌握汇编语言的伪指令；
- 掌握汇编语言的数据与表达式；
- 掌握汇编语言的程序设计方法。

Intel 8086/8088 CPU 的汇编语言程序设计具有程序设计的一般规律和特定语法规则。本章介绍以 8086/8088 指令系统的指令设计的汇编语言源程序，包括指令语句、程序格式、伪指令、汇编语言程序的设计过程、各种结构的基本程序设计方法，以及子程序、功能调用等。

4.1　汇编语言程序的格式和处理过程

4.1.1　汇编语言概述

用指令的助记符、符号地址、标号、伪指令等符号书写的语言称为汇编语言，用这种汇编语言书写的程序称为汇编语言源程序。

汇编语言是一种符号语言，它是面向机器的。不同 CPU 构成的计算机有不同的汇编语言，除硬件定义和指令系统外，其语义、语法规则都是特定的。8086/8088 汇编语言源程序的基本组成单位是语句，源程序可使用的语句有三种：指令语句、伪指令语句和宏指令语句。前两种是最常见的基本的语句。每个指令语句在汇编过程中都会产生相应的目标代码。

4.1.2　汇编语言的语句

编写一个汇编语言源程序需要两种语句：一种是由 CPU 执行的语句，叫做指令性语句；另一种是由汇编程序执行的语句，叫做指示性语句。第 3 章中介绍的指令一般会在指令性

语句中使用，而指示性语句中使用的指令称为伪指令，以便与指令区别开。下面分别介绍
这两种语句的格式。

1．指令性语句格式

指令性语句包括四部分，格式如下：

[标号:]操作码 [操作数 1][, 操作数 2]　　[；注释]

说明：

(1) 标号部分：以冒号分隔，该部分不是每条指令必需的，为提供其他指令引用而设。
一个标号与一条指令的地址符号名(即在当前程序段内的偏移量)相联系。在同一程序段中，
同样的标号名只允许定义一次。

(2) 操作码部分：操作码助词符是指令系统规定的。任何指令性语句必须有该部分，
因为它表明一定的操作性质并完成一个操作。

(3) 操作数部分：表明操作的对象。

(4) 注释部分：这部分不被汇编语言程序翻译，仅作为对该语句的一种说明，以便程
序的阅读、备忘和交流。

上述格式中用方括号括起来的为可选部分。

2．指示性语句格式

指示性语句也包括四部分，格式如下：

[标识符(名字)] 指示符(伪指令) 表达式 [；注释]

说明：

(1) 标识符部分：标识符是一个用字母、数字或下划线表示的符号，标识符定义的性
质由伪指令指定。

(2) 指示符部分：指示符又称为伪指令，是汇编程序规定并执行的命令，能将标识符
定义为变量、程序段、常数、过程等，且能给出其属性。

(3) 表达式部分：表达式是常数、寄存器、标号、变量与一些操作符相结合的序列，
可以有数字表达式和地址表达式两种。

(4) 注释部分：与指令性语句的注释部分含义相同。

4.1.3 汇编语言程序

把汇编语言源程序翻译成能在机器上执行的机器语言程序(目标代码程序)的过程叫做
汇编，完成汇编过程的系统程序称为汇编程序。

图 4.1 表示汇编语言程序的建立及处理过程。

编辑程序 ——→ PROGRAM.ASM 汇编程序 ——→ PROGRAM.OBJ 连接程序 ——→ PROGRAM.EXE

图 4.1　汇编语言程序的建立及处理过程

首先用编辑软件(可用文本编辑程序，如 EDIT 等)产生汇编语言的源程序(扩展名为 .asm
的源文件)，源程序就是用汇编语言的语句编写的程序，它是不能被机器直接识别和执行的，
所以必须把它翻译成二进制代码组成的程序(.obj)，通常这一工作是由汇编程序完成的。因
此汇编程序的作用就是把源文件转换成用二进制代码表示的目标文件(称为 OBJ 文件)。在

转换过程中，汇编程序将对源程序进行扫描，如果源程序中有语法错误，则汇编结束后，汇编程序将指出源程序中的错误，用户再回到编辑程序中修改源程序中的错误，最后得到无语法错误的 OBJ 文件。

OBJ 文件虽然已经是二进制文件，但它还不能直接运行，必须经过连接程序(LINK)把目标文件与库文件或其他目标文件连接在一起形成可执行文件(EXE 文件)，这个文件就可以由操作系统装入内存并执行了。

因此，在计算机上运行汇编语言程序的步骤是：

(1) 用编辑程序建立 ASM 源文件；

(2) 用汇编程序把 ASM 文件翻译成 OBJ 文件；

(3) 用连接程序把 OBJ 文件转换成 EXE 文件；

(4) 在 DOS 命令环境下直接键入文件名执行该程序。

【例 4.1】　一个完整的汇编语言程序示例。

程序如下：

```
        ; PROGRAM TITLE GOES HERE---
        ; Followed by descriptive phrases
        ; EQU STATEMENTS GO HERE
        ; ********************************************
DATAREA SEGMENT                    ; 定义 DATAREA 段开始
        DATA1  DB   12             ; 第 1 个加数
        DATA2  DB   34             ; 第 2 个加数
        SUM    DB   ?              ; 准备用来存放和数的单元
DATAREA ENDS                       ; DATAREA 段结束
        ; ********************************************
PROGRAM SEGMENT                    ; 定义 PROGRAM 段开始
        ; ********************************************
MAIN PROC FAR                      ; 主程序开始
ASSUME CS: PROGRAM,DS: DATAREA     ; 规定 PROGRAM 为代码段、DATAREA 为数据段
START:                             ; 程序起点，开始执行的地址
        ; 为返回而操作系统进行栈操作
        PUSH DS                    ; 旧的数据段地址入栈
        SUB   AX,AX                ; AX=0
        PUSH AX                    ; 0 值入栈
        ; 设置 DS 段寄存器为当前数据
        MOV   AX, DATAREA          ; 装填数据段寄存器 DS
        MOV   DS,AX
        ; 程序的主要部分从这里开始
        MOV   AL, DATA1            ; DATA1 内存单元的加数 1 送 AL
        ADD   AL, DATA2            ; 与第 2 个加数相加
        MOV   SUM，AL              ; 存放结果到 SUM 内存单元
```

```
        RET                              ; 结束程序执行，返回操作系统
        MAIN ENDP                        ; 主程序结束
; ***********************************************
        PROGRAM ENDS                     ; 代码段定义结束
; ***********************************************
        END START                        ; 整个源程序结束
```

　　由上例可以看出，汇编语言程序由若干条语句序列组成，每条语句一般占一行。第 3
章中介绍的能完成一定的操作功能的(如 PUSH、SUB、MOV、ADD、RET 等)是指令语句，
它们是能够翻译成机器代码的语句。而如 DB、ASSUME、SEGMENT-ENDS 和 END 等语
句是指示性语句(伪指令)，其形式与一般指令相似，但它只是为汇编程序在翻译汇编语言
源程序时提供有关信息，并不产生机器代码。

　　一个汇编语言源程序的结构是分段组织的，可以包含若干个代码段、数据段、附加段
或堆栈段。典型的汇编语言程序至少由 3 个段组成：代码段、数据段、堆栈段。需独立运
行的程序必须包含一个代码段并指示程序执行的起点，所有的可执行性语句必须位于某一
个代码段内，指示性语句可根据需要位于任一段内。

　　【例 4.2】　在屏幕上显示字符串"Welcome !"。

　　程序如下：

```
        DATA    SEGMENT
        INPUT             'Welcome !',13,10,'$'        ; 提示信息
        DATA ENDS
        CODE    SEGMENT
                ASSUME   CS:CODE，DS:DATA
        BEGIN:    MOV    AX，DATA
                  MOV    DS，AX
                  MOV    DX，OFFSET INPUT
                  MOV    AH，9
                  INT   21H                             ; 显示提示信息
                  MOV    AX，4C00H
                  INT    21H
        CODE ENDS
                END START
```

4.2　伪　指　令

4.2.1　伪指令概述

　　伪指令也称为伪操作，在汇编程序的指示性语句中作为指示符，在对汇编语言源程序
进行汇编期间，是由汇编程序处理的操作。伪指令可以对数据进行定义，为变量分配存储

区，定义一个程序段或一个过程，指示程序结束等。

伪指令不像机器指令那样是在程序运行期间由计算机来执行的，伪指令不会产生任何目标代码，它是在汇编程序对源程序汇编期间完成特定处理的操作。

4.2.2 常用伪指令

1. 表达式赋值伪指令 EQU

有时程序中多次出现同一个表达式，为方便起见，可以用赋值伪操作给表达式赋予一个名字。其格式如下：

  Expression name　EQU　Expression

此后，程序中凡需要用到该表达式之处，就可以用表达式名来代替了。可见，EQU 的引入提高了程序的可读性，也使其更加易于修改。例如：

  CONSTANT EQU　256 ;给数赋以符号名

  ALPHA   EQU　7

  BETA   EQU　ALPHA–2 ;给地址表达式赋以符号名

注意：如果 EQU 语句的表达式中含有变量或标号，则在该语句前应该先给出它们的定义。

还有一个与 EQU 相类似的"="伪操作也可以作为赋值操作来使用。它们之间的区别是 EQU 伪操作中的表达式名是不允许重复定义的，而"="伪操作则允许重复定义。例如：

  …

  TMP =7

  …

  TMP = TMP +1

  …

在这里，第一个语句后的指令中 TMP 的值为 7,而在第二个语句后的指令中 TMP 的值为 8。

2. 数据定义及存储器分配伪指令

该指令的功能是开辟存储空间存放数据，把数据项或项表的数值存入存储器连续的单元中，并把变量名与存储单元地址联系在一起，用户可以用变量名来访问这些数据项。其格式如下：

  [variable]　Mnemonic　operand [, operand…]　[; comments]

(1) variable(变量)：是定义的数据存储单元的名字，其地址是数据空间第一个字节的偏移地址。变量名省略时，只代表开辟连续的地址空间。

(2) Mnemonic(助词符)：说明数据类型，常用的数据类型有 DB、DW、DD 几种。

● DB 用来定义字节，汇编时为其后的每个操作数分配 1 个字节存储单元。

● DW 定义字，其后的每个操作数占有一个字(16 位)，其低位字节在第一个字节地址中，高位字节在第二个字节地址中。

● DD 定义双字，其后的每个操作数占有两个字(32 位)。

(3) operand(操作数)：可以是十进制、十六进制、字符串、占位符及复制操作符 DUP。

(4) comments(注释)：用来说明该伪操作的功能，是任选项。

这些伪操作可以把其后的数据存入指定的存储单元，形成初始化数据；或者只分配空间而不存入确定的数值，形成未初始化数据。

例如，操作数可以是字符串：

```
MESS1          DB          'AB'
MESS2          DW          'AB'
```

汇编程序可以在汇编期间把数据存入内存，如图 4.2 所示。

操作数可以是空间分配的操作：

```
ARRAY DB 100 DUP (0,2, DUP ,(1,2), 0,3)
```

本例中嵌套使用了复制操作符 DUP，内存分配如图 4.3 所示。

图 4.2　MESS1、MESS2 在内存中的存放　　　　图 4.3　ARRAY 的内存分配

操作数可以是常数或表达式，也可是 "?"，只保留存储空间，但不存入数据。

```
OPER1   DB      ?, 1+9
OPER2   DW   1234H, 5678H
```

其内存分配如图 4.4 所示。

```
MOV   OPER1, 0
MOV   OPER2, 0
```

则第 1 条指令应为字节指令，而第 2 条指令应为字指令。

图 4.4　OPER1、OPER2 的内存分配

3. 段定义伪指令 SEGMENT-ENDS

存储器的地址空间是分段结构的，逻辑上的段的地址称为段地址，它是程序段在内存的位置。段内语句或变量有自己相对段起始地址的偏移地址，语句或变量在存储器的物理地址由段地址和偏移地址指示出来。段定义伪指令的功能是把源程序划分为逻辑段，便于汇编程序在相应段名下生成目标码，同时也便于连接程序组合、定位、生成可执行的目标程序。利用段定义伪操作可以定义一个逻辑段的名称和范围，并且指明段的定位类型、组

合类型和别名。段定义伪指令的完整格式如下：

     Segname SEGMENT [align_type] [combine_type] [use_type] ['class']

      …

     Segname   ENDS

在源程序中，每一个段都是以 SEGMENT 开始、以 ENDS 结束。段名由用户自己选定，通常使用与本段用途相关的名字。

(1) align_type(定位类型)：说明该段起始地址的边界值，它们可以是以下几种情况。默认值是 PARA。

● PARA：指明段起始地址从节边界开始。段地址为 16 的倍数，即十六进制的段地址最后一位为 0。

● BYTE：段从任何地址开始。

● WORD：段从字边界开始，即段起始地址要为偶数。

● DWORD：段从双字的边界开始，即段起始地址为 4 的倍数。

● PAGE：段从页边界开始，即段起始地址为 256 的倍数，即十六进制地址最后两位为 00。

(2) combine_type(组合类型)：说明程序连接时各段在内存中合并的方法，默认值为 PRIVATE。

● PRIVATE：在连接时不与其他模块中的同名段合并。

● PUBLIC/MEMORY：依次把不同模块中的同名段相连接而形成一个段(连接的结果可能有间隙)。

● COMMEN：把不同模块中的同名段重叠形成一个段，连接长度取各段中的最大长度，覆盖部分的内容取决于连接时排列在最后一段的内容。

● AT expression：使段地址是表达式的值，它不能用来指定代码段。

● STACK：把不同模块中的同名段无间隙地组合成一个堆栈段，其长度为各段的总和。

(3) class(类别)：类别可以是任何合法的名称，用单引号括起来，如 'STACK'，'CODE'。在定位时，链接程序把同类别的段集中在一起，但不合并。

4．段寄存器设定伪指令 ASSUME

ASSUME 伪操作指出由 SEGMENT-ENDS 伪指令定义的段与段寄存器的对应关系，即设定已定义段各自属于哪个段寄存器。其格式为

     ASSUME   assignment [, … , assignment]

其中，assignment 说明段寄存器的分配情况，其格式为

     register name : segment name

这里，段寄存器名必须是 CS、DS、ES 或 SS，而段名必须是由 SEGMENT 定义的段中的段名。

使用 ASSUME 伪操作，仅告诉汇编程序段寄存器与定义段之间的对应关系，而段寄存器的内容需要用程序按要求加载。

5．汇编程序结束伪指令 END

END 标志着整个源程序的结束，它使汇编程序停止汇编操作。其指令格式如下：

     END   [lable]

其中，lable(标号)指示源程序中第一条可执行指令的起始地址，它提供了代码段寄存器 CS
与指令指针 IP 的数值。伪指令 END 必须是汇编语言源程序中的最后一条语句，而且每一
个源程序只能有一条 END 伪操作。如果出现多个 END 伪指令，则在第一条 END 伪指令
后的语句是无效的。

例如：

DATA_SEG1	SEGMENT	
…		
DATA_SEG1	ENDS	；定义数据段
DATA_SEG2	SEGMENT	
…		
DATA_SEG2	ENDS	；定义附加段
CODE_SEG	SEGMENT	
	ASSUME CS:CODE_SEG, DS:DATA_SEG1, ES:DATA_SEG2	；段分配
START:		
	MOV　AX, DATA_SEG1	
	MOV　DS, AX	
	MOV　AX, DATA_SEG2	
	MOV　ES, AX	；段地址→段寄存器
	…	
CODE_SEG	ENDS	
	END START	；结束

6. 地址计数器$

在汇编程序对源程序汇编的过程中，使用地址计数器来保存当前正在汇编的指令的偏
移地址。地址计数器的值可用 $ 来表示。例如：

　　　JNE　$+6　　　　　；转向地址是 JNE 的首址+6

7. 对准伪指令 ORG

ORG 伪操作用来设置当前地址计数器的值，它指出其后的程序段或数据块存放的起始
地址的偏移量。其格式为

　　　ORG　常数表达式

ORG 伪操作可以使下一个字节的地址成为常数表达式的值。汇编程序把语句中表达式
之值作为起始地址，连续存放程序和数据，直到出现一个新的 ORG 指令。若省略 ORG，
则从本段起始地址开始连续存放。

　　　ORG　100H　　　　；使下一地址是 100H

8. 过程定义伪指令 PROC-ENDP

子程序又称为过程，它类似于高级语言中的过程和函数。在一个程序的不同部分，往
往要用到类似的程序段，这些程序段的功能和结构形式都相同，只是某些变量的赋值不同，
此时就可以把这些程序段写成子程序形式，以便需要时可以调用它。

过程(子程序)定义伪指令的格式如下：

　　procedure_name　　PROC　　　NEAR (FAR)

　　　　　　　　　　　　　…

　　procedure_name　　ENDP

子程序详细设计见 4.8 节的子程序设计部分。

4.3　系统功能调用

　　为了提高汇编语言程序的编写效率，IBM PC 中的 BIOS 和 DOS 操作系统都提供了丰富的中断服务程序，这两组功能子程序主要是实现系统外部设备的输入输出操作、文件管理等。DOS 和 BIOS 是两组系统软件，因为 BIOS 比 DOS 更靠近硬件，而 DOS 则是较高层次的系统软件，DOS 的许多功能是调用 BIOS 实现的。使用 DOS 操作比使用相应功能的 BIOS 操作更简易，而且对硬件的依赖性更少。DOS 功能与 BIOS 功能都通过软中断调用。在中断调用前需要把功能号装入 AH 寄存器，把子功能号装入 AL 寄存器，此外，通常还需在 CPU 寄存器中提供专门的调用参数。一般地说，调用 DOS 或 BIOS 功能时，有以下几个基本步骤：

　　(1) 将调用参数装入指定的寄存器中；

　　(2) 如需功能号，把它装入 AH；

　　(3) 如需子功能号，把它装入 AL；

　　(4) 按中断号调用 DOS 或 BIOS 中断，如 INT n；

　　(5) 检查返回参数是否正确，即如果有出口参数并且需要的话，分析出口参数以决定后续的程序执行。

4.3.1　DOS 功能调用

　　当执行软中断指令 INT n 时，就调用一个相应的中断服务程序。若 n=5～1FH 时，则调用 BIOS 中的服务程序，一般称为系统功能调用；若 n=20～3FH，调用 DOS 中的服务程序，称做功能调用。其中 INT 21H 是一个具有调用多种功能的服务程序的软中断指令，故称其为 DOS 系统功能调用。INT 21H 的不同子功能的编号称为功能号，其功能分类详见附录 E。

1. DOS 键盘功能调用

　　DOS 系统调用中的功能号为 01H、06H、07H、08H、0AH、0BH、0CH 等的都与键盘有关，包括单字符输入、字符串输入和键盘输入状态检验等。其中检查键盘输入状态的功能号是 0BH，可以确认是否有字符键入。如果有键按下，则 AL=FF，否则 AL=00。功能号为 01H、06H、07H、08H 的都可以直接接收键入的单个字符。程序中常利用这些功能回答程序中的提示信息，或选择其中的可选项以执行不同的程序段。这样的工作可由如下类似的程序段来完成。

　　通过键盘键入 Y/N 来转向不同的程序段执行。

　　　　GET:　　　MOV　　　AH, 1　　　　　；AH = 1，等待键入字符

　　　　INT　　　21H　　　　　　　　　　；AL = 键入的字符(码)

```
CMP     AL, 'Y'
JE      YES                      ; 若输入的是 Y，则转 YES 标号处
CMP     AL, 'N'
JE      NO                       ; 若输入的是 N，则转 NO 处
JNE     GET                      ; 键入其他字符，转到 GET 处，继续等待键入字符
YES: ...
NO: ...
```

2. 字符串输入

用户程序经常需要从键盘上接收一串字符。0AH 号功能可以接收键入的字符串，将其存入内存中用户定义的缓冲区。缓冲区结构如图 4.5 所示。缓冲区第一个字节为用户定义的最大键入字符数，它由用户给出。若用户实际键入的字符数(包括回车符)大于此数，则机器响铃且光标不再右移，直到键入回车符为止。缓冲区第二个字节为实际键入的字符数(不包括回车符)，由 DOS 的功能 A 自动填入。从第三个字节开始存放键入的字符。显然，缓冲区的大小等于最大字符数加 2。

设在数据段定义的字符缓冲区如下：

```
BUFSIZE  DB   20H            ; 定义缓冲区
ACTLEN   DB   ?
STRING   DB   32  DUP  (?)
```

或定义数据区如下：

```
BUFSIZE  DB   32, 33  DUP  (?)
```

调用 DOS 功能的 0AH 号功能的程序段为

```
LEA   DX，BUFSIZE  ; DS:DX 指向缓冲区的第一个字节
MOV   AH，0AH       ; OAH 号功能，输入字符串到缓冲区
INT   21H
```

此程序段最多从键盘接收 32 个字符码(包括回车符)。如果键入字符串 "How are you?↙"，此时缓冲区 BUFSIZE 的存储情况如图 4.5 所示。INT 21H 的功能 A 把实际字符数(不包括回车符)填入缓冲区的第二个字节，并保持 DS:DX 指向缓冲区的第一个字节。

	...
BUFSIZE	20
ACTLEN	OC
STRING	'H'
	'o'
	'w'
	20
	'a'
	'r'
	'e'
	20
	'y'
	'o'
	'u'
	'?'
	OD
	...

图 4.5 用户定义的缓冲区

3. DOS 显示功能调用

功能号为 02H、06H、09H 的是关于显示器(CRT)的系统功能调用。其中，显示单个字符的是 02H 和 06H，与 BIOS 调用类似。

(1) 显示单个字符。例如：

```
MOV   AH，2       ; AH=2 显示单个字符
MOV   DL，'A'      ; 准备入口参数，41H→DL
INT   21H
```

(2) 显示字符串。显示字符串的 09H 号功能是 DOS 调用独有的，可以在用户程序运行过程中，在显示器上向用户提示下一步操作的内容。使用 09H 号功能时要注意两点：一是

被显示的字符串必须以"$"为结束符；二是当显示由功能 0AH 键入的字符串时，DS:DX 应指向用户定义的缓冲区的第三个字节。

例如：如下程序段用于显示字符串'HELLO'。

```
       …
       STRING   DB   'HELLO', 0DH, 0AH, '$'        ; 字符串以'$'结束
       …
       MOV   DX，OFFSET STRING                ; 调用参数 DS:DX = 串地址
       MOV   AH，9                           ; DOS 系统调用 09H 号功能
       INT   21H                            ; 显示字符串 HELLO 并换行回车
       …
```

4.3.2　BIOS 功能调用

计算机加电后，可以随时调用 BIOS 程序。调用 BIOS 功能，可以使程序获得较高的运行效率。BIOS 程序独立于任何操作系统，因此无论该 PC 是运行 DOS 还是 UNIX 或其他操作系统，用户都可以调用这些服务。BIOS 功能调用与 DOS 功能调用类似，也需要设置功能号、入口参数并执行中断调用。

1．BIOS 显示字符

使用 INT 10H 指令可调用 BIOS 屏幕操作功能。它包含了与显示器有关的功能，可用来设置显示方式、光标大小和位置，以及显示字符等。其调用格式如下：

```
       MOV   AH，功能号
       MOV   AL，字符的 ASCII 码
       INT   10H
```

功能：将 AL 寄存器中的字符送显示器显示。

例如，用 1 号功能调用显示字符 5 的程序段如下：

```
       MOV   AH，1
       MOV   AL，35H
       INT   10H
```

若 AH＝0AH，显示字符。入口参数 AL＝欲显示字符的 ASCII 码。

如 AH＝0EH，显示字符。入口参数 AL＝欲显示字符的 ASCII 码。其功能类似于 0AH，但显示字符后，光标随之移动，并可解释回车、换行和退格等控制符。

2．控制光标

利用 INT 10H 的功能 2 可设置光标位置，光标新位置的行号设在 DH 寄存器中，列号设在 DL 中。行列设在(0, 0)，是屏幕的左上角，(24, 79)是屏幕的右下角。BH 中必须包含被输出的页号，对单色显示器来说，页号总是 0。其调用格式为

```
       MOV   BH，页号
       MOV   DH，行号
       MOV   DL，列号
       MOV   AH，2
       INT   10H
```

例如，置光标开始行为 5，结束行为 7，并把它设置到第 5 行第 6 列：

```
MOV   CH，5
MOV   CL，7
MOV   AH，1
INT   10H
MOV   DH，4
MOV   DL，5
MOV   BH，0
MOV   AH，2
INT   10H
```

此外，表 4.1 中还列出了 INT 10H 的显示器中断操作的部分功能。

表 4.1　INT 10H 的显示器中断操作的部分功能

AH	功　　能	入口参数	出口参数
0	设置显示方式	AL = 显示方式	
2	置光标位置	BH = 页号 DH = 行号 DL = 列号	
9	在光标位置显示字符及属性	BH = 页号 BL = 属性值 AL = 字符 CX = 字符重复次数	
A	在光标位置显示字符	BH = 页号 AL = 字符 CX = 字符重复次数	
F	取当前显示方式		AH = 字符列数 AL = 显示方式 BH = 当前页号

3. 从键盘上输入字符

用 INT 16H 可调用 BIOS 键盘输入功能。INT 16H 的键盘中断功能如表 4.2 所示。

表 4.2　INT 16H 的键盘中断功能

AH	功　　能	入口参数	出口参数
0	读键盘字符		AL = ASCII 码 AH = 扫描码
1	读键盘缓冲区字符		ZF = 0 时，AL = ASCII 码 ZF = 1 时，缓冲区空
2	读特殊功能键状态		AL = 特殊功能键状态

其调用格式如下：

    MOV　AH，功能号

    INT　16H

(1) AH＝0 时，从键盘读一键值。出口参数 AL＝ASCII 码(即键的字符码)，AH＝扫描码。

功能：从键盘读入一个键后返回，按键不显示在屏幕上。

对于无相应 ASCII 码的键，如功能键等，AL 返回 0，例如：

    MOV　AH，0

    INT　16H

程序执行到 INT 16H 的 0 号功能时，CPU 暂停执行，等待从键盘输入一个字符，输入字符的 ASCII 码送入 AL，扫描码送入 AH。

扫描码是表示按键所在位置的代码，它用一个字节表示，低 7 位是扫描码的数字编码 01～53H，最高位 BIT7 表示键的状态。当某键按下时，扫描码的 BIT7＝0，称为通码；当此键放开时，扫描码的 BIT7＝1，称为断码。通码与断码的值相差 80H。

(2) 当 AH＝1 时，判断是否有键可读。出口参数 ZF＝0，则有键可读，AL＝ASCII 码，AH＝扫描码；否则，无键可读。

(3) 当功能号 AH＝2 时，返回特殊功能键状态(也称"变换键")的当前状态。出口参数 AL＝变换键的状态。特殊功能键状态如表 4.3 所示。

表 4.3　特殊功能键状态

D_7	D_6	D_5	D_4	D_3	D_2	D_1	D_0
Insert	Caps Lock	Num Lock	Scoroll Lock	Alt	Ctrl	Left Shift	Right Shift

BIOS 除提供对输入/输出设备的控制服务外，还有一些其他服务功能。例如，异步通信口输入/输出(INT 14H)、内存大小的测试(INT 12H)、键盘操作(INT 16H)、系统自举(INT 19H)、系统设备配置测试(INT 11H)、读/写系统时钟(INT 1AH)等，每类中断包含多个子功能，调用时通过功能号指定。

4.4　汇编语言的数据与表达式

汇编语言的数据可以是用各种进位制数值形式表示的常数、字符串常数(单引号括起来的一串 ASCII 码字符)、寄存器名、变量、标号或表达式等。其中表达式是常数、寄存器标号、变量与一些运算符相结合的序列，有数值表达式和地址表达式两种。数据靠各种运算符(操作符)形成表达式。

4.4.1　常用的运算符

1. 算术运算符

算术运算符有 +、−、*、/ 和 MOD。其中 MOD 是指除法运算后所得到的余数。

算术运算符可以用于数值表达式或地址表达式中，但当它用于地址表达式时，只有当其结果有明确的物理意义时才是有效的结果。例如两个地址相乘和相除的运算是无意义的。地址表达式中可以使用 + 或 −，但也必须注意其物理意义，如把两个不同段的地址相加也是无意义的。经常使用的是"地址±数字量"，这是有意义的。

　　例如，如果要求把首地址是 A 的字数组的第 2 个字送入寄存器 AX，则可用如下指令：

```
        ADD   AX,      A+(2−1)*2    ；"符号地址±常数"是有意义的
```

2．逻辑运算符与移位运算符

　　逻辑运算符有 AND、OR、XOR、NOT，移位运算符有 SHL 和 SHR。它们都是按位操作的，只能用于数值表达式中。例如：

```
OPR1    EQU    25
OPR2    EQU    7
…
AND   AX, OPR1    AND   OPR2
```

逻辑运算符对其中的操作数作指定的逻辑运算，这里的 AND 语句等价于：

```
        AND AX, 1
```

移位操作的格式是：

```
        expression  SHL(或 SHR)        numshift
```

汇编程序对 expression 左移或右移 numshift 位，如移位数大于 15，则结果为 0。

　　例如，将 35H 逻辑左移 2 位后存入 AX 寄存器，可用如下指令完成：

```
        MOV    AX，35H SHL 2
```

3．关系运算符

　　关系运算符有 EQ(相等)、NE(不等)、LT(小于)、LE(小于或等于)、GT(大于)、GE(大于或等于)六种。关系运算的结果应为逻辑值。结果为逻辑真，表示为 0FFFFH；结果为逻辑假，则表示为 0000H。例如：

```
        MOV   DL，10H  GE  16
```

其中的源操作数在汇编时由汇编程序进行关系运算。根据运算可知，10H 不小于 16，其关系不成立，结果为 0。故指令执行后，DL 中的值为 0。

4．数值回送操作符

　　数值回送操作符主要有 TYPE、LENGTH、SIZE、OFFSET、SEG 等。这些操作符把一些特征或存储器地址的一部分作为数值回送。

1) 类型回送操作符 TYPE

格式：

```
        TYPE      expression
```

功能：如果该表达式是变量，则汇编程序将回送该变量的以字节表示的类型 DB、DW、DD，分别对应变量的类型属性 1、2、4；如果表达式是标号，则汇编程序将回送代表该标号类型的数值，NEAR 为 −1，FAR 为 −2。如果表达式为常数，则应回送 0。

　　例如：若 VAL1 是字型的变量，则"MOV DL，TYPE VAL1"执行后，DL 的值为 2。

2) 偏移回送操作符 OFFSET

格式：

OFFSET　　variable(或 lable)

功能：汇编程序将回送变量或标号的偏移地址。

例如：

MOV　BX, OFFSET　OPER1

汇编程序将 OPER1 的偏移地址作为立即数送给指令，而在执行时则将该偏移地址装入 BX 寄存器中。所以这条指令等价于如下指令：

LEA　BX，OPER1

3) SEG

格式：

SEG　　　　variable(或 lable)

功能：汇编程序将回送变量或标号的段地址值。

例如，如下指令回送 X 的段地址值：

MOV　DX, SEG　X

4) LENGTH

格式：

LENGTH　变量

功能：汇编程序将回送由 DUP 定义的变量的单元数，其他情况回送 1，也即 LENGTH 用来计算一个存储区中(变量用 DUP 时)的单元数目，单元可以是字节、字或者双字等。若变量中未使用 DUP，则 LENGTH 回送 1。

例如：

KKK　DW　20 DUP (?)　　　　　　　;汇编程序为变量 KKK 分配 20 个字存储单元

MOV　CX, LENGTH　KKK　　　　;等价于 MOV　CX，20

5) SIZE

格式：

SIZE　变量

功能：汇编程序回送分配给该变量的总字节数，为 LENGTH 和 TYPE 值的乘积。例如，若变量 ABC 的存储区是用伪指令"ABC　DW　100 DUP(？)"来定义的，即存储区中有 100 个字单元，也即有 200 个字节单元，那么

TYPE　　ABC 等于 2；

LENGTH　ABC 等于 100；

SIZE　　ABC 等于 200。

例如：

ARRAY　　DW　100　DUP　(?)

TABLE　　DB　　'ABCD'

ADD　　SI,　TYPE　ARRAY　　　;　ADD　SI,2

ADD　　SI,　TYPE　TABLE　　　;　ADD　SI,1

```
MOV    CX, LENGTH  ARRAY        ; MOV  CX, 100
MOV    CX, LENGTH  TABLE        ; MOV  CX, 1
MOV    CX, SIZE  ARRAY          ; MOV  CX, 200
MOV    CX, SIZE  TABLE          ; MOV  CX, 1
```

5. 属性操作符

1) PTR 操作符

格式：

```
type  PTR  expression
```

其中，type 表示所赋予的新的类型属性，expression 是被取代类型的符号地址。

功能：PTR 用来更改一些已经规定了类型的存储单元的类型，即给已分配的存储地址赋予另一种属性，使该地址具有另一种类型。

有时指令要求使用 PTR 操作符用来显式地指出操作的类型是字节、字或双字等，从而使汇编程序分清是什么类型的操作。例如：

```
MOV  WORD  PTR [BX], 5        ; 把立即数 5 存入 BX 间接寻址的一个字内存单元中
ADD   BYTE  PTR[SI], 4BH      ; [SI]寻址的存储单元指明为字节类型，与 4BH 相加
```

2) SEG 段操作符

该操作符用来表示一个标号、变量或地址表达式的段属性，比如用段前缀指定某段的地址操作数。

格式：

```
段寄存器：地址表达式
```

例如：

```
MOV  AX，ES:[BX+SI]
```

3) THIS 操作符

格式：

```
THIS  attribute
THIS   type
```

功能：它可以像 PTR 一样建立一个指定类型(BYTE、WORD、DWORD)的或指定距离(NEAR、FAR)的地址操作数，该操作数的段地址和偏移地址与下一个存储单元的地址相同。

例如：

```
FIRST_TYPE  EQU   THIS  BYTE
WORD_TABLE  DW   100  DUP(?)
```

FIRST_TYPE 与 WORD_TABLE 的偏移地址及段地址完全相同，但 FIRST_TYPE 是字节类型，而 WORD_TABLE 则是字类型。

4) 字节分离操作符 HIGH 和 LOW

字节分离操作符接收一个数或地址表达式，HIGH 取其高位字节，LOW 取其低位字节。

例如：

```
CONST  EQU  0ABCDH
MOV   AH，HIGH  CONST       ; 等价于 MOV  AH, 0AB
```

4.4.2　运算符的优先级

汇编程序在汇编表达式时，应该首先计算优先级高的运算符，然后从左到右地对优先级相同的运算符进行计算。括号可以改变计算次序，且括号内的表达式应优先计算。运算符的优先级如表 4.4 所示，其中有些运算符未提及，另请参见附录或相关手册。

表 4.4　运算符的优先级

优先级	运　算　符
1	LENGTH、SIZE、WIDTH、MASK、·、()、< >、[ ]
2	PTR、OFFSET、SEG、TYPE、THIS、段前缀运算符:
3	HIGH、LOW
4	*、/、MOD、SHL、SHR
5	+、-
6	EQ、NE、LT、LE、GT、GE
7	NOT
8	AND
9	OR、XOR
10	SHORT

4.5　顺序程序结构

无论是高级语言还是汇编语言，程序设计的过程大致是相同的，一般都要经过问题分析、算法确定、框图表达、源程序编写等过程。

程序的基本结构有顺序、循环、分支和子程序四种形式。在进行程序设计时应根据功能需要综合利用这些结构构成完整的程序。

顺序程序结构是指按照程序书写的顺序逐条执行的指令序列，即逻辑执行顺序与书写顺序(存储)是一致的。

【例 4.3】　读下面的程序，指出程序的运行结果。

程序如下：

```
DATA      SEGMENT                    ;定义数据段
BLOCK     DW    0ABCDH               ;定义源数据
BUF       DD    ?                    ;开辟结果单元
DATA      ENDS                       ;数据段结束
CODE      SEGMENT
          ASSUME  DS:DATA, CS:CODE   ;段约定
BEGIN:    MOV   AX, DATA
          MOV   DS, AX               ;数据段地址送 DS
          MOV   DX, BLOCK
```

```
        MOV     AX, DX
        AND     AX, 0F0FH
        AND     DX, 0F0F0H
        MOV     CL, 4
        SHR     DX, CL
        LEA     BX, BUFF
        MOV     [BX+0], AL
        MOV     [BX+1], DL
        MOV     [BX+2], AH
        MOV     [BX+3], DH
        MOV     AX, 4C00H
        INT     21H
CODE    ENDS                    ; 代码段结束
        END     BEGIN           ; 结束汇编
```

该程序的主要功能是将字型数据转换成 4 个字节型数据，存储在 BUFF 缓冲区中。运行结果为：从存储缓冲区 BUFF 开始，顺序存入 0DH、0CH、0BH、0AH。

4.6　分支程序结构

在实际应用中，往往需要对出现的各种情况进行分析判断，以决定进行不同的处理。这种分不同情况进行不同处理的程序结构就是分支程序结构。常见的分支程序结构有两种，如图 4.6 所示。

图 4.6　分支程序结构示意图

两种分支程序结构的共同特点是：运行方向是向前的，在某一种确定条件下，只能执行多个分支中的一个分支。

汇编程序的分支一般用条件转移指令来实现。例如：

$$Y = \begin{cases} 1 & ; \ X > 0 \\ 0 & ; \ 0 = 0 \\ -1 & ; \ X < 0 \end{cases}$$

【例4.4】 编写计算如下分段函数值的程序。

设输入数据为 X、输出数据为 Y，且皆为字节变量。程序流程图如图 4.7 所示。

程序如下：

```
            DATA    SEGMENT
            X   DB   -10
            Y   DB   ?
            DATA    ENDS
            CODE    SEGMENT
            ASSUME   DS:DATA，CS :CODE
START:
            MOV   AX，DATA
            MOV   DS，AX
            CMP   X，0            ; 与 0 进行比较
            JGE   A1             ; X≥0 转 A1
            MOV   Y，-1           ; X < 0 时，-1→Y
            JMP   EXIT
A1:         JG   A2              ; X > 0 转 A2
            MOV   Y，0            ; X = 0 时，0→Y
            JMP   EXIT
A2:         MOV   Y，1            ; X > 0，1→Y
EXIT:   MOV   AH，4CH
            INT   21H            ; 程序结束点，返回 DOS
            CODE    ENDS
            END    START
```

图 4.7　分支程序设计流程图

本例利用转移指令不影响条件标志的特性，连续地使用条件转移指令使程序产生了三个不同的分支。在利用条件转移实现分支转移时要注意合理地设置条件，正确地选择指令。

在实际应用中，有时会碰到多分支程序结构。多分支程序结构相当于一个多路开关，有多个并行的分支程序段，每个分支程序段与一个条件相对应，执行时只能执行其中一个分支段。若用条件转移语句实现，则 N 条分支需要 N–1 个条件转移指令完成，转移速度慢，程序代码长，因此常采用地址表的方法来实现。

地址表的设计思想是：在程序段中开辟一些存储空间，形成一张地址表，用于依次存放各分支程序段的程序入口地址。程序执行时，首先判断出满足某分支程序段的条件，由此求出该分支程序段的编号。该编号乘 2(段内转移)，或乘 4(段间转移)得到相对地址表的偏移量，再加上地址表首地址，即得到地址表中的一个地址。也就是说，在这个地址表中存放着各个分支程序段的偏移地址(或偏移地址+段地址)，转到该地址去执行程序，即执行该分支程序段。

【例4.5】 设计一个程序段，要求根据键盘输入的数字 1～9 转向 9 个不同的处理程序段。

分析：在数据段定义一个存储区，形成一张地址表，用来存放 9 个程序段的起始地址。将键盘输入的 1~9 数字符转换为真值，用于查表得到偏移地址；若输入非法字符则提示出错。

程序流程图如图 4.8 所示。

图 4.8　多分支结构程序流程图

程序如下：

```
DATA    SEGMENT
INPUTDB    'Input a number',13,10, '$'    ；提示信息
…
INERR       DB    'Input number not 1~9',13,10, '$'
…
TAB   DW   P01          ；定义地址表
      DW   P02
      DW   P03
      DW   P04
      DW   P05
      DW   P06
      DW   P07
      DW   P08
      DW   P09
DATA   ENDS
CODE   SEGMENT
       ASSUME CS:CODE, DS:DATA
BEGIN:    MOV    AX, DATA
          MOV    DS，AX
```

```
        LEA      DX，INPUT
        MOV      AH，9
        INT      21H            ; 显示提示信息
        MOV      AH，1
        INT      21H            ; 从键盘接受一个输入字符
        CMP      AL，'1'         ; 若输入字符不是 1～9 中的某一数字，转 LERR
        JB       LERR
        CMP      AL，'9'
        JA       LERR
        AND      AX，000FH       ; 将 ASCII 码转换成数字
        DEC      AX
        ADD      AX，AX          ; 求出表内偏移量
        MOV      BX，AX
        JMP      TAB[BX]        ; 查表，段内间接转移
EXIT:   MOV      AH，4CH
        INT      21H
LERR:   MOV      DX，OFFSET  INERR    ; 显示出错提示
        MOV      AH，9
        INT      21H
        JMP      EXIT
P01 : …                                 ; 各处理程序入口
        …
P02 : …
    ⋮
P09 :       …
        CODE    ENDS
        END    BEGIN
```

这种多分支结构的实现也称为跳跃表法。它用于实现 CASE 结构，使程序根据不同的条件转移到多个程序分支中的一个去执行。

地址表是由各路分支入口地址按序排列组成的表，它存放在数据段。表基址即表格的第一个数据单元的首地址，本例中表基址为 BASE。地址表的每一个表项均是入口标号，占两个字节。表内偏移地址是表项地址到表基址之间的距离即其位移量，据分支号可以计算出其位移量：

$$转移地址 = 表基址 + 表内位移量 = BASE + 2 \times 序号 = TAB + 2 \times (number - 1)$$

4.7　循环程序结构

程序中的某些部分需要重复执行，如果将重复部分反复地书写，会使程序显得冗长。但若将程序中的重复执行部分构成循环结构，则这样设计的程序既美观又便于修改。循环

结构有两种形式，如图 4.9 所示。一种是每次测试循环控制条件，如果满足条件，则重复执行循环体；否则结束，退出循环。另一种是先执行循环体，然后测试循环控制条件，如果满足条件，则重复执行循环体；否则结束，退出循环。

图 4.9　循环结构的两种方式

不论哪一种结构形式，循环程序均由三部分组成。

(1) 循环初始化部分：为开始循环准备必要的条件，如设置循环次数的计数值、设置循环初始化地址，以及为循环体正常工作而建立的初始状态等。

(2) 循环体部分：指重复执行的程序部分，由循环的工作部分及参数修改部分组成。循环的工作部分是为完成程序功能而设计的主要程序段。循环的参数修改部分是为避免程序原地踏步，保证每一次重复(循环)时，参加执行的信息能发生有规律变化而建立的程序段，它为下次循环能正确地执行而做参数的修改。

(3) 循环控制条件部分：判断循环条件是否成立，决定是否继续循环，以控制循环何时结束，它是循环程序设计的关键。每一个循环程序必须选择一个循环控制条件来控制循环的运行和结束。合理地选择该控制条件是循环程序设计的关键。

常用的循环控制方法有计数循环和条件循环两种：

(1) 计数循环。计数循环利用循环次数作为控制条件，这是最简单和典型的循环。当循环次数已知时，用 LOOP 很容易实现这类程序。若循环次数已知且有可能使用其他特征或条件来使循环提前结束，则此时可用 LOOPZ 或 LOOPNZ 指令来实现。只要将循环次数或最大循环次数送入 CX 寄存器，就可以开始循环体，最后用 LOOP 指令对 CX 减 1 并判断是否为 0。

(2) 条件循环。当循环次数未知时，就要根据具体情况用转移指令判断循环条件，找出控制循环结束的条件，这就是所谓的条件控制循环。转移指令可以指定目的标号来改变程序的运行顺序，如果标号指向一个重复执行的语句体的开始或结束，实际上便构成了循环控制结构。这时，程序重复执行该标号至转移指令之间的循环体。循环的控制条件是很灵活的，可能方案不止一种，应分析比较选择一种效率最高的方案来实现。

【例 4.6】　编一个程序，将字单元 BUF 中所含 1 的个数存入 COUNT 单元中。

分析：要测出 BUF 字单元所含 1 的个数，就应逐位测试。一个比较简单的办法是根据最高有效位是否为 1 来计数，然后用移位的方法把各位数逐次移到最高位。循环的结束可以用计数值为 16 来控制，但更好的办法是结合上述方法用测试数是否为 0 作为结束条件，这样可以在很多情况下缩短程序的执行时间。此外考虑到 BUF 本身为 0 的可能性，应该采用 WHILE 结构循环。

　　根据以上分析，可以画出如图 4.10 所示的程序框图。首先将 BUF 中的数送给寄存器 AX，然后将 AX 寄存器逻辑左移一次，如果 CF＝1，则表明 AX 中的最高位为 1，计数器 CL 计数 1 次；如果 CF＝0，表明 AX 最高位为 0，……这样依次将最高位移入 CF 中去测试。移位之后，判断 AX 的值是否为 0，如果为 0，则结束循环；不为 0，则继续循环。

图 4.10　循环结构流程图

　　程序如下：

```
        DATA   SEGMENT                 ; 定义数据段
        BUF  DW  0011110010101011B     ; 定义数据
        COUNT  DB  ?                   ; 定义存放结果的单元
        DATA  ENDS
        CODE   SEGMENT
        ASSUME  DS:DATA, CS :CODE
START:  MOV AX, DATA
        MOV DS, AX
        MOV AX, BUF
        MOV CL, 0                      ; 计数器为 0
LOPA:   AND      AX, AX
        JE       EXIT                  ; (AX)=0, 结束循环
        SHL      AX, 1                 ; AX 左移一位
```

```
        JNC     LOPA
        INC     CL              ；产生进位，(CL)+1→CL
        JMP     LOPA
EXIT:   MOV COUNT，CL
        MOV AH，4CH             ；返回 DOS
        INT     21H
        CODE    ENDS
        END     START           ；结束汇编
```

上述例子阐述的是单层循环，实际上循环可以嵌套。多重结构设计原则是从内到外逐层设计，即先设计内层循环，然后把内层循环作为外层循环的循环体使用，应注意的是内外层循环不能交叉。

【例 4.7】　在以 BUF 为首地址的字存储区中存放有 N 个有符号数，现需将它们按由大到小的顺序排列在 BUF 存储区中，试编写其程序。

分析：这里采用冒泡排序算法。从第一个数开始依次对相邻两个数进行比较，如次序对，则不交换两数位置；如次序不对则使这两个数交换位置。可以看出，第一遍需比较(N−1)次，此时，最小的数已经放到了最后；第二遍比较只需考虑剩下的(N−1)个数，即只需比较(N−2)次；第三遍只需比较(N−3)次，……整个排序过程最多需(N−1)遍。下面的 4 个数即采用冒泡排序比较的例子。

两两比较找到小者，每一遍比较后则把最小的放到最后面，经过(N−1)遍比较后，则由大到小的次序排定，且每遍比较的次数递减。

```
数        10   8    16   90   32
第一遍    10   16   90   32   8
第二遍    16   90   32   10   8
第三遍    90   32   16   10   8
```

程序流程图如图 4.11 所示。

程序如下：

```
DATA    SEGMENT
BUF     DW   3, -4, 6, 7, 9, 2,
             0, -8, -9, -10, 20
N=($-BUF)/2
DATA    ENDS
CODE    SEGMENT
ASSUME  CS:CODE, DS:DATA
```

图 4.11　冒泡排序算法的程序流程图

```
START:
        MOV   AX，DATA
        MOV   DS，AX
        MOV   CX，N              ；数组元素个数→CX
        DEC   CX
LOOP1： MOV   DX，CX              ；保存外循环次数计数值→DX
        MOV   BX，0              ；清 BX 寄存器
LOOP2： MOV   AX，BUF[BX]         ；把第 i 个元素送 AX，
        CMP   AX，BUF[BX+2]       ；第 i 个元素与第 i+1 个元素相比较
        JGE   L
        XCHG  AX，BUF[BX+2]       ；若 BUF(i)< BUF(i+1)
        MOV   BUF[BX]，AX         ；则交换两单元内容
L：      ADD   BX，2              ；调整寄存器 BX 的值，指向下一元素
        DEC   CX
        JNE   LOOP2             ；若本遍比较未结束，重复内循环
        MOV   CX，DX             ；本遍比较已结束，为下一次外循环准备计数值
        LOOP  LOOP1             ；若外循环未结束，继续重复外循环
        MOV   AH，4CH            ；外循环结束，返回 DOS
        INT   21H
        CODE  ENDS             ；代码段结束
        END   START           ；结束汇编
```

程序运行后，BUF 区中的内容如下：

　　20，9，7，6，3，2，0，-4，-8，-9，-10

若要对 N 个无符号数按由大到小的顺序排列，只需将指令"JGE　L"改为"JAE　L"即可。由上例可知，利用条件转移指令作为循环控制条件，可以方便地构造复杂的循环程序结构。

4.8　子 程 序 设 计

4.8.1　子程序设计概述

常把具有独立功能并具有一定通用性的程序段定义为子程序，供用户使用。这种方法不仅可以简化主程序、实现模块化，还可以重复利用已有的子程序，提高编程效率。子程序又称为过程(procedure)，它类似于高级语言中的过程和函数。

过程(子程序)定义伪指令的格式如下。

```
procedure_name   PROC   NEAR (FAR)
                  …
procedure_name   ENDP
```

一个过程是以 PROC 开始，以 ENDP 伪指令结束的。其中，过程名不能省略，并且过程的开始(PROC)和结束(ENDP)使用同一个过程名。过程名是这个子程序的名，它又是子程序入口的符号地址，也即子程序调用指令 CALL 的目标操作数。它类似一个标号的作用，由于子程序由伪指令来定义，故子程序名不需冒号说明。子程序名也有 3 个属性——段属性、偏移属性和类型属性。子程序的类型属性可以分为 NEAR 和 FAR，默认为 NEAR 属性。为了方便应用，80X86 的汇编程序用 PROC 伪操作的类型属性来确定 CALL 和 RET 指令的属性，也就是说：

(1) NEAR 属性：调用程序和子程序在同一代码段中，属于段内调用。

(2) FAR 属性：调用程序和子程序不在同一代码段中，为段间调用。

每一个子程序的最后一条指令必定是返回指令 RET。子程序有多种定义形式。

【例 4.8】 子程序的结构和使用。

程序如下：

```
CODE        SEGMENT
            ...
MAIN        PROC    FAR         ；定义远过程
            ...
            CALL    SUBR1       ；调用子程序 SUBR1
            ...
            RET
MAIN        ENDP
SUBR1       PROC    NEAR        ；子程序 SUBR1 定义
            ...
            RET
SUBR1       ENDP
CODE        ENDS
```

由于调用程序 MAIN 和子程序 SUBR1 是在同一代码段中的，所以 SUBR1 定义为 NEAR 属性。这样，MAIN 中对 SUBR1 的调用和 SURB1 中的 RET 就都是 NEAR 属性的。但是通常 MAIN 应定义为 FAR 属性，因为程序的主过程被看做 DOS 调用的一个子程序，因而 DOS 对 MAIN 的调用以及 MAIN 中的 RET 就是 FAR 属性的。当然，CALL 和 RET 的属性是由汇编程序确定的，用户只需正确选择 PROC 的属性就可以了。

子程序定义可以嵌套，即一个过程定义中可以包含多个过程定义，但过程不能交叉。

上例程序段也可以改写成如下形式：

```
CODE        SEGMENT
            ...
MAIN        PROC    FAR         ；定义远过程
            CALL    SUBR1       ；调用子程序 SUBR1
            ...
            RET
SUBR1       PROC    NEAR        ；子程序 SUBR1 定义嵌套在调用程序中
```

```
             ...
             RET
SUBR1    ENDP
 MAIN    ENDP
 CODE    ENDS
```

　　子程序允许嵌套和递归调用。主程序调用子程序，子程序还可以调用其他子程序，这就是子程序的嵌套调用。子程序可以多重嵌套调用。嵌套与递归调用时要注意堆栈空间的限制。

4.8.2　子程序的参数传递

　　调用程序在调用子程序前，通常需要向子程序提供一些原始数据，即为子程序准备入口参数；同样，子程序执行结束后也要返回给调用程序必要的结果数据，即提供出口参数以便主程序使用。这种调用程序为子程序准备入口参数，子程序为调用程序提供出口参数的过程称为参数传递。汇编语言中参数传递可通过寄存器、变量或堆栈来实现，参数的具体内容可以是数据本身(传数值)也可以是数据的存储地址(传地址)。下面简单介绍参数传递的方式。

1. 用寄存器传递参数

　　最简单和常用的参数传递方法是通过寄存器进行的。用寄存器传递参数就是将子程序的入口参数和出口参数都放在约定的寄存器中。其优点是信息传递快，编程也较方便，并且节省内存单元。但由于寄存器个数有限，而且在处理过程中要经常使用寄存器，如果要传递的参数很多，将导致无空闲寄存器供编程用，所以此法只适用于要传递的参数较少的情况。

　　【例4.9】　设 ARRAY 是一个含有 N 个字节元素的数组，试用子程序计算各数组元素的"累加和"。(为了简化程序设计，这里不考虑溢出。)

　　分析：我们用子程序来完成求数组元素的累加和，主程序需要向它提供入口参数，使得子程序能够访问数组元素。子程序需要将求和结果这个出口参数传给主程序。本例采用寄存器进行参数的传递。

　　寄存器和存储单元分配如下：BX 用来存放数组首地址；CX 用来存放数组元素个数；AL 用来存放数组元素累加和；RESULT 作为存放数组元素累加和的最终存储单元。

　　程序如下：

```
        DATA   SEGMENT                ；定义数据段
        ARRAY  DB  29H，18H，26H，19H，12H，04H，3，7，17H，35H
        N         DW  $-ARRAY          ；数组元素的个数
        RESULT DB  ?                    ；存放累加和
        DATA   ENDS
        CODE   SEGMENT
        ASSUME  CS:CODE，DS:DATA
BEGIN： MOV   AX，DATA
        MOV   DS，AX
```

```
        MOV   BX，OFFSET ARRAY   ；BX←数组的偏移地址
        MOV   CX，N               ；CX←数组元素个数
        CALL   PROC_SUM           ；调用求和子程序
        MOV   RESULT，AL          ；RESULT←(AL)
        MOV   AH，4CH
        INT   21H
    ； 子程序名：PROC_SUM
    ； 功能：计算数组元素的累加和
        PROC_SUM   PROC
        XOR   AL，AL              ；累加器清 0
SUM：   ADD   AL，[BX]            ；求和
        INC   BX                  ；指向下一字节
        LOOP   SUM                ；(CX)≠0 转 SUM 继续求和
        RET
        PROC_SUM   ENDP
        CODE   ENDS
        END   BEGIN
```

本程序中，用 BX、CX 寄存器作为入口参数，分别将主程序中数组的偏移地址和数组元素的个数传递给子程序。在子程序中用 AL 寄存器作为出口参数，将求得的数组元素的累加和返回给主程序。本程序运行完后，在 RESULT 存储单元中存放的数组元素累加和是 0ECH(即 236)。

2．通过变量传递参数

通过变量传递参数也就是用存储单元传递参数，它是将入口参数和出口参数都放到事先约定好的存储单元之中。此法的优点是参数传递的数量不受限制，每个参数都有独立的存储单元，编写程序时不易出错；缺点是要占用一定数量的存储单元，适用于子程序与调用程序在同一源文件中的情况。现仍以例 4.9 的题目为例来说明子程序与调用程序在同一源文件中时，子程序如何直接访问模块中的变量。

【例 4.10】 要求同例 4.9，现在用存储单元传递参数，计算数组元素的累加和。

分析： 采用存储单元传递参数，本例中主程序和子程序共用 ARRAY 和 RESULT 两个存储单元。

程序如下：

```
DATA   SEGMENT                           ；定义数据段
ARRAY   DB   29H，18H，26H，19H，12H，04H，3，7，17H，35H
COUNT= 10
RESULT   DB ?
DATA   ENDS
CODE   SEGMENT
ASSUME   CS:CODE, DS:DATA
```

```
    BEGIN:                                  ;程序起始点
            MOV  AX，DATA
            MOV   DS，AX
            CALL   PROC_SUM                 ;调用求和子程序
            MOV   AH，4CH
            INT   21H
        ;子程序名：PROC_SUM
        ;功能：计算数组元素的累加和
        PROC_SUM  PROC  NEAR
            XOR  AL，AL                      ;累加器清 0
            MOV   BX，OFFSET ARRAY           ;数组首地址→BX
            MOV   CX，COUNT                  ;数组元素个数→CX
    SUM:    ADD  AL，[BX]                    ;累加
            INC  BX
            LOOP   SUM                       ;(CX)≠0 转 SUM 继续求和
            MOV   RESULT，AL                 ;累加和送 RESULT 保存
            RET
        PROC_SUM  ENDP
        CODE      ENDS
            END  BEGIN
```

本例中主程序只要设置好数据段 DS，就可以调用子程序了。子程序 PROC_SUM 累加数组中的所有元素，并把和送到指定的存储单元 RESULT 中。程序运行后，在 RESULT 存储单元中存放的累加和是 0ECH。这里，子程序 PROC_SUM 直接访问模块中的数据区。

3．通过堆栈传递参数或参数地址

通过堆栈传递参数是利用堆栈作为主程序和子程序之间传递参数的工具。其优点是参数不占用寄存器，将参数存放在公用的堆栈区，处理完之后堆栈恢复原状，不影响其他程序段使用堆栈；缺点是由于参数和子程序的返回地址混杂在一起，访问参数时必须准确地计算它们在堆栈内的位置。如果操作不慎，在执行 RET 指令时，栈顶存放的可能不是返回地址，从而导致运行混乱。由此可见，使用该方法编制程序比较复杂。

【例 4.11】 用堆栈传递参数，计算数组元素的累加和。

分析：通过堆栈传递参数，主程序将数组的偏移地址和数组元素个数压入堆栈，然后调用子程序；子程序通过 BP 寄存器从堆栈相应位置取出参数(非栈顶数据)，求和后用 AL 返回结果。

程序如下：

```
        STACK   SEGMENT  STACK           ;定义堆栈段，组合类型为 STACK
                DW  100  DUP(0)
        STACK   ENDS
        DATA   SEGMENT
```

```
            ARRAY  DB 29H，18H，26H，19H，12H，04H，3，7，17H，35H
            COUNT  DW  10
            RESULT  DB  ?
            DATA  ENDS
            CODE1  SEGMENT                          ;定义代码段1
            MAIN  PROC  FAR                 ;主程序定义为一个过程
            ASSUME  CS:CODE1，DS:DATA，SS:STACK
BEGIN:
            PUSH  DS                   ;保存旧DS
            SUB  AX，AX                ;0入栈
            PUSH  AX                   ;为用"RET"返回DOS做准备
            MOV  AX，DATA
            MOV  DS，AX                ;初始化数据段
            MOV  AX，OFFSET  ARRAY     ;参数入栈
            PUSH  AX                   ;数组的偏移地址进栈
            MOV  AX，OFFSET  COUNT
            PUSH  AX                   ;数组元素个数进栈
            MOV  AX，OFFSET  RESULT
            PUSH  AX                   ;结果地址进栈
            CALL  FAR  PTR PROC_SUM    ;调用求和子程序
            RET
            MAIN  ENDP
            CODE1  ENDS
            CODE2  SEGMENT             ;定义代码段2
            ASSUME  CS:CODE2
            PROC_SUM  PROC  FAR        ;子程序与调用程序不在同一段
            PUSH  BP                   ;保护BP
            MOV  BP，SP                ;BP指向当前栈顶,用于取入口参数
            PUSH  AX                   ;保护现场
            PUSH  BX
            PUSH  CX
            PUSH  DI
            MOV  BX，[BP+0AH]          ;BX←数组的偏移地址
            MOV  DI，[BP+8]            ;CX←数组的元素个数
            MOV  CX，[DI]
            MOV  DI，[BP+6]            ;DI←和单元地址
            XOR  AL，AL                ;累加器清0
SUM:        ADD  AL，[BX]              ;求和
```

```
        INC   BX
        LOOP  SUM
        MOV   [DI], AL              ;保存数组元素累加和
        POP   DI
        POP   CX                    ;恢复现场
        POP   BX
        POP   AX
        POP   BP
        RET 6       ;带参数返回，以调整 SP 指向
        PROC_SUM  ENDP
        CODE2   ENDS
        END   BEGIN
```

图 4.12　堆栈传递参数地址

这里主程序把参数地址保存到堆栈中，在子程序 PROC_SUM 中从堆栈内取出参数并把和送到 RESULT 中，以达到传送参数的目的。子程序使用了带参数返回指令"RET 6"，目的是把堆栈中存放入口参数的 3 个字单元释放出来，以便返回主程序后，堆栈能恢复原始状态。本例中堆栈最满时的状态如图 4.12 所示。程序中多次用到了 PUSH、POP 指令，读者可自己分析堆栈的变化情况。程序运行后，在 RESULT 存储单元中存放的累加和是 0ECH。

4.9　宏　功　能

在程序设计中，有时可将一段具有特定功能的代码块定义为一个过程，使整个程序清晰，便于理解，这就是前面讲到的过程或子程序。子程序仅编写一次，汇编后仅有一段代码，主程序可以多次调用它。但从 3.3.5 节中介绍的 CALL 和 RET 指令执行过程可以看出，调用和返回要涉及堆栈的一系列操作，故程序执行的速度相对较慢。

在汇编语言源程序中，可以用一条宏指令来代替子程序调用。这条宏指令通过宏定义，再经过宏汇编产生所需代码序列，然后将这些代码序列嵌在调用处。与过程调用不同，它不使用堆栈，仅仅减少程序的书写，每调用一次，程序代码就会被嵌入一次。

4.9.1　宏定义

宏定义是用一组伪操作来实现的，其格式为：

```
macro name    MACRO    [dummy parameter list]
                ...
              ENDM
```

其中，MACRO 和 ENDM 是一对伪操作。这对伪操作之间是宏定义体，即要用宏指令来代替的程序部分，是一组有独立功能的程序段。宏指令名(macro name)给出该宏定义的名称，调用时就使用宏指令名来调用该宏定义。宏指令名的第一个符号必须是字母，其后可跟字母、数字或下划线。哑元表(dummy parameter list)给出了宏定义中所用到的形式参数(或称虚参)，每个哑元之间用逗号隔开。

4.9.2   宏调用

经宏定义后的宏指令就可以在源程序中调用。这种对宏指令的调用称为宏调用，宏调用的格式为：

      macro name   [actual parameter list]

其中，实元表(actual parameter list)中的每一项为实元，相互之间用逗号隔开。

当源程序被汇编时，汇编程序将对每个宏调用进行宏展开。宏展开就是用宏定义体取代源程序中的宏指令名，且用实际参量值取代宏定义中的形式参数，即实元取代哑元。在取代时，实元和哑元是一一对应的，但不要求实元的个数和哑元的个数相等，若调用时实元个数多于哑元个数，则多余的实元被忽略；反之，多余的哑元个数为"空"。

【例 4.12】 用宏指令定义两个带符号的字节变量操作数相乘，乘法结果为字型。

程序如下：

```
MULTY   MACRO  OPER1，OPER2，RESULT
        PUSH   AX
        MOV    AL，OPER1
        IMUL   OPER2
        MOV    RESULT，AX
        POP    AX
ENDM
DATA  SEGMENT
        XX  DB  4EH
        YY  DB  8AH
        ZZ  DW  ?
DATA  ENDS
CODE  SEGMENT
        ASSUME  CS:CODE，DS:DATA
START:  MOV  AX，DATA
        MOV  DS，AX
        MULTY  XX，YY，ZZ
        MOV  AX，4C00H
        INT  21H
CODE  ENDS
        END START
```

习　题　四

1．简述汇编语言的特点以及学习汇编语言的意义。

2．如何规定一个程序的开始位置？源程序在何处停止汇编过程？

3．举例说明"EQU"伪指令和等号"="伪指令的用途和区别。若希望控制变量或程序代码在段中的偏移地址，应该使用哪个伪指令？

4．画图说明下列语句所分配的存储空间及初始化的数据值，并回答问题。

```
BYTE_VAR        DB        'BYTE', 12, -12H, 3 DUP(0, 4, 2 DUP(1, 2), ? )
WORD_VAR        DW        5 DUP(0, 1, 2), ? , -5, 'BY', 'TE', 256H
PLENTH          EQU $-PARTNO
```

(1) PLENTH 的值为多少，它表示什么意义？

(2) 用一条 MOV 指令将 WORD_VAR 的偏移地址放入 AX。

(3) 用一条指令将 BYTE_VAR 的头两个字节的内容放入 SI。

5．假设 VAR1 和 VAR2 为字变量，LAB 为标号，试指出下列指令的错误之处：

(1) ADD　VAR1，VAR2

(2) SUB　AL，　VAR1

(3) JNZ　VAR1

(4) CMP　VAR1，VAR2

(5) MOV　VAR1，AL+1

(6) MOV　BYTE PTR [BX]，1000

6．将 DX 寄存器的内容从低位到高位的顺序分成四组，并将各组数分别送到寄存器 AL、BL、CL、DL 中。

7．试统计 9 个数中偶数的个数，并将结果显示在屏幕上。

8．编写计算 100 个正整数之和的程序。如果和不超过 16 位字的范围(65 535)，则保存其和到 wordsum，如超过则显示'overflow!'。

9．试编写一个汇编语言程序，把从键盘输入的小写字母用大写字母显示出来。

10．把三个连续存放的正整数，按递增次序重新存放在原来的三个存储单元中。

11．编制三个子程序，把一个 16 位二进制数用 4 位十六进制形式在屏幕上显示出来。分别采用如下三种参数传递方法，并配合三个主程序验证它：

(1) 采用 AX 寄存器传递这个 16 位二进制数。

(2) 采用 temp 变量传递这个 16 位二进制数。

(3) 采用堆栈方法传递这个 16 位二进制数。

第 5 章　存 储 系 统

【教学提示】

本章从存储器的结构、分类、功能及技术指标开始，介绍半导体存储器的结构和技术，重点介绍存储系统的容量扩展方法，以及存储器与微处理器的连接方法。

【教学目标】

- 了解存储器的分类、功能及技术指标；
- 了解存储器的结构；
- 掌握存储器的容量扩展方法；
- 掌握存储器与微处理器的连接方法。

存储器是计算机系统的记忆设备，CPU 从存储系统获得执行的程序和加工的数据。存储系统也是 I/O 设备与主机交换数据的核心部件，在计算机系统中具有非常重要的地位。

5.1　存储系统的概念与结构

计算机的存储系统由多种存储器构成，是存放程序和数据的部件，一般有半导体存储器、磁性材料存储器、光学存储器等。

5.1.1　存储系统的层次结构

广义地讲，计算机存储系统包括内存储器和外存储器(辅存)，具体包括寄存器(位于 CPU 内部)、高速缓冲存储器(简称缓存)、主存储器(简称主存)、磁盘、磁带等，它们按照一定的层次关系组织起来，呈金字塔结构，如图 5.1 所示。

在存储系统的层次结构中，顶部是 CPU。距离 CPU 越远的存储部件，其速度越低、价格越低、容量越大；反之，越靠近 CPU 的存储部件，其速度越快、价格越高、容量越小。速度、价格、容量(位价格)是构成存储器的三个重要指标。"速度快、价格低、容量大"是人们对存储器的要求，但这些要求又是相互矛盾的。一般来说，按照存储器的实现技术，速度越快价格越高，容量越大价格越低且速度越慢。计算机系统追求高的"性价比"，通过各种因素的权衡和系统结构的有效组织实现性价比的提高。存

图 5.1　存储系统的层次结构

储系统综合采用多种存储技术，按存储层次关系实现了高性价比的存储系统，涉及结构、组成、实现、局部性原理、数据的组织、调度及算法、访问时间、命中率的计算等。

微机的整个存储系统具有"缓存—主存"和"主存—辅存"两种典型的层次关系，如图 5.2 所示。

图 5.2　微机的"缓存—主存"和"主存—辅存"层次结构

这里，存储的数据具有一致性、包含关系和修改关系等。用户的程序全部存放在辅存中，当前最活跃的数据代码调入主存，而缓存存放了 CPU 正在使用的数据，且与 CPU 速度匹配。系统通过软硬方式的调度，保证 CPU 的数据需要，对用户来讲，既保障了程序的有效运行，也获得了 CPU 充分的高速度，而且系统价格低。

"缓存—主存"层次解决了存储系统的速度问题，完全用硬件实现，其工作对程序员是透明的。"主存—辅存"层次主要通过"虚拟存储"技术实现容量问题，面向程序员编程空间，主要由系统软件来实现。

5.1.2　存储器的分类与功能

计算机的存储器包含多种类型，分别具有不同的特点和用途，如图 5.3 所示。

图 5.3　计算机的存储器类型

从不同角度，按不同分类方式，存储器有多种分类方法：

(1) 按存储介质可分为半导体存储器、磁性材料存储器、光学存储器等。

(2) 按存储器在计算机系统中的位置可分为内存储器(内存)和外存储器(外存)。内存通常由半导体存储器构成，外存通常包括磁盘、光盘和磁带等。

(3) 按访问方式可分为随机访问存储器和顺序访问存储器。随机访问存储器的读/写时间与存储位置无关，按给出的地址同等地读/写每个信息单元，如半导体器件构成的存储器；而顺序访问存储器的读/写时间与存储位置有关，如磁盘、磁带、光盘等。

另外还可以按用途、读/写方式、易失性等进行分类。

狭义上讲，计算机存储器一般专指内存(主存)，这是集成化的半导体部件，也是本章介绍的重点。主存分为只读存储器(ROM)和随机存取存储器(RAM)。

1. 只读存储器

只读存储器(ROM)的特点是用户使用时只能读出，不能写入和修改，信息是在 ROM 制作时一次写入的。这种存储器用于计算机存储固定的信息，关机不丢失信息，还可供厂家、开发者写入信息。用于系统的 ROM，主要有可编程 ROM(PROM)、紫外线可擦除可编程 ROM(EPROM)、电可擦除可编程 ROM(EEPROM)以及闪速存储器(Flash Memory)。

闪速存储器使用先进的 CMOS 制造工艺，是一种新型的非挥发存储器，又称快擦性存储器，具有结构简单、电可擦除、部分擦写的特点，还有体积小、容量大、可靠性高、耗电低、集成度高、无需后备电源、可重复改写、抗震能力强等优点。其读/写时间约为 70 ns，最大工作电流为 20 mA(待机状态仅为 0.1 mA)，可反复使用 10 万次以上，信息脱机保存时间长达 10 年之久。目前被广泛用于 BIOS、固态硬盘、嵌入式芯片的固化存储区、便携式微机以及大量的数码消费电子等领域。

2. 随机存取存储器

随机存取存储器(RAM)的特点是用户使用时可随时进行读/写，但是掉电信息即丢失，是一种易失性存储器，也是最主要的存储器。这种存储器即通常所指的内存。它是计算机工作时程序和数据存放的主要场所，集成的芯片核心部分是由存储元电路按矩阵构成的存储矩阵。存储元电路用于 1 个二进制位存储的基本电路，由 MOS 管、TTL 管或电容构成。RAM 又可分为静态 RAM(SRAM)和动态 RAM(DRAM)，构成它们的存储元电路不同，工作原理也不同。存储元电路如图 5.4 所示。

(a) 静态RAM存储元电路　　　　　　(b) 动态RAM存储元电路

图 5.4　随机存取存储器存储元电路

若干个存储元电路排列成矩阵构成存储矩阵，辅以译码电路和读/写驱动控制电路，完成对地址信息译码形成访问存储单元的信号及读写 I/O 操作。存储矩阵及其辅助电路集成为存储器芯片，若干个存储器芯片按一定的组织方式构成主存储器。存储器通过地址总线、数据总线和读/写控制线等与 CPU 连接，如图 5.5 所示。

(a) 存储器芯片的基本结构

(b) 存储器与CPU的连接图

图 5.5　存储器芯片及 CPU 的连接

5.1.3　存储器的技术指标

存储器的技术指标主要有存储容量、存储速度和存储器带宽等。

存储容量是指存储器芯片能存储的二进制代码的总位数(bits)。存储器芯片容量以位(bit)为单位，也可以用字节(Byte，简写为 B)表示，一个字节包含 8 位二进制信息位，另外还有 KB、MB、GB 等单位。它们之间的关系是：1 B = 8 bit，1 KB = 2^{10} B = 1024 B，1 MB = 2^{10} KB = 1024 KB，1 GB = 2^{10} MB = 1024 MB。

例如，Intel 6264 芯片是 8 K×8 位的存储器芯片，即它有 8 K 个存储单元，每个单元可存储 8 位二进制数据，其存储容量为 8 KB。Intel 2114 芯片容量为 1 K×4 位的存储器芯片，它有 1 K(即 1024 个)个存储单元，每个单元可存储 4 位二进制数据，其存储容量为 1 K×4 位，即 4096 位。

存储速度由存取时间和存取周期表示。存取时间是指启动一次存储器操作(读或写)到完成所需的时间。存取周期则是指存储器连续进行两次独立存储器操作所需最小的时间间隔，通常存取周期大于存取时间，现代存储器芯片的存取周期可达几十纳秒。

存储器带宽是单位时间内存储器存取的信息量，与存取周期有关，单位为字/秒、字节/秒或位/秒。如存取周期为 50 ns，存储字长为 16 位，则它的存储器带宽为 320 Mb/s。

5.1.4　存储器的访问

存储器内部的存储单元空间位置用来存储二进制信息，由单元地址表示。存储单元内容的访问按地址进行，根据地址可读/写一个存储字或字节，不同的机器其存储字长度也不同，一般取字节的倍数。

不同机器的一个字由多个字节构成，其排列方式也不同，两种不同的字节编址方式为大端方式和小端方式，如图 5.6 所示。大端方式是把一个字中的最高地址的字节放在最低地址，即字地址是地址最高字节的地址；小端方式是把一个字中的最低地址的字节放在最低地址，即字地址是地址最低字节的地址。X86 系列的 PC 采用小端方式，即字地址是低地址字节的地址。

最高有效位字节　　　　　最低有效位字节　　　最高有效位字节　　　　　最低有效位字节

(a) 大端方式　　　　　　　　　　　(b) 小端方式

图 5.6　机器字中字节的两种排列方式

5.2　存储系统的设计

如何用存储器芯片构成存储系统，以及存储系统如何与 CPU 进行连接，是存储系统设计的主要内容。这需要解决存储系统的容量、字长及地址译码、总线连接等问题。

5.2.1　常用的存储器芯片

这里介绍常用的 SRAM 芯片、DRAM 芯片和 EPROM 芯片、EEPROM 芯片，以及各种存储器芯片的容量及外部引脚。

1．SRAM 芯片

SRAM 芯片有不同的规格，常用的 SRAM 芯片有 Intel 2114(1K×4 位)、4118(1K×8 位)、6116(2K×8 位)、6264(8K×8 位)等。

6264 芯片引脚图如图 5.7(a)所示。6264 是 8K×8 位的存储器，即它有 8K 个存储单元，每个存储单元的位数为 8 位，满足实际内存单元字长的要求，一般不需要进行位扩展。6264 芯片共有 28 个引脚，可分为地址、数据和控制引脚。

$A_0 \sim A_{12}$——地址线，共 13 根。一个存储芯片上地址线的多少决定了该芯片有多少个存储单元，13 根地址信号线上的地址信号编码最多有 2^{13} 种组合，可产生 8192(8K)个地址编码。芯片的 13 根地址线上的信号经过芯片的内部译码，可以决定选中 8K 个存储单元中的哪一个。与系统连接时，这 13 根地址线通常接到系统地址总线的低 13 位上，以便 CPU 能够寻址芯片上的各个单元。

$D_0 \sim D_7$——双向数据输入/输出线，共 8 根。对 SRAM 芯片来讲，数据线的根数决定了芯片上每个存储单元的二进制位数，8 根数据线说明 6264 芯片每个存储单元可存储 8 位二进制数。使用时，这 8 根数据线与系统的数据总线相连。但 CPU 对某个存储单元进行读/写操作时，读出和写入的数据都是通过这 8 根数据线进行传送的。

$\overline{OE}$、$\overline{WE}$、$\overline{CS_1}$ 和 CS_2 为控制线。

$\overline{OE}$——输出允许信号。该引脚为低电平时，CPU 才能从芯片中读出数据。

$\overline{WE}$——写允许信号。该引脚为低电平时，允许数据写入芯片。

$\overline{CS_1}$、$\overline{CS_2}$——片选信号。仅当 $\overline{CS_1} = 0$，$\overline{CS_2} = 1$ 时芯片被选中，CPU 才能对此芯片进行读/写操作。此片选信号由高位地址信号和控制信号的译码产生。8086/8088 CPU 有 20 根地址线，这里的高位地址即 $A_{13} \sim A_{19}$。

2114 芯片引脚图如图 5.7(b)所示。2114 是 1K×4 位的存储器，它有 1K 个存储单元，每个单元存储 4 位二进制数据。而计算机中内存一般是按照字节来组织的，为了满足位数(即字长)的要求，使用中需要进行位扩展。该芯片有 18 个引脚，V_{CC}、GND 为电源线，$A_0 \sim A_9$ 为地址线，$I/O_1 \sim I/O_4$ 为双向数据输入/输出线，$\overline{CS}$ 为片选信号，$\overline{WE}$ 为写允许信号。

图 5.7　6264 芯片和 2114 芯片引脚图

2．DRAM 芯片

常用的 DRAM 芯片有 64K×1 位、64K×4 位、1M×1 位、1M×4 位等。典型的 Intel 2164A(64K×1 位)有 16 个引脚，如图 5.8 所示。

图 5.8　2164A 芯片引脚图

$A_7 \sim A_0$——地址线。在 DRAM 芯片构造上，芯片地址线是复用的。在芯片内部，各存储单元是按照矩阵结构排列的，因此，虽然 2164A 的容量为 64K 个单元，但它并不像对应的 SRAM 芯片那样有 16 根地址线，而是这个数量的一半，即 8 根地址线。

每个存储单元只有 1 位，D_{IN} 为数据输入线，D_{OUT} 为数据输出线，

$\overline{RAS}$——行地址锁存信号，输入，低电平有效。该信号将行地址锁存在芯片内部的行地址锁存器中。

$\overline{CAS}$——列地址锁存信号，输入，低电平有效。该信号将列地址锁存在芯片内部的列地址锁存器中。

由于 2164A 每个存储单元只有 1 位，若要构成 64KB(64K×8b) 的 DRAM 存储器，需要 8 片 2164A。要实现 64KB 的 DRAM 寻址，需要 16 条地址线，而芯片本身只有 $A_7 \sim A_0$ 这 8 条地址线，因此，该芯片采用行地址线和列地址线分时工作的方式。其工作原理是利用内部地址锁存器和地址多路开关(如 74LS158 是二选一的地址多路开关)，先由行地址锁存信号 $\overline{RAS}$，把 8 位地址信号 $A_7 \sim A_0$ 送到行地址锁存器锁存，随后出现的列地址锁存信号 $\overline{CAS}$ 把后送来的 8 位地址信号 $A_7 \sim A_0$ 送到列地址锁存器锁存。两次送到芯片上去的地址分别称为行地址和列地址。在芯片内部，各存储单元是按照矩阵结构排列的，行地址信号通过片内译码选择一行，列地址信号通过片内译码选择一列，这样就决定了选中的单元。可以简单地认为该芯片有 256 行和 256 列，共同决定 64K 个单元。

3. EPROM 芯片

典型的 EPROM 芯片以 Intel 公司的 27 系列为代表，如 2716(2K×8 位)、2732(4K×8 位)、2764(8K×8 位)、27128(16K×8 位)、27256(32K×8 位)、27512(64K×8 位)等。2764 和 27128 增加了一个编程控制端 $\overline{PGM}$。这些芯片大多采用 NMOS 工艺制造，部分芯片引脚图如图 5.9 所示。

图 5.9　常用的 EPROM 芯片引脚图

若采用 CMOS 工艺，功耗会比 NMOS 小得多。一般会在名称前加上一个 C，表示工艺为 CMOS，例如高集成度大容量的 EPROM 有 27C28(16KB)、27C256(32KB)、27C512(64KB)、27C010(128KB)、27C020(256KB)、27C040(512KB)等。

4. EEPROM 芯片

EEPROM(E^2PROM) 是一种可用电气方法在线擦除和再编程的只读存储器。它具有 RAM 在联机操作中可读可写的特性，只是写操作需要较长的时间；又具有非易失性存储器 ROM 的优点，在掉电后仍然能保存所存储的数据。

常用的 EEPROM 芯片有 2816(2K×8 位)、2817(2K×8 位)、2816A(2K×8 位)、2817A (2K×8 位)、2864A(8K×8 位)、2864B(8K×8 位)等。2816A、2817A 是 2816、2817 的改进型。2816、2816A 与 2716 的引脚兼容。2864A、2864B 的引脚排列相同，除了 1 脚不连接 NC、27 脚为写允许外，其他与 2764 引脚相同。采用 CMOS 工艺的 EEPROM 芯片有 28C17(2K×

8 位)、28C64(8K×8 位)、28C256(32K×8 位)、X28C512(64K×8 位)、28C010(128K×8 位)、28C020(256K×8 位)、28C040(512K×8 位)等。

部分芯片引脚图如图 5.10 所示。

图 5.10　常用的 EEPROM 芯片引脚图

5.2.2　存储器的扩展

存储器芯片的容量往往是有限的，在实际使用时，需要对若干个存储器芯片进行扩展，构成一个满足需要的存储系统，这包括字长和容量方面的扩展。因此存储器的扩展需要在位扩展和字扩展两个方面进行。

1．位扩展

位扩展即增加存储字长，例如用 2 片 1K×4 位的芯片 2114 构成一个 1K×8 位的存储器，需要 2 片 1K×4 位的芯片并接扩展成 8 位字长，分别提供高 4 位数据和低 4 位数据，如图 5.11 所示。

图 5.11　2 片 2114 芯片通过位扩展构成 1K×8 位的存储器

同样道理，如果用 16K×1 位的芯片构成 16K×8 位的存储器，则需要 8 片 16K×1 位的芯片构成，如图 5.12 所示。

图 5.12　8 片 16K×1 位芯片通过位扩展构成 8 位的存储器

2．字扩展

字扩展即增加存储器字的数量，比如用 2 片 1K×8 位的芯片构成一个 2K×8 位的存储器，如图 5.13 所示。

图 5.13　2 片 1K×8 位的芯片通过字扩展构成 2K×8 位的存储器

3．位、字扩展

位、字扩展即在存储字长和存储器字的数量两个方面都进行扩展，如用 8 片 1K×4 位的芯片构成一个 4K×8 位的存储器，如图 5.14 所示。

图 5.14　8 片 1K×4 位的芯片构成一个 4K×8 位的存储器

5.2.3　存储器与 CPU 连接

由若干个存储器芯片构成的存储器系统与 CPU 连接，CPU 按地址访问存储器，读/写其中的数据。存储器与 CPU 的连接需要考虑芯片间的地址关系和 CPU 的地址线、数据线以及控制线的连接。

地址线的连接条数与芯片容量有关，一般是低位地址线连接芯片，作为芯片内部存储单元的寻址，高位地址线经过译码器译码用作存储器芯片的片选信号；数据线的连接主要考虑数据线的条数、数据传送的方向，对于 RAM 一般是双向数据传送，而 ROM 的数据方向是读出的，并且连接相应的数据位；控制信号线的连接比较复杂，除了读/写信号根据控制要求连接外，最主要的是需要正确连接存储器芯片的片选信号和译码器的输出信号，必要时需要译码信号与地址信号通过门电路形成合理的片选等，也是设计的难点。

1.　地址译码及译码方式

在存储器技术中，地址译码就是将高位地址信号通过一组电路(译码器)转换为一个确定的输出信号(通常为低电平)，并将其连接到存储器芯片的片选端，使该芯片被选中，从而使系统能够对该芯片上的单元进行读/写操作。

8086/8088 CPU 能够寻址的内存空间为 1 MB，共有 20 根地址线。若某存储器芯片有 i 条地址线 $A_{i-1} \sim A_0$，则 CPU 的 $A_{19} \sim A_i$ 就是所谓的高位地址信号，经过译码电路，用于确定芯片的地址范围。CPU 的 $A_{i-1} \sim A_0$ 低位地址信号连接存储芯片的 $A_{i-1} \sim A_0$，用于片内寻址。

存储器的地址译码方式有三种：

(1) 全地址译码方式：系统中全部的高位地址线作为译码器的输入，低位地址线接存储器芯片的地址输入线，从而使得存储器芯片上的每一个单元在内存空间中对应一个唯一的地址。在全地址译码方式中，译码电路的构成不是唯一的，可以利用基本逻辑门电路("与"、"或"、"非"门等)，也可以利用译码器芯片构成(如 74LS138 译码器)。

(2) 部分地址译码方式：用系统中的高位地址信号的一部分(而不是全部)作为片选译码信号。未参与译码的高位地址中的每一位可以为 1 也可以为 0，都不影响译码器的输出。

因此采用部分地址译码方式,虽然可以简化译码电路,但每个存储单元将对应多个地址,出现地址重复现象,会造成系统地址空间资源的部分浪费。因此在系统存储容量要求不大的情况下可以采用该译码方式。

(3) 线选法:选用高位地址线中的某一根,来单独选中某个存储器芯片。线选法的优点是结构简单,不需要复杂的逻辑电路;缺点是地址空间浪费大,由于部分地址线未参与译码,必然会出现地址重叠,而且,当通过线选的芯片增多时,还有可能出现可用地址空间不连续的情况。

后两种方式,适用于微机系统存储容量要求不大的场合。在实际使用中,采用哪种译码方式,应根据具体情况来确定。如果地址资源很富裕,可以采用后两种译码方式,如果要充分利用地址资源,则应采用全地址译码方式。

图 5.15 所示的是一片 SRAM 6264 与 8086/8088 系统的连接图。图中,用一个与非门和一个或非门实现地址的译码。用系统地址总线的低 13 位地址信号 $A_0 \sim A_{12}$ 接到 SRAM 6264 芯片的 $A_0 \sim A_{12}$ 端,用地址总线的高 7 位地址信号 $A_{13} \sim A_{19}$ 作为地址译码器的输入,所以这是一个全地址译码方式的连接,可以看成 $A_{19} \sim A_{13}$ 为 0001111 时,译码器输出低电平,使 SRAM 6264 芯片的片选端 $\overline{CS_1}$ 有效。该 6264 芯片的地址范围为 1E000H~1FFFFH(低 13 位地址可以是从全 0 到全 1 之间的任何一个值)。

图 5.15 SRAM 6264 全地址译码连接图

图 5.15 中,若 A_{16} 和与非门断开,即 A_{16} 不参与译码,此时的译码方式属于部分地址译码方式,则 $A_{19} \sim A_{13}$ 为 0001111 或 0000111 时,译码器输出均为低电平,均使 SRAM 6264 芯片的片选端 $\overline{CS_1}$ 有效,这时 6264 芯片的地址范围为 1E000H~1FFFFH 或 0E000H~0FFFFH。此时,6264 芯片每个存储单元都对应 2 个地址。

2. 存储器与 CPU 连接举例

存储系统设计需要根据提供的芯片合理选择,在容量满足的前提下,尽量使芯片数量少,以减小连线和设计的复杂性。对于位扩展的芯片,其地址线、控制线连接相同,数据线分别连接相应的数据位信号;对于字扩展的芯片,其数据线、控制线连接相同,地址线根据芯片内部需要连接相应地址位,并且用高位地址经过译码等操作后,作为芯片间的选择信号,即片选信号。下面举例说明存储器与 CPU 的连接。

【例 5.1】设 CPU 共有 16 条地址线,8 条数据线,并用 CPU 的存储器选通信号 $\overline{MREQ}$ 作访存控制信号,用 $R/\overline{W}$ 作读/写控制信号,现有存储器芯片 RAM(1K×8 位、2K×4 位、4K×8 位)和 ROM(2K×8 位、4K×8 位),以及 74LS138 译码器,如图 5.16 所示,结合自定的各种门电路,画出 CPU 与存储器的连接图。要求:

(1) 最大 4K 地址空间为系统程序区,与其相邻 2K 地址空间为用户程序区。

(2) 合理选用上述存储器芯片,说明各选几片,并写出每片存储器芯片的地址范围。

(3) 详细画出存储器芯片的片选逻辑。

图 5.16　芯片与信号

解　(1) 地址空间分析如下：

ROM 的 4K 空间对应的地址为

A_{15} ···	A_{11} ···	A_7 ···	A_0
1111	1111	1111	1111
···			
1111	0000	0000	0000

RAM 的 2K 空间对应的地址为

A_{15} ···	A_{11} ···	A_7 ···	A_0
1110	1111	1111	1111
···			
1110	1000	0000	0000

(2) 选择两片 2K×8 位的 ROM 芯片，两片 2K×4 位的 RAM 芯片。

ROM 芯片 1 地址为

1111	1111	1111	1111
···			
1111	1000	0000	0000

ROM 芯片 2 地址为

1111	0111	1111	1111
···			
1111	0000	0000	0000

RAM 芯片 1、2 地址(位扩展)为

1110	1111	1111	1111
···			
1110	1000	0000	0000

(3) CPU 与存储器连接图如图 5.17 所示。

图 5.17　例 5.1 的 CPU 与存储器连接图

【例 5.2】设 CPU 共有 16 条地址线，8 条数据线，并用 $\overline{MREQ}$ 作为访存控制信号，$R/\overline{W}$ 作为读/写命令。现有存储器芯片 ROM(2K×8 位、4K×4 位、8K×8 位)和 RAM(1K×4 位、2K×8 位、4K×8 位)以及 74LS138 译码器和其他门电路(自选)。要求：

(1) 最小 4K 地址为系统程序区，4096～16383 地址范围为用户程序区。

(2) 指出选用的存储器芯片类型和数量。

(3) 详细画出片选逻辑和 CPU 与存储器系统连接图。

解　系统程序区在最小 4K 地址，可用 ROM 存放，选择字扩展和位扩展都是 2 个芯片。这里我们用位扩展方式，选择 2 片 4K×4 位的 ROM 芯片。其地址空间为

A_{15}···　　A_{11}···　　A_7···　　A_0

0000　　　0000　　　0000　　　0000

···

0000　　　1111　　　1111　　　1111

用户程序区用 RAM，地址范围为 4096～16383，即紧邻 ROM 地址的 12K 地址空间，选择 3 片 4K×8 位的 RAM，每片地址范围为

A_{15}···　　A_{11}···　　A_7···　　A_0

0001　　　0000　　　0000　　　0000

```
...
0001        1111        1111        1111
0010        0000        0000        0000
...
0010        1111        1111        1111
0011        0000        0000        0000
...
0011        1111        1111        1111
```

综合分析 ROM 和 RAM 的每组芯片空间，其片内空间都是 4K，用低 12 位地址 $A_{11}\sim$ A_0 作为片内寻址。每个芯片的 $A_{14}\sim A_{12}$ 三位地址分别为 000、001、010、011，采用 74LS138 译码器，这三位地址作为输入，译码输出的 $\overline{Y_0}$、$\overline{Y_1}$、$\overline{Y_2}$、$\overline{Y_3}$ 作为其片选信号。而 A_{15} 和 $\overline{\text{MREQ}}$ 作为 74LS138 译码器的使能控制信号，连接相应的 R/$\overline{\text{W}}$ 到芯片。其连接图如图 5.18 所示。

图 5.18　例 5.2 的 CPU 与存储器连接图

5.3　微机的存储系统组织

微机的 8086/8088 CPU 采用 20 位地址寻址，寻址空间可达 1 MB。后来推出的 80286、80386、80486 和 Pentium 系列机的内存逐渐扩大，从 16 MB 到 4 GB 和 64 GB。为了保持向上兼容，内存配置和结构形成了一定的规则。以 80486 为例，其内存配置如表 5.1 所示。

8086/8088 CPU 的 20 条地址线访问范围为 1 MB 空间，是用户编程常访问的区域。DOS 编程管理局限在 640 KB 内存空间；对于 1 MB 以上的存储器是扩展内存区域，用符合扩展内存管理规范的程序使用这些区域。Windows 突破了 DOS 的主存局限，实施对用户透明的内存管理，采用虚拟内存策略，用户编程和程序运行不受物理内存的限制。

表 5.1　80486 的内存配置

内存区域	地址范围	配 置 功 能
主存储区 (640 KB)	000000～07FFFF	系统板的 512 KB 基本存储区
	080000～09FFFF	系统板的 128 KB I/O 通道存储区
保留内存区 (384 KB)	0A0000～0BFFFF	128 KB 的显存
	0C0000～0DFFFF	128 KB I/O 扩展 ROM
	0E0000～0EFFFF	系统板保留的 64 KB
	0F0000～0FFFFF	64 KB 系统板 ROM
扩展(扩充)内存区 (XMS(EMS))	100000～10FFFF	64 KB 高位内存区 HMA
	110000～F5FFFF	14.32 MB I/O 通道扩充区
	F60000～FDFFFF	512 KB I/O 通道扩充区
	FE0000～FEFFFF	系统板保留的 64 KB
	FF0000～FFFFF	64 KB 系统板 ROM
	01000000～FFFFFFFF	

对于 16 位数据总线的 CPU 的存储器连接与存取，要求能够对任何 16 位和 8 位存储单元访问。8086/8088 为了满足一次能够访问一个字又能访问一个字节的需要，把 1 MB 的存储空间用 2 个 512 K 的存储体实现，即偶体和奇体。偶体连接数据总线的低 8 位 $D_7 \sim D_0$，奇体连接数据总线的高 8 位 $D_{15} \sim D_8$，用 $A_{19} \sim A_1$ 作为 2 个存储体的内部寻址，连接 $A_{18} \sim A_0$，最低位地址 A_0 和 8086 的"总线高允许"信号 $\overline{BHE}$ 用于选择偶体和奇体。其连接图如图 5.19 所示。A_0 和 $\overline{BHE}$ 的不同组合用于选择存储体，如表 5.2 所示。

图 5.19　8086 系统存储器的存储分体连接图

表 5.2　A_0 和 $\overline{BHE}$ 的不同组合对存储体的选择

A_0	$\overline{BHE}$	传送的字节
0	0	2 个字节
0	1	偶地址的 1 个字节
1	0	奇地址的 1 个字节
1	1	不访问

【例 5.3】设 CPU 共有 20 条地址线，16 条数据线，并用 $\overline{\text{MREQ}}$ 作为访存控制信号，R/$\overline{\text{W}}$ 作为读/写命令信号。CPU 通过 A0 和 $\overline{\text{BHE}}$ 控制按字节或字访存(如表 5.2 所示)。现有存储器芯片 ROM(64K×8 位、32K×8 位、32K×16 位)和 RAM(64K×8 位、32K×8 位、32K×16 位)以及 74LS138 译码器和其他门电路(自选)。请回答：

(1) CPU 按字节和字访问存储器的地址范围各是多少？

(2) CPU 按字节访问时，分偶体和奇体，且最大 64 KB 为系统程序区，与其相邻的 64 KB 为用户程序区。请写出每个存储芯片的二进制地址。

(3) 详细画出片选逻辑和 CPU 与上述地址范围存储器系统的连接图。

解　(1) 20 位地址线，按字节寻址的地址范围是 0～1 MB，按字访问的范围是 0～512 KB。

(2) 为满足按字和按字节两种访问方式，选用 8 位的芯片，又有区分偶体和奇体的需要，所以选择 2 片 32K×8 位的芯片分别构成系统程序区和用户程序区。它们对应的二进制地址如下：

$A_{19}\cdots$	$A_{15}\cdots$	$A_{11}\cdots$	$A_{7}\cdots$	A_0	
1111	1111	1111	1111	1111	; 64K×8 位的 ROM 区
...					
1111	0000	0000	0000	0000	; 2 片 32K×8 位分别提供偶体和奇体

$A_{19}\cdots$	$A_{15}\cdots$	$A_{11}\cdots$	$A_{7}\cdots$	A_0	
1110	1111	1111	1111	1111	; 64K×8 位的 RAM 区
...					
1110	0000	0000	0000	0000	; 2 片 32K×8 位分别提供偶体和奇体

(3) 片选逻辑是设计的重点和难点。每个存储体的访问选择靠 A_{16}、$\overline{\text{BHE}}$ 和 A_0，它们作为 74LS138 译码器的输入，组合输出信号形成各个芯片的片选逻辑。其情况如表 5.3 所示。

表 5.3　A_{16}、$\overline{\text{BHE}}$ 和 A_0 的译码输出

A_{16}	$\overline{\text{BHE}}$	A_0	译码输出	访问芯片
0	0	0	$\overline{Y_0}$	RAM 偶、奇体
0	0	1	$\overline{Y_1}$	RAM 奇体
0	1	0	$\overline{Y_2}$	RAM 偶体
0	1	1	$\overline{Y_3}$	不访问
1	0	0	$\overline{Y_4}$	ROM 偶、奇体
1	0	1	$\overline{Y_5}$	ROM 奇体
1	1	0	$\overline{Y_6}$	ROM 偶体
1	1	1	$\overline{Y_7}$	不访问

表中的 $\overline{Y_0}$、$\overline{Y_1}$、$\overline{Y_2}$ 是对 RAM 访问的片选信号，$\overline{Y_0}$ 与 $\overline{Y_1}$、$\overline{Y_0}$ 与 $\overline{Y_2}$ 相或的结果分别作为 RAM 奇体和偶体芯片的片选信号，$\overline{Y_4}$、$\overline{Y_5}$、$\overline{Y_5}$ 是对 ROM 访问的片选信号，$\overline{Y_4}$ 与 $\overline{Y_5}$、$\overline{Y_4}$ 与 $\overline{Y_6}$ 相或的结果分别作为 ROM 奇体和偶体芯片的片选信号，并用 $\overline{\text{MREQ}}$(即 IO/$\overline{\text{M}}$)、A_{17}、A_{18}、A_{19} 作为 74LS138 译码器的使能控制信号，R/$\overline{\text{W}}$ 作为芯片的读/写控制信号。连接图如图 5.20 所示。

图 5.20 例 5.3 的 CPU 与存储器芯片的连接图

习 题 五

1．试描述计算机的层次结构及其作用。

2．简述存储器的类型与特点。

3．用下列的 RAM 组成存储器，各需要多少个 RAM 芯片，多少条地址线用于片内寻址，多少条用于片选译码？

(1) 1 K×4 位 RAM 组成 16 K×8 位存储器。

(2) 8 K×8 位 RAM 组成 64 K×8 位存储器。

4．某微机的寻址范围为 64 KB，接有 8 片 8 KB 的存储器芯片，存储器芯片的片选信号为 CS(低电平有效)，要求：

(1) 画出选片译码逻辑电路(可选用 74LS138 译码器)。

(2) 写出每片 RAM 的地址范围。

(3) 如果运行时发现不论往哪片 RAM 存放 8K 数据，以 4000H 为起始地址的存储器芯片都有与之相同的数据，分析故障原因。

(4) 若出现译码中的地址 A_{13} 与 CPU 断线，并搭接到低电平上的故障，后果如何？

5．试说明 16 位机、32 位机的分体存储体的字节、半字和字的访问规律。

6．8086 CPU 执行的一个 4 字节指令"MOV [2001H]，AX"存放在"2000H：0300H"处，该指令从取指到执行完毕最少需要多少时间？假设 CPU 时钟频率为 10 MHz。

7．某 8 位机采用单总线结构，地址总线为 16 条，并用 $\overline{MREQ}$ 作为访存控制信号，R/$\overline{W}$

作为读/写命令信号。主存地址分配如下：0～8191 为系统程序区，8192～32767 为用户程序区，最大地址的 2 KB 为系统程序工作区，按字节编址。利用现有芯片 ROM(8K×8 位、8K×4 位、32K×16 位)和 RAM(16K×1 位、2K×8 位、4K×8 位、8K×8 位)以及 74LS138 译码器和其他门电路(自选)，请回答：

(1) CPU 访问的各个存储器区域的地址范围分别是多少？

(2) 选用哪些芯片构成存储器比较合理？

(3) 详细画出片选逻辑和 CPU 与上述地址范围存储器系统的连接图。

8. 微机的存储系统是如何组织的，地址空间是如何配置的？

第 6 章 输入/输出接口系统

【教学提示】

本章从整体上认识输入/输出接口系统和一些技术细节，重点介绍微机的输入/输出接口的构成、定义和功能，接口涉及的一般技术，数据传送的几种方式以及接口的分析与设计等内容，为具体接口的学习建立初步概念。

【教学目标】

- 了解微机的输入/输出系统的整体情况；
- 初步认识接口的结构、功能；
- 掌握接口的编址、译码和连接技术；
- 理解数据传送的各种方式；
- 建立接口系统性的分析与设计方法。

微型计算机的输入/输出是通过外围设备和接口系统同外界进行数据交换的。微机的主机系统通过输入/输出系统实现与人和外部世界的信息交换，完成人们所希望的各种操作功能以及数据的输入和输出。因此，输入/输出系统在微型计算机系统中具有非常重要的作用，但同时由于外部设备的多样性，它们输入/输出的信号形式、电平、功率、速率等有很大差别。因此，应合理运用输入/输出系统和特定技术方法，以保证微机系统能够高效、可靠地完成数据的输入和输出工作。

本章主要介绍有关输入/输出系统、技术、I/O 接口的概念、组成、功能以及 I/O 接口的编址、译码与数据的传送方式。

6.1 输入/输出系统概述

在微机系统中，常用的输入/输出等外围设备有键盘、鼠标器、硬盘、软驱、光驱、打印机、显示器、调制解调器、数/模转换器、模/数转换器、扫描仪以及一些专用设备。而把各种外围设备同微机连接起来实现数据传送的控制电路称为"输入/输出接口电路"，简称"I/O 接口"。

6.1.1 输入/输出系统的构成

输入输出系统包括 I/O 接口和连接的外围设备。输入/输出系统通过一定的技术实现信息在主机与外围设备间的交换。其构成如图 6.1 所示。现代计算机一般通过总线把主机与输入/输出系统连接起来，接口电路插入总线插槽，为外围设备提供相应的连线和信号。

图 6.1　输入/输出系统的构成

6.1.2　I/O 设备

外部设备是微机系统的重要组成部分，是外界信息的来源和出口。I/O 设备统称为外部设备，类型繁多，其重要的性能指标包括设备使用特性、数据传输速率、数据的传输单位、设备共享属性等，可从不同角度对它们进行分类。

1. 按设备的使用特性分类

按设备的使用特性，可将外部设备分为两类。第一类是存储设备，也称外存或后备存储器、辅助存储器，是计算机系统用以存储信息的主要设备。该类设备存取速度较内存慢，但容量比内存大得多，价格相对也便宜。第二类就是输入/输出设备，又具体可分为输入设备、输出设备和交互式设备。输入设备用来接收外部信息，如键盘、鼠标、扫描仪、视频摄像机及各类传感器等。输出设备是用于将计算机加工处理后的信息送向外部的设备，如打印机、绘图仪、显示器、数字视频显示设备、音响输出设备等。交互式设备则是集成上述两类设备，利用输入设备接收用户命令信息，并通过输出设备(主要是显示器)同步显示用户命令以及命令执行的结果。

2. 按传输速率分类

按传输速率的高低，可将 I/O 设备分为三类。第一类是低速设备，这是指其传输速率仅为每秒钟几个字节至数百个字节的一类设备。属于低速设备的典型设备有键盘、鼠标、语音的输入和输出设备等。第二类是中速设备，这是指其传输速率在每秒钟数千个字节至数十万个字节的一类设备。典型的中速设备有行式打印机、激光打印机等。第三类是高速设备，这是指其传输速率在数百个千字节至千兆字节的一类设备。典型的高速设备有磁带机、磁盘机、光盘机等。

3. 按信息交换的单位分类

按信息交换的单位，可将 I/O 设备分成两类。第一类是块设备(Block Device)，这类设备用于存储信息。由于信息的存取总是以数据块为单位的，故而得名。它属于有结构设备。典型的块设备是磁盘，每个盘块的大小为 512 B～4 KB。磁盘设备的基本特征是其传输速率较高，通常每秒钟为几兆位；其另一特征是可寻址，即对它可随机地读/写任一块。此外，磁盘设备的 I/O 常采用 DMA 方式。第二类是字符设备(Character Device)，用于数据的输入和输出。其基本单位是字符，故称为字符设备，它属于无结构设备。字符设备的种类繁多，如交互式终端、打印机等。字符设备的基本特征是其传输速率较低，通常为几个字节至数千字节，其特征是不可寻址，即输入/输出时不能指定数据的输入源地址及输出的目标地址。此外，字符设备在输入/输出时，常采用中断驱动方式。

4. 按设备的共享属性分类

这种分类方式将 I/O 设备分为三类。第一类是独占设备。它是指在一段时间内只允许一个用户(进程)访问的设备，即临界资源。因而，对多个并发进程而言，应互斥地访问这类设备。系统一旦把这类设备分配给了某进程，便由该进程独占，直至用完释放。应当注意，独占设备的分配有可能引起进程死锁。第二类是共享设备。它是指在一段时间内允许多个进程同时访问的设备。当然，对于每一时刻而言，该类设备仍然只允许一个进程访问。显然，共享设备必须是可寻址的和可随机访问的设备。典型的共享设备是磁盘。对共享设备不仅可获得良好的设备利用率，而且它也是实现文件系统和数据库系统的物质基础。第三类是虚拟设备。它是指通过虚拟技术将一台独占设备变换为若干台逻辑设备，供若干个用户(进程)同时使用。

6.1.3 I/O 接口的定义和功能

I/O 接口是连接主机系统和外围设备的一种电路。I/O 接口一边是面向计算机系统，另一边是面向外部设备或其他系统。一个完整的 I/O 接口不仅包含一些硬件电路，还包含相应的软件驱动程序。这些软件有些放在接口的 ROM 中，有些放在主机板的 ROM 中，也有些放在磁盘上，需要时才装入内存。在 PC 中，这些软件称为基本 I/O 系统，即 BIOS。应用程序可以通过调用 BIOS 来操作 I/O 接口，形成接口硬件、驱动程序、应用程序三层结构，保持每个层次的相对独立，避免由应用程序直接控制硬件，提高底层通用性和高层的可移植与灵活性。这样，I/O 接口通过 BIOS 程序可以提供一个易于标准化的软件接口。

一般说来，I/O 设备的工作速度要比 CPU 慢很多，而且由于种类的不同，它们之间的速度差异也很大。I/O 设备都有自己的定时控制电路，以自己的速度传输数据，无法与 CPU 的时序取得一致，而且不同 I/O 设备采用的信号类型不同，有些是数字信号，有些是模拟信号。如何把各种要求的外围设备与微机进行连接，就需要 I/O 接口电路来解决 CPU 与 I/O 设备进行信息数据交换时存在的诸如速度不匹配、时序不匹配、信息格式不匹配等等问题。

通常接口有以下一些功能：

(1) 设置数据的寄存或缓冲逻辑，以适应 CPU 与外设之间的速度差异。接口通常由一些寄存器或 RAM 芯片组成，如果芯片足够大，还可以实现批量数据的传输。

(2) 能够进行信息格式的转换，例如串行和并行的转换。

(3) 能够协调 CPU 和外设两者在信息的类型和电平方面的差异，如电平转换电路、数/模或模/数转换器等。

(4) 协调时序差异。

(5) 地址译码和设备选择功能。

(6) 设置中断和 DMA 控制逻辑,以保证在中断和 DMA 允许的情况下产生中断和 DMA 请求信号,并在接收到中断和 DMA 应答之后完成中断处理和 DMA 传输。

(7) 可编程功能,可编程的接口芯片在不改变硬件的情况下,只需修改程序就可以改变接口的工作方式,大大增加了接口的灵活性和可扩充性,使接口具有替代 CPU 的控制功能,形成智能化接口。

(8) 负载匹配功能可使微机系统在控制的对象需要较大功率时,接口能够使其与之匹配,实现对设备的电气驱动。

6.1.4 I/O 接口的组成

微机的 I/O 接口系统在功能实现上既需要硬件电路的构成和连接,也需要软件的设置、驱动以及数据传输的控制,所以 I/O 接口实际上应该包括接口硬件和接口软件两个层次。

1. 接口硬件

接口硬件电路一般由核心的接口芯片加上辅助的逻辑电路构成。逻辑电路提供数据的缓冲、地址的译码、控制信号的连接等基本工作。接口芯片提供传输功能,一般具有若干个可编程的寄存器,寄存器完成芯片的控制、数据的输入/输出、工作状态等信息的存储,并具有访问地址,可通过地址访问的这些寄存器编程实现程序员的访问,通常叫做"端口"。整个接口可抽象化为程序员可见的数据端口、控制端口、状态端口等,如图 6.2 所示。

图 6.2　接口的组成框图

2. 接口软件

接口软件是为完成处理器与外设之间输入/输出操作而编写的驱动程序。一个完整的接口软件应该包含初始化程序段、传送控制程序段、主控程序段、错误处理与退出程序段以及辅助程序段等,分别用于对可编程接口芯片工作方式的设置、数据传送过程的控制、基本环境的设置、错误处理、人机交互等。

6.2　I/O 接口技术

使用接口进行数据传输操作,需要解决端口的地址分配和译码等技术问题。每一个 I/O 接口电路中都包含一组寄存器,主机和外设进行数据传送时,各类信息(数据信息、控制信息和状态信息)写入不同的寄存器。为便于 CPU 的访问,每一个 I/O 端口都分配相应的地址,称为 I/O 端口地址。在一个接口电路中一般含多个 I/O 端口,其中用来接收 CPU 的数据或将外设数据送往 CPU 的端口称为数据端口；用来接收 CPU 发出的各种命令以控制接口和外设操作的端口称为控制端口；用来接收反映外设或接口本身工作状态的端口称为状态端口。CPU 对外部设备的输入、输出操作实际上是通过接口电路中的 I/O 端口实现的，即输入、输出操作归结为对相应 I/O 端口的读/写操作。

I/O 端口是逻辑上的划分，物理上与实际的寄存器联系起来，并通过不同的操作指令区分不同的功能。如一个具有双向工作(既可输入又可输出)的接口电路，通常有四个端口，即数据输入端口、数据输出端口、控制端口和状态端口。其中数据输出端口和控制端口是只写的，而数据输入端口和状态端口是只读的。实际接口电路芯片中，系统为了节省地址空间，往往将数据输入、输出端口赋予同一端口地址，这样，当 CPU 利用该端口地址进行读操作时，实际是从数据输入端口读取数据，而当进行写操作时，实际是向数据输出端口写入数据。同样，状态端口和控制端口也可赋予同一端口地址，根据读/写的操作方向不同予以区分。

6.2.1　I/O 端口的编址技术

像对内存储空间划分地址一样，微机系统给每个端口分配相应的端口地址。通常，系统对 I/O 端口的地址分配有两种编址方式，即统一编址和独立编址。

1. 统一编址方式

这种编址方式不区分存储器地址空间和 I/O 接口地址空间，把所有的 I/O 接口的端口都当做存储器的一个单元对待。每个接口芯片都安排一个或几个与存储器统一编号的地址号，也不设专门的输入/输出指令，所有传送和访问存储器的指令都可用来对 I/O 接口操作。这种编址方式是把端口地址映像到存储空间，相当于把存储空间的一部分划做端口地址空间，所以这种编址方式也叫"存储器映像编址"，如图 6.3 所示。

图 6.3　存储器映像编址的地址空间

统一编制方式访问内存的所有指令都可用于 I/O 操作，数据处理功能强，同时 I/O 接口可与存储器部分共用译码和控制电路。但 I/O 接口地址要占用存储器地址空间的一部分，而且没有专门的 I/O 指令，程序中较难区分 I/O 操作。

2. 独立编址方式

这种编址方式是将存储器地址空间和 I/O 接口地址空间分别进行地址的编排，使用时

用不同的操作指令予以区分，编程访问互不影响，
如图 6.4 所示。

图 6.4　独立编址方式的地址空间

8086/8088 微机采用独立编址方式，内存空间
地址是 0～1M 范围，端口地址空间单独设置。由
于 I/O 端口个数一般比存储单元少很多，访问端口
的地址线设为 A_0～A_9，可编址端口可达 1024 个，
对微机显得绰绰有余。访问 I/O 端口的地址线少，
译码简单，寻址速度很快，设有专门的输入指令(IN)
和输出指令(OUT)来完成 I/O 操作，使编程很清晰。

独立编址方式的主要优点是内存地址空间与
I/O 接口地址空间分开，互不影响，译码电路较简
单，并设有专门的 I/O 指令，编程容易区分，且执行速度快。其缺点是只用 I/O 指令访问
I/O 端口，功能有限且要采用专用 I/O 周期和专用 I/O 控制线，使微处理器复杂化。

8086/8808 微机采用独立编址方式，端口地址分为系统板和扩展板的地址。系统板上的
I/O 芯片如定时/计数器、中断控制器、DMA 控制器、并行接口等使用低地址空间的地址。
扩展板的地址对应 I/O 扩展槽上的接口控制电路，如软驱卡、硬驱卡、图形卡、声卡、打
印卡、串行通信卡等。

不同的微机系统对 I/O 端口地址的分配是不同的。PC 根据上述 I/O 接口的硬件分类，
把 I/O 空间分成两部分。虽然 PC 的 I/O 地址线可以用到 16 条，对应的 I/O 端口编址可达
64 K 个，各种数据宽度的 CPU 可以与 I/O 端口一次传送 32 位、16 位、8 位数据形式，并
分别按被 4 整除的偶地址、奇地址、偶地址/奇地址对准，但由于 IBM 公司当初设计微机
主板及规划接口卡时，其端口地址译码采用非完全译码方式，即只考虑了低 10 位地址线
A_0～A_9，故其 I/O 端口地址范围是 0000H～03FFH，总共只有 1024 个端口，并且把前 512
个端口分配给了主板接口电路，后 512 个端口分配给了扩展槽上的常规外设接口。后来在
PC/AT 系统中作了一些调整，其中前 256 个端口(000～0FFH)供系统板上的 I/O 接口芯片使用，
后 768 个端口(100～3FFH)供扩展槽上的 I/O 接口控制卡使用，如表 6.1 和表 6.2 所示。

表 6.1　系统板的端口地址分配

I/O 接口芯片名称	端口地址范围
DMA 控制器 1	000H～01FH
DMA 控制器 2	0C0H～0DFH
DMA 页面地址寄存器	080H～09FH
中断控制器 1	020H～03FH
中断控制器 2	0A0H～0BFH
定时器	040H～05FH
键盘接口(并行芯片)	060H～06FH
RT/COMS RAM	070H～07FH
协处理器	0F0H～0FFH

表 6.2 扩展板的端口地址分配

I/O 接口名称	端口地址范围
游戏控制卡	0200H～020FH
并行口控制卡 1	0370H～037FH
并行口控制卡 2	0270H～027FH
串行口控制卡 1	03F8H～03FFH
串行口控制卡 2	02F8H～02FFH
原型插件板(用户可用)	0300H～031FH
同步通信卡 1	03A0H～03AFH
同步通信卡 2	0380H～038FH
单显 MDA	03B0H～03BFH
彩显 CGA	03D0H～03DFH
彩显 EGA/VGA	03C0H～03CFH
硬驱控制卡	01F0H～01FFH
软驱控制卡	03F0H～03F7H
PC 网卡	0360H～036FH

为了避免端口地址发生冲突,用户设计的接口电路在选用 I/O 端口地址时须注意:① 凡是被系统配置所占用了的地址一律不能使用;② 未被占用的地址(计算机厂家申明保留的地址除外),用户可以使用;③ 一般,用户可使用 300～31FH 地址,为了避免与其他用户开发的插件板发生地址冲突,最好采用地址开关。

6.2.2 I/O 端口的寻址方式

PC 设置专用 I/O 指令访问端口,如指令 IN、OUT 完成对端口的读、写操作,指令还具有直接寻址、间接寻址两种寻址方式。直接寻址使用 1 个字节的立即数寻址,寻址范围为 00H～FFH,间接寻址使用 16 位间接寄存器 DX 给出端口的地址,16 位地址可寻址范围为 0000H～FFFFH。例如:

  IN AL,PORT ;从 8 位端口地址 PORT 直接输入数据到 AL

  OUT PORT,AL ;通过 8 位端口地址 PORT 直接把 AL 的数据输出

又如:

  MOV DX,xxxxH

  IN AL,DX ;从 16 位端口地址寄存器 DX 输入字节数据到 AL

  OUT DX,AL ;字节数据 AL 通过 16 位端口地址寄存器 DX 输出

对于数据宽度为 32 位、16 位的 CPU 还可以使用 EAX、AX 通用寄存器传送数据,但对于一般的 I/O 系统 8 位数据宽度基本可以满足需要,不必像处理器内部那样追求更宽数据宽度、更高处理能力。此外还有串输入/输出指令 INS、OUTS 等块 I/O 指令,可以实现存储器与 I/O 端口间的数据块传送。

6.2.3 I/O 端口地址的译码技术

微机上常用的 I/O 译码方法有门电路译码、通用译码器译码、比较器译码、开关选择

译码、GAL 译码等。

1. 门电路译码

门电路译码适用于仅需要一个端口地址的情况。例如，要产生端口 34EH 的译码信号 $\overline{CS}$，即地址线为 $A_9A_8A_7A_6A_5A_4A_3A_2A_1A_0 = 1101001110$ 且 $\overline{AEN}$ 为低时，则 $\overline{CS}$ 为低，对应的译码电路如图 6.5 所示。

2. 通用译码器译码

通用译码器译码适用于对多个端口地址的译码，目前常用的译码器有 74LS138、74LS139 和 74LS154 等。74LS138 译码器如图 6.6 所示，由于 $A_4 \sim A_0$ 没有参加译码，所以译码器每一位输出端均对应 32 个端口地址，即 Y_0 对应的端口地址为 00H~1FH，Y_1 对应的端口地址为 20H~3FH，Y_2 对应的端口地址为 40H~5FH，以此类推。

图 6.5　门电路译码电路　　　　　图 6.6　74LS138 通用译码器

3. 比较器译码

比较器译码电路如图 6.7 所示，它对 A 端输入和 B 端输入的状态进行比较，若 A 端和 B 端两输入端状态相等，则比较器输出有效。此方法只需改变比较器 A 端输入状态，就可以改变 I/O 接口的端口地址，该电路可产生 16 个端口地址。

图 6.7　比较器译码电路

4. 开关选择译码

在接口电路的端口地址灵活适应不同地址分配时，电路做好后，可通过开关选择或跳线等方式进行改变。DIP 开关有 ON 和 OFF 两种状态，可分别对应 0、1 两种情况，跳线也可以通过连接 0、1 分别作不同的地址使用，如图 6.8 所示。

5. GAL 译码

GAL(Generic Array Logic，通用阵列逻辑器件)是美国 LATTICE 公司推出的可编程逻辑器件 PLD，可设计成各种门电路，如触发器、寄存器、计数器、比较器、译码器、多路开关等，用于代替一些中小规模的集成电路芯片，能够简化设计、提高可靠性，同时，具有电可擦除、加密、降低功耗等优势，受到用户的青睐，在各种电路设计中得到了广泛的应用。GAL 是与-或阵列结构，其不同的组合构成不同功能的输入/输出逻辑，需要相应的开发工具——编程器和专门的汇编/编译程序及编程语言，如 ABEL 设计语言。

图 6.8　开关/跳线选择译码电路

6.2.4　接口电路与 CPU 的连接

接口电路的接口芯片一般是 8 位的，可以连接各种字长的 CPU，但 CPU 的哪 8 位数据线连接接口电路，直接影响设计。这里主要涉及的是 CPU 不同的 8 位字节，其地址不同。以 16 位的 8086 CPU 为例，其低字节的地址的最低位永远是 0，而高字节的地址的最低位永远是 1，即低字节的地址是偶地址，高字节的地址是奇地址，如表 6.3 所示。

表 6.3　16 位 CPU 各字节地址

高 8 位数据地址	低 8 位数据地址
XXXXXXXX1	XXXXXXXX0
XXXXXXXX1	XXXXXXXX0
XXXXXXXX1	XXXXXXXX0
…	…

当接口芯片的 8 位数据连接 16 位 CPU 的低 8 位数据总线时，高 8 位数据被忽略。这时因为 A_0 恒为 0，用于芯片选择的译码，而且接口芯片如果需要 2 位地址区分内部端口时，用 CPU 的 A_2、A_1 连接接口芯片，则端口的地址是连续的偶地址，保证接口芯片内部端口的地址区分。同理，接口芯片使用 16 位 CPU 的高 8 位数据总线时，情况类似。对于 32 位的 CPU，只不过是字节地址的低两位 A_2、A_1 固定为 11、10、01、00，原理是相通的。

6.3　接口的数据传送方式

因为外设的工作速度与 CPU 差距很大，CPU 如何与各种不同的外设进行数据交换成为 I/O 系统的重要问题，而且慢速的 I/O 操作如何做到尽量减少对 CPU 数据处理的影响也是需要重点考虑的。

微机在体系结构上设计成以存储器为核心的结构形式，CPU、外设根据各自的需要访问存储器。CPU 从存储器读取指令获得运行、读/写数据进行处理，外设的数据输入/输出通过 CPU 或直接面向存储器。

接口电路和 CPU 配合采用不同的数据传送控制方式，解决速度匹配问题。微机常用的数据传送方式有程序查询方式、中断方式、DMA 方式；另外，大型的计算机系统还有通道方式、I/O 处理机等数据 I/O 方式。

6.3.1　程序查询方式

程序查询方式也叫条件传送方式，是在程序控制下进行信息传送，在基本硬件支持下完成数据的输入/输出。其特点是靠 CPU 执行程序，把数据在 CPU 的 AL 寄存器和外设间传送。数据的输入/输出时机靠 CPU 执行程序去查询，若状态不符合，则 CPU 不能进行输入/输出操作，需要等待；只有当状态信号符合要求时，CPU 才能进行相应的输入/输出操作。

这种方式下，要求外设的一些状态信息反映到接口的状态寄存器相应的位进行存储。如对输入设备来说，它能够提供"准备好"(READY)信号，READY = 1 表示输入数据已准备好。输出设备则提供"忙"(BUSY)信号，BUSY = 1 表示当前时刻不能接收 CPU 发来的数据，只有当 BUSY = 0 时，才可接收来自于 CPU 输出的数据。

数据输入的基本电路如图 6.9 所示。输入设备将数据送入锁存器，同时发选通信号使输入设备状态置为就绪(READY = 1)，CPU 查询输入设备状态(读 READY)，判断数据是否已准备好。若 READY = 1 则 CPU 通过执行 IN 指令读取数据，同时 IN 指令又使 READY = 0，清除准备就绪信号。

图 6.9　数据输入接口电路

查询输入操作的程序流程图如图 6.10 所示。可见，对 READY 的状态查询，CPU 通过读状态端口的相应位然后进行判断。这种传送控制方式的最大优点是，能够保证输入/输出数据的正确性；缺点是 CPU 利用率很低，I/O 处理的实时性很差，一般用于要求简单的数据传送的场合。

图 6.10　查询输入操作流程图

程序查询方式的数据输出与输入工作方式类似，CPU 在输出数据前，首先判断 BUSY 信号是否有效，若无效(BUSY = 0 表示外设不忙)表示 CPU 可输出新的数据；否则，CPU 等待直到 BUSY 无效后再执行数据输出指令。CPU 通过执行 OUT 指令将输出数据锁存在数据锁存器，同时令 BUSY = 1。当外设读取数据后，由外设输出的回答信号 $\overline{ACK}$ 使 BUSY = 0，这样 CPU 在判断 BUSY 无效后可继续输出新的数据。数据输出接口电路如图 6.11 所示。

图 6.11　数据输出接口电路

程序查询方式的数据输出的程序流程图与图 6.10 类似，读者可自行画出。

采用程序查询方式进行数据输入/输出，当 CPU 同时面对多个设备进行查询时，需要解决优先级问题。CPU 执行程序是串行的，对外设状态的查询也是轮流方式的，优先级根据查询的次序自然就得到了划分，即先查询的设备具有较高的优先级。查询优先级流程图如图 6.12 所示。

图 6.12　查询优先级流程图

　　但是当为设备 B 服务以后，这时即使 A 已准备好，它也不理睬，而是继续查询 C，也就是说 A 的优先地位并不固定(即不能保证随时处于优先)。为了保证 A 随时具有较高的优先级，可采用加标志的方法。当 CPU 为 B 服务完以后，先查询 A 是否准备好，若此时发现 A 已准备好，立即转向对 A 的查询服务，而不是为 C 设备服务。

　　【例 6.1】　假设状态口的地址为 PORT1，输入数据口的地址为 PORT2，传送数据的总字节数据为 COUNT，则查询式输入的数据程序段如下：

```
              …
              MOV     BX,       0              ; 初始化地址指针 BX
              MOV     CX,       COUNT          ; 字节数
   BEGAIN:    IN      AL,       PORT1          ; 读入状态位
              TEST    AL,       01H            ; 数据是否准备好
              JZ      AGAIN                    ; 未准备好，继续测试
              IN      AL,       PORT2          ; 已准备好，读入数据
              MOV     [BX],     AL             ; 存到内存缓冲区
              INC     BX
              LOOP    BEGAIN                   ; 未传送完，继续传送
              …
```

　　另外，还有程序控制更简单的情况就是无条件传送方式。CPU 与慢速的设备交换数据时，可以认为它们总是处于"就绪"状态，随时可以进行数据传送，这需要外设保证一直处于准备就绪的状态或在下一次传送时数据能够被及时读/写完毕。在对一些简单外设(如开关、七段显示管等)操作时，一般采用这类方式。

6.3.2　中断方式

　　查询方式下，CPU 通过执行程序主动地、循环读取状态字和检测状态位。如果状态位表示的外设状态未准备就绪，则 CPU 必须继续查询等待，这占用了 CPU 大量的执行时间，

而 CPU 真正用于传输数据的时间却很短，计算机的工作效率非常低。如果有多个外设需要查询方式工作，由于 CPU 只能轮流对每个外设进行查询，而这些外设的速度往往并不相同，这时 CPU 显然不能很好地满足各个外设对 CPU 的及时输入/输出数据的要求，所以在实时系统以及多个外设的系统中，采用程序查询进行数据传送是不太理想的方式。

为了提高 CPU 的效率，使用系统具有的实时输入/输出数据的能力，可以采用中断传送方式。中断传送是外设需要进行数据传送时主动向 CPU 申请服务，当输入/输出设备已将数据准备好，或者输出设备可以接收数据时，便可以向 CPU 发出中断请求，CPU 暂时停下正在执行的程序而和外设进行一次数据传输，输入或输出操作完成后，CPU 再回到原来的程序继续执行。这时的 CPU 不用去循环查询等待，而可以去处理其他事情。可见采用中断传送方式，CPU 和外设能有一定的并行性，这样不但大大提高了 CPU 的效率，对外设的请求也能做到实时响应和处理。

以中断方式的输入为例，其接口原理图如图 6.13 所示。当外设准备好一个输入数据时，便发一个选通信号 STB，将数据输入接口电路的锁存器中，并使中断请求触发器置"1"。若此时中断屏蔽触发器的状态为 1，则由控制电路产生一个向 CPU 发出请求中断的信号 INT。中断屏蔽触发器的状态为 1 还是为 0，决定了接口是否允许该中断请求信号的产生。

图 6.13 中断方式的数据输入接口电路

CPU 接收到中断请求信号后，如果 CPU 内部的中断允许触发器(8086/8088 CPU 中为 IF 标志)状态为 1，则在当前指令被执行完后，响应中断，并由 CPU 发回中断响应信号 INTA，将中断请求触发器复位，准备接收下一次的选通信号。CPU 响应中断后，立即停止执行当前的程序，转去执行一个为外部设备服务的程序，此程序称为中断处理子程序或中断服务程序。中断服务程序的任务是完成外设的数据传送，执行完后 CPU 又返回到刚才被打断的程序，接着原来的程序继续执行。

对于一些慢速而且随机地与计算机进行数据交换的外设，采用中断控制方式可以大大提高系统的工作效率。中断是现代计算机非常重要的技术，有着非常广泛的应用。中断技术还需要解决如何进行中断的优先级划分、中断排队、中断屏蔽、中断嵌套等一系列问题，更详细的内容在后面的相关章节会有具体介绍。

6.3.3 DMA 方式(直接存储器存取方式)

中断传送方式，能够使外设与 CPU 有一定程度的并行，大大提高了 CPU 的使用效率，也能做到对外设请求的及时处理。但这种方式下，仍然需要靠CPU执行程序实现数据的传送，并且每次进入中断和退出中断，以及保护现场和恢复现场均需要占用CPU资源，每次中断过程传送一个数据。如果中断频繁发生，CPU的大量时间需要做中断的一系列处理，而且每中断一次有一定的周期过程。众多外设中断发生的周期过短，造成CPU的响应和处理会不及时，产生数据丢失的现象。

DMA方式是一种完全靠硬件独立工作而不需要CPU执行程序的高速数据传输方式。DMA方式只需CPU启动和授权，传输过程不需CPU干预，在DMA控制器控制下完成传输。

在实现DMA传输时，由DMA控制器直接控制总线的使用，在外设与内存之间建立起直接的数据传输通路。这种数据传送方式在传输前和传输结束时与CPU有一个总线控制权转移交接的过程，即DMA传输前，CPU要把总线控制权交给DMA控制器，而在结束DMA传输后，DMA控制器立即把总线控制权交回给CPU。一个完整的DMA传输过程包括DMA请求、响应、传输和结束四个步骤。

上述几种微机接口的数据传输方式只能由用户实现对数据的输入/输出传送控制和安排，在大型计算机上则存在安全方面的漏洞。

专用I/O处理机的控制方式是把原来由CPU完成的各种I/O操作与控制全部交给I/O处理机(IOP)去完成，具体包括通道处理机和外围处理机技术。

通道处理机是IBM公司首先提出来的一种I/O处理机控制方式，中央处理机靠管态指令控制外围设备的输入/输出操作。用户在目态程序中通过访管指令进入管理程序进行通道程序的编制，引起中断进行管态下I/O的处理，这能够显著提高CPU运算与外设操作的重叠程度。系统中多个通道连接多台外设，各自运行自己的通道程序，使多种外设可以充分地并行。

外围处理机(PPU)方式还可以做到独立于主处理机进行异步工作。外围处理机是独立的处理机，通过输入/输出交叉开关网络连接通道，真正把CPU从输入/输出操作中解脱出来，专注运算任务。外围处理机可以自由选择通道和设备进行通信，主存、PPU、通道和设备控制器相互独立，程序动态控制其连接，工作更灵活，并且PPU具有一定的运算能力，可以承担一般的外围运算处理和操作控制，还能够让外设之间直接交换信息，进一步减少了CPU对I/O的介入。这都提高了整个计算机系统的工作效率。I/O处理机的功能包括：

(1) 完成通道处理机的全部功能，完成数据的传送。

(2) 数据的码制转换，如十进制与二进制之间的转换，ASCII码与BCD码之间的转换。

(3) 数据传送的校验和校正。各种外设都有比较复杂而有效的校验方法，必须通过执行程序予以实现。

(4) 故障处理及系统诊断。负责处理外设及各种I/O控制器出现的故障。通过定时运行诊断程序，诊断外设及I/O处理机的工作状态，并予以显示。

(5) 文件管理。设备管理是操作系统的工作，此部分可以由I/O处理机承担其中的大部分任务。

(6) 人机对话处理、网络及远程终端的处理工作。

总之，I/O处理机因为具有数据处理功能及一定的存储能力，所以可以完成输入/输出所需的大量工作，与主机系统完全并行工作，从而大大提高了系统的性能。具有I/O处理机的系统，中央处理机不与外部设备直接联系，由 I/O 处理机进行全部的管理与控制，它是独立于中央处理机异步工作的。从结构上看，它可分为两大类，一类是与中央处理机共享主存，I/O 处理机要执行的管理程序一般放在主存储器，为所有 I/O 处理机所共享。每台 I/O 处理机可以有一个小容量的局部存储器，在需要的时候，才将本处理机所要执行的程序加载到局存中。此类结构的机器有 CDC 公司的 CYBER、Texas 公司的 ASC。另一类是非共享主存储器的结构，各台 I/O 处理机具有自己大容量的局部存储器存放本处理机运行所需的管理程序。其优点是减少了主存储器的负担。目前大多数的并行计算机系统都是这种结构，例如 STAR-100。

进一步扩展，I/O 处理机可超出单纯的输入/输出设备管理和数据传送，发展前端机、后台机，智能外设和智能接口把管理和操作控制工作在端点完成，调用外设的过程就是 I/O 系统的各个处理机之间及存储缓冲之间的信息传送，从而进一步让 CPU 摆脱 I/O 负担，提高 I/O 系统的数据吞吐率。

6.4　接口的分析与设计

分析已有的接口和设计新的接口电路的基本方法，需要从多方面入手，包括地址线、数据线、控制信号、芯片类型、初始化、软件驱动、错误处理及交互等。

6.4.1　接口的分析方法

分析接口，一般可从接口电路的两侧分别入手，因为接口的一侧是 CPU，另外一侧是外设，接口起到连通和隔离的作用。对于 CPU 一侧，在搞清楚 CPU 类型的基础上，需要明确地址线的情况、数据线宽度以及控制线的定义和时序等。外设一侧，属于被控对象，种类繁多，所连接的信号繁杂，所需的电平、时序及逻辑定义等情况复杂，需要具体分析外设连接的控制信号、状态信号以及工作时的情况，接口应该能够连接和满足外设的需求和用户现场对外设的要求。通过掌握接口两侧的外部特性和工作过程，接口的硬件和软件分析就有了一定的依据。然后具体分析接口本身采用的核心接口芯片、外围功能电路以及所配置的软件各个功能段所完成的任务。这样对整个接口就能够建立起清晰的认识。

6.4.2　接口的设计方法

接口的核心是接口芯片，接口芯片的选择是设计的关键所在。目前的电子技术发展水平，已经实现了接口电路的集成化过程，电路设计基于大中规模的集成芯片，减少了电路设计繁难度。深入了解和掌握接口芯片的功能、特点、原理、应用及初始化、编程驱动等成为设计方面考虑的重点。因此，应根据设计要求合理选择适当的芯片，遵循功能实现、集成度高、经济合算、系列性、设计难度小的原则。

尽管接口芯片包括了以往的通用外围电路，但对具体的设计而言，仍然需要在核心芯片外附加一些电路进行扩充，构成满足设计要求的接口电路板，如译码、缓冲、电平转换、驱动能力、时序等方面的电路。

配合硬件电路工作的软件设计是另外一项重要的设计内容。一般说来，编程语言是首先面临的选择，通常首选汇编语言作为底层硬件的驱动。汇编语言直接面向硬件，能够深入硬件细节进行操作，充分发挥硬件的作用，而且其代码效率和功能不可替代。在不直接和硬件交互的程序设计上，应尽可能采用高级语言实现，如 C 和 C++等。其好处是编程效率高，实现方便快捷，容易入手，但实时性、效率不佳。一般系统也提供了大量的可用资源，如 PC 的 BIOS、DOS 调用等，直接实现了一些底层的功能，尤其是标准设备和通用功能的实现，用户靠其软件接口直接编程调用，比较方便，但可移植性、独立性就会差，而且用户设计的对象往往会是专门用途和非标准的，需要从底层完全设计。

习　题　六

1．简述微机接口的功能。

2．什么是端口？I/O 端口编址有哪些方式？简述其特点。

3．PC 端口访问需要哪些地址线？

4．简述端口地址的几种译码方式。

5．PC 的端口地址是如何分配的？

6．PC 接口有哪些数据传送的方式，各自有什么特点？

7．简述中断方式数据传送的机制。

8．I/O 处理机进行数据传输有哪些方式和特点？

第 7 章　中断技术与中断控制器

【教学提示】

本章从中断的概念入手，介绍中断的技术和过程。通过微机中断系统的学习，详细学习中断系统的工作机制和技术方法，并重点介绍 8259A 可编程中断控制器的技术与应用。

【教学目标】

- 理解中断的概念和涉及的技术；
- 掌握微机中断系统的技术和方法；
- 重点学习 8259A 的技术及其软硬件的设计、开发和应用技术。

中断技术是现代计算机系统中非常重要的一项技术，在微型计算机系统中具有非常关键的作用，中断技术是对微处理器功能的有效扩展。由于 CPU 的运算速度远远高于外设的数据输入/输出速度，如果没有中断技术的应用，CPU 在与外设进行数据交换时，CPU 的绝大部分时间是在等待外设。利用中断技术，计算机系统可以实时响应外部设备的数据传送请求，及时处理外部随机出现的意外或紧急事件，也为用户提供了发现、调试并解决程序执行异常情况的有效途径，而且在进行数据的传输时 CPU 与外设的工作在很大程度上是并行的。因此中断技术是提高计算机工作效率的重要措施之一。

本章围绕微机的中断系统，介绍中断的基本概念、中断的处理过程以及 8086/8088 微机的中断系统，并将详细介绍 8259A 可编程控制器的工作原理及应用，从而完整、准确地认识中断，为应用中断技术打下一定的基础。

7.1　中断技术概述

7.1.1　中断的基本概念

中断技术是微型计算机系统的核心技术之一，在当代计算机中具有重要作用，它对计算机系统整体性能的提高具有关键作用。中断承担了处理器相当一部分功能，协助 CPU 管理和控制外围电路和设备，提高了 CPU 的工作效率和处理能力。中断技术涉及软硬件方面的许多基本概念。

1. 中断的定义

中断是指 CPU 正在运行程序时，当某些事件或状态发生后，发出请求信号请求 CPU 干预和处理，这时 CPU 暂时停下正在运行的程序，转去为这些事件或状态服务的程序中，服务完毕后，再返回到被打断的程序继续执行。例如，用户使用键盘时，每次敲击一个键就引起一次中断事件的发生，并通过一个中断信号，通知 CPU 有"键盘输入"事件发生，要求 CPU 读入该键的键值。这时 CPU 就暂时停下当前正在执行的程序，转去处理键盘输入数据的读取程序，在读取操作完成后，CPU 又返回原来的程序继续运行。

从中断的定义可以看到，中断包括中断的申请、中断的响应、中断的处理、中断的返回等一系列过程。

2. 中断源

引起中断的事件或状态称为中断源。中断源可以是外部事件(如某个外设发出的中断请求等)，也可以是 CPU 的内部异常(如除法错、缺页中断等)或执行到的用户程序中预先设置的中断指令。由发生在 CPU 外部的某个事件引起的中断称为外部中断，比如某个外围设备向 CPU 发出的请求就属于外部中断；由发生在 CPU 内部的某个事件引起的中断称为内部中断，也称软中断，因为它是 CPU 在执行某些指令的时候产生的，它不需要外部硬件的支持，不受中断允许标志 IF 的控制。

3. 中断类型号

计算机系统为每个中断源分配了一个唯一识别的代码，即中断类型号，作为 CPU 为之服务的依据，CPU 根据该中断类型号自动转入此中断源所需要的服务。

4. 中断服务程序

CPU 在处理中断事件时需要通过执行相应的程序处理这个事件，这个程序叫做中断处理程序，或中断服务程序。

中断发生并被 CPU 转去处理的过程，从程序的逻辑关系角度看，其实质是发生了程序的转移。程序的转移由微处理器内部事件或外部事件启动，并且，一个中断过程包含两次转移，首先是主程序向中断服务程序转移，然后是中断服务程序处理完毕之后向主程序转移。中断系统提供快速转移程序运行环境的机制，获得 CPU 为其服务的程序段称为中断服务程序，被暂时打断的程序叫做主程序或调用程序。而由内部中断源引起的程序转移，可通过上下文切换机制，用于快速改变程序运行路径，这对实时处理一些突发事件很有效。

5. 中断系统

微机的中断系统是由微处理器及其外围支持芯片——中断控制器以及相关的机制、软件构成的。中断系统和存储器、I/O 端口一样是微机系统重要的资源，并且由操作系统统一调度与管理。一个完整的中断系统包括微处理器处理中断请求的机制与相关硬件电路，即接收请求、响应请求、保护现场、转向中断服务程序以及中断处理完毕后的返回等机制；中断控制器作为微处理器的外围管理部件，能管理多个中断源，进行优先级排队，屏蔽中断源以及提供中断信息等；根据处理器结构编写的中断处理程序便于中断发生时被调用。

7.1.2　中断的一些相关技术

1. 中断屏蔽

中断屏蔽的本意是虽然中断发生并有请求，但通过屏蔽技术在中断控制器中设置中断屏蔽寄存器，把对应的中断设置成屏蔽状态，就可以忽略这个中断。

按照中断是否可以被屏蔽，中断可以分为两大类：不可屏蔽中断(又叫非屏蔽中断)和可屏蔽中断。不可屏蔽中断源一旦提出请求，CPU 必须无条件响应。而对可屏蔽中断源的请求，通过屏蔽设置就得不到 CPU 的响应。8086/8088 CPU 设有两根中断请求输入线——可屏蔽中断请求 INTR(Interrupt Require)和不可屏蔽中断请求 NMI(Non-Maskable Interrupt)。

另外，中断除了受自身的屏蔽位控制外，还受 CPU 标志寄存器 Flag 中的中断允许标志(IF)位的控制。IF 位为 1，表示 CPU 是开中断状态，可以得到响应，否则，不响应。IF 位通过编程设置，指令 STI 或 Turbo_c 的 Enable( )函数将 IF 位置 1(开中断)，指令 CLI 或 Turbo_c 的 Disable( )函数将 IF 位清 0(关中断)。

2．中断优先级

计算机系统一般具有多个中断源，中断源是相互独立的，同时可以有多个中断请求发生。为使系统能及时响应并处理发生的所有中断，系统硬件根据引起中断事件的重要性和紧迫程度，将中断源分为若干个级别，称做中断优先级。引入多级中断的原因是为使系统能及时地响应和处理所发生的紧迫中断，同时又不至于发生中断信号丢失。

如果多个中断同时发生，CPU 按照由高到低的顺序进行中断排队，按优先次序予以响应，高级中断总能得到优先的响应。计算机发展早期，在设计中断系统硬件时根据各种中断的轻重缓急在线路上作出安排，从而使中断响应能有一个相对固定的优先次序。

3．中断嵌套

中断嵌套即 CPU 正在为当前优先级最高的中断进行服务时，有一个优先级更高的中断提出了中断请求。这时 CPU 会暂时中止当前正在执行的级别较低的中断源的服务程序，转去处理级别更高的中断源，待处理完毕，再返回到被打断了的那个低级别中断服务程序继续执行。这一措施，保障了级别高的中断优先得到处理。

7.1.3 中断的工作过程

中断是一个软硬件协调工作的过程，整个工作过程由中断请求、中断响应、中断处理和中断返回构成。

1．中断请求

中断请求是由中断源发出并送给 CPU 的中断控制信号，由中断源通过置"1"设置在接口电路上的中断触发器实现。中断源都设置有一个中断触发器，由中断触发器的状态决定是否发出中断请求，通过设置中断触发器为"1"或"0"来实现。当有 1 个或几个中断请求信号发生时，经过屏蔽、排队选择优先级最高的中断向 CPU 提出请求。

2．中断响应

CPU 接到级别最高的中断请求且 CPU 的内部是中断允许状态时，则在 CPU 正在执行的指令结束后，CPU 通过中断隐指令保护当前程序的现场和断点，并设置正在服务的标志，找到对应的中断服务程序入口地址，加载中断服务程序第一条指令，为执行服务程序做好准备工作。这一过程是计算机自动实现的，可以采用硬件实现，也可以采用软件机制实现，但都不需要开发应用人员的操作或程序员的编程。

3．中断处理

CPU 响应中断后，根据中断服务程序入口地址转入相应的程序段。中断服务程序由系统设计者或程序员设计实现。中断处理是执行中断服务程序，对请求事件进行服务的过程。一般中断服务程序的设计包括以下内容：

(1) 关中断，保护现场。首先设置中断允许触发器(IF=0)，即不允许其他中断打断中断服务程序的执行，然后保存中断服务程序涉及的一些通用寄存器，一般是入栈保存，以免遭到修改或破坏，以便转回主程序时恢复原来正确的内容。

(2) 开中断。在某些情况下为了能够响应更高优先级的中断，就需要在适当的位置设置一条开中断指令。如果在执行本次中断的过程中，不希望再响应其他可屏蔽中断请求，也可以不用开中断。

(3) 中断服务。CPU 通过执行一段特定的程序来完成对中断事件的处理，这是中断服务程序的核心内容，因不同需要而单独编程。

(4) 关中断。为安全起见，保证下一步将要进行的恢复断点和现场工作能够顺利进行，不被打断，需要进行关中断操作。

(5) 中断结束，包括中断结束操作和返回主程序。一方面需要清除当前服务程序对应的标志位，另一方面需要通过指令操作结束中断服务程序的执行。

中断服务程序的基本构成如下：

```
int-proc proc
        cli             ; 关中断
        push xxxx       ; 保存寄存器内容
        …               ; 中断服务的内容
        pop  xxxx       ; 恢复寄存器内容
        EOI 命令语句     ; 中断结束命令
        iret            ; 中断返回
int-proc end
```

4. 中断返回

中断返回即依据中断服务程序引起计算机中断系统隐指令的操作，完成恢复现场、恢复断点、开中断等工作。

7.1.4 中断服务的判断

计算机的中断系统支持两种对中断请求的判断。一种是 CPU 根据中断请求信号的到来，引起 CPU 内部中断机制的发生，CPU 根据中断类型号相应中断，这是通常意义的中断，是外设主动的请求服务。另外一种是 CPU 主动查询是否有中断发生，叫做查询中断方式，一般用于 CPU 不接受中断请求信号或有中断请求信号但没有中断类型号的情形，是中断方式和查询方式相结合的中断判断机制。

7.2 Intel 8086/8088 的中断系统

Intel 8086/8088 管理系统的中断使用一个 8 位二进制码——中断类型号，一个中断类型号与一个中断对应，唯一表示一个中断类型。Intel 8086/8088 共有 256 个不同的中断。

7.2.1　Intel 8086/8088 的中断机构

Intel 8086/8088 的中断系统结构如图 7.1 所示。

图 7.1　Intel 8086/8088 的中断系统机构

Intel 8086/8088 的中断可以划分为硬件中断(外部中断)和软件中断(内部中断)两大类。内部中断由 CPU 执行包含 INT 指令的程序和 CPU 内部的设置或故障产生。外部中断来自 CPU 外部的事件,又分为不可屏蔽中断和可屏蔽中断请求。不可屏蔽中断是由微机的故障或错误引起的,如掉电、存储器读/写出错、总线奇偶错等,并通过 NMI 引脚连接至 CPU,中断的级别高,不需要中断源提供中断类型号。CPU 遇到此类中断必须及时处理,否则系统不能正常运行。可屏蔽中断属于外设提出的请求,微机通过中断控制器 8259A 管理,经 INTR 引脚输入到 CPU,这是本书关注的重点。

7.2.2　中断的优先级和中断向量表

Intel 8086/8088 为 256 个不同的中断划分了优先级,内部中断的优先级别最高(单步中断除外),其次是不可屏蔽中断(NMI)和可屏蔽中断,单步中断的优先级别最低。微机的 256 个不同优先级的中断按中断类型号从 0 到 255 汇总在一起,构成一张表,称为中断向量表。这个表按中断类型号排列,并存储了每个中断的服务程序入口地址——中断向量,如图 7.2 所示。

每个中断向量包含段地址和段内偏移地址两个部分,每个部分需要 2 个字节,即 CS:IP。每个中断向量占用 4 个字节的存储空间,中断向量表在内存共有 1024 个字节。系统开机后,中断向量表加载进入内存的最低端,即 0000H～03FFH。

当中断源发出中断请求时,CPU 根据中断源对应的中断类型号计算出中断向量在中断向量表中的位置,从而得到相应的中断服务程序的入口地址。中断类型号(n)×4 得到中断向量在中断向量表中的地址,从这个地址由低向高取出连续的 4 个字节,分别为 IP 低字节、IP 高字节、CS 低字节、CS 高字节,该内容按地址装入 CS:IP 寄存器,得到中断服务程序的入口地址。

图 7.2 Intel 8086/8088 的中断向量表

PC 系列微机的中断向量如表 7.1 所示。表中包含了微处理器专用的 4 个中断和非屏蔽中断及屏幕打印中断、8 个外部硬中断、BIOS 软中断、DOS 软中断以及系统未定义的自由中断。

表 7.1 PC 的 256 个中断向量

中断类型号	名 称	XT 型向量	AT 型向量	控制权
0	除法错	0237:56E8	0280:56E8	DOS-Kernel
1	单步中断	0070:075C	0070:075C	DOS-BIOS
2	NMI 中断	0BA9:0016	0BF7:0016	DOS-STACKS
3	断点中断	0070:075C	0070:075C	DOS-BIOS
4	溢出错	0070:075C	0070:075C	DOS-BIOS
5	屏幕打印	F000:FF54	F000:FF54	ROM-BIOS
6	保留	F000:FF23	F000:E14F	ROM-BIOS
7	保留	F000:FF23	F000:EF6F	ROM-BIOS
8	日时钟中断	0BA9:00AB	0BF7:00AB	DOS-STACKS
9	键盘中断	0BA9:0125	0BF7:0125	DOS-STACKS
0A	保留/从片中断	F000:FF23	F000:EF6F	ROM-BIOS
0B	串口 2 中断	F000:FF23	F000:EF6F	ROM-BIOS
0C	串口 1 中断	F000:FF23	F000:EF6F	ROM-BIOS
0D	硬盘/并口 2 中断	0BA9:03B2	F000:EF6F	ROM-BIOS *
0E	软盘中断	0BA9:043A	0BF7:043A	DOS-STACKS
0F	打印机/并口 1 中断	0070:075C	0070:075C	ROM-BIOS
10	视频显示 I/O	F000:FF65	C000:0335	ROM-BIOS
11	设备配置检测	F000:F84D	F000:F84D5	ROM-BIOS

续表一

中断类型号	名　称	XT 型向量	AT 型向量	控制权
12	内存容量检测	F000:F841	C000:1799	ROM-BIOS
13	磁盘 I/O	0070:0FC9	0070:1DE3	DOS-BIOS
14	串行通信 I/O	F000:E739	F000:E739	ROM-BIOS
15	盒式磁带机 I/O 服务	F000:F859	F000:F859	ROM-BIOS
16	键盘 I/O	F000:E82E	F000:E82E	ROM-BIOS
17	打印机 I/O	F000:EFD2	F000:EFD2	ROM-BIOS
18	ROM-BASIC	F000:0000	F000:E2C6	ROM-BIOS
19	磁盘自举	0070:1952	0070:1952	DOS-BIOS
1A	日时钟/实时时钟	F000:FE6E	F000:FE5E	ROM-BIOS
1B	Ctrl-Break	0070:0756	0070:0756	DOS-BIOS
1C	定时器报时	F000:FF49	F000:FF53	ROM-BIOS
1D	视频显示方式参数	F000:F0A4	F000:F0A4	ROM-BIOS
1E	软盘基数表	0000:0522	0000:0522	DOS-BIOS
1F	图形显示扩展字符	F000:0000	C000:3BFF	接管者
20	程序终止退出	0237:143F	0281:143F	DOS-Kernel
21	系统功能调用	0237:1460	0281:1460	DOS-Kernel
22	程序结束出口	0E6A:02F4	0EB8:02F4	DEBUG
23	Ctrl-C 出口	0E6A:032F	0EB8:032F	DEBUG
24	严重错误出口	0E6A:02BC	0EB8:02BC	DEBUG
25	磁盘扇区读	0237:15DC	0281:15DC	DOS-Kernel
26	磁盘扇区写	0237:161F	0281:161F	DOS-Kernel
27	程序终止驻留	0237:6366	0281:6366	DOS-Kernel
28	等待状态处理	0237:1445	0281:1445	DOS-Kernel
29	字符输出处理	0070:069E	0070:069E	DOS-BIOS
2A~2D	保留	0237:1445	0281:FE5E	DOS-Kernel
2E	命令执行处理	0D4F:0281	0D9D:0281	DEBUG
2F	多路复用处理	0070:187F	0070:187F	DOS-Kernel
30	内部使用	3714:46EA	8114:46EA	DOS-Kernel
31	内部使用	0237:1402	0281:1402	DOS-Kernel
30~3F	保留	0237:1445	0281:1445	DOS-Kernel
40	软盘 I/O	F000:EC59	E000:EC59	ROM-BIOS
41	硬盘基数表 0	C800:03FF	F000:E601	ROM-BIOS
42	系统保留	0000:0000	F000:EF6F	ROM-BIOS
43	系统保留/EGA	0000:0000	C000:37FE	ROM-BIOS
44	系统保留	0000:0000	F000:EF6F	ROM-BIOS
45	系统保留	0000:0000	F000:EF6F	ROM-BIOS
46	硬盘基数表 1	0000:0000	F000:E401	ROM-BIOS
47~5F	系统保留	0000:0000	F000:EF6F	ROM-BIOS

中断类型号	名　称	XT 型向量	AT 型向量	控制权
60~67	用户保留	0000:0000	0000:0000	用户
68~6F	保留	0000:0000	0000:0000	系统/用户
70	保留/实时时钟中断	0BA9:01A4	0BF7:01A4	DOS-Kernel
71	保留/改向 INT0AH	0000:0000	F000:ECF3	ROM-BIOS
72~74	保留	0000:0000	F000:EF6F	ROM-BIOS
75	保留/协处理器	0000:0000	F000:F070	ROM-BIOS
76	保留/硬盘中断	0000:0000	0BF7:065A	DOS-Kernel
77	保留	0000:0000	F000:EF6F	ROM-BIOS
78~7F	未使用区	0000:0000	0000:0000	系统/用户
80~EF	BASIC	非中断向量	非中断向量	BASIC
F0~FF	内部使用区	非中断向量	非中断向量	DOS

＊ 微机的中断控制器 8259A 管理的中断为 08H~0FH 和 70~77H。

7.2.3　中断向量的装入和修改

系统初始化过程中，在内存地址的 0 地址开始的 1KB 空间内，会建立一个中断向量表，用于存放 256 个中断类型号对应的中断服务程序入口地址。因此，为了让 CPU 响应中断后正确转入中断服务程序，中断向量表的建立是必需的。用户自行编制的中断服务程序，需要用户通过编程把中断服务程序入口地址加入中断向量表，成为系统的一部分才能发挥作用。

1．使用 MOV 指令直接装入

假如用户需要使用的中断类型号为 60H，则根据 n×4 = 60H×4，得到中断类型号 60H 在中断向量表的地址，用 MOV 指令将用户编写的中断服务子程序 INT_PRO 的入口地址放入中断向量表中的 0000H:0180H 地址开始的连续 4 个字节单元中即可。过程如下：

```
    MOV    AX,0              ；中断向量表的段基址为 0000H
    MOV    DS,AX
    MOV    BX,60H*4          ；60H 号中断向量在中断向量表中存放的单元地址
    MOV    AX,OFFSET INT_PRO
    MOV    [BX],AX           ；装入 INT_PRO 子程序的偏移地址
    MOV    AX,SEG INT_PRO
    MOV    [BX+2],AX         ；装入 INT_PRO 子程序的段地址
```

2．使用串存指令装入

串存指令 STOSW 是将 AX 寄存器的内容写入 DI 指针所指向的字单元中，将 ES 内容设为 0000H，DI 的内容设为 n×4，使用 STOSW 指令，即可完成 INT_PRO 子程序入口地址的装入。过程如下：

```
    CLD                      ；方向标志置 DF=0，串操作时，修改地址指针增量
    MOV    AX,0              ；中断向量表的段基址为 0000H
    MOV    ES,AX
```

```
MOV        DI,60H*4              ；60H 号中断向量在中断向量表中存放的单元地址
MOV        AX,OFFSET INT_PRO
STOSW                           ；装入 INT_PRO 子程序的偏移地址
MOV        AX,SEG INT_PRO
STOSW                           ；装入 INT_PRO 子程序的段地址
```

3. 使用 DOS 系统功能调用装入

DOS 系统功能调用 INT 21H 中的 25H 号功能也提供了装入中断向量的功能，通过中断向量修改的方法使用系统的中断资源，简单、安全。入口参数要求 DS:DX 指向中断服务子程序的入口地址，中断类型号预先送入 AL 中。具体过程如下：

```
PUSH       DS
MOV        AX,SEG INT_PRO        ；取 INT_PRO 子程序的段基址
MOV        DS,AX
MOV        DX,OFFSET INT_PRO     ；取 INT_PRO 子程序的偏移地址
MOV        AL,60H               ；中断类型号
MOV        AH,25H               ；25H 号 DOS 功能调用
INT        21H
POP  DS
```

4. 中断向量的修改

当用户要用自行开发的中断服务程序去代替系统原有的中断服务程序时，就必须修改原有的中断向量，使其变为用户的中断服务程序的中断向量。这样一来，若产生中断，并被响应，就可转到用户的服务程序来执行。而原来的向量需要保存，并在用户的中断服务程序完成任务后，以便恢复。中断向量修改的方法是利用 DOS 功能调用 INT 21H 的 35H 号功能读出中断向量并保存，再用 25H 号功能写入自己的中断向量。

例如，假设中断服务程序使用的中断号为 N，新的中断服务程序的入口地址的段基址为 SEG_INT_PRO，偏移地址为 OFFSET_INT_PRO，则中断向量修改的程序段如下：

```
...
MOV        AH,35H
MOV        AL,N
INT        21H
MOV        OLD_SEG,ES
MOV        OLD_OFF, BX          ；读出原来的中断向量并保存
MOV        AL,N
MOV        AH,25H
MOV        DX, SEG_INT_PRO
MOV        DS,DX
MOV        DX,OFFSET_INT_PRO
INT        21H                  ；写入自己的中断向量
...
MOV        AH,25H
```

```
    MOV      AL,N
    MOV      DX,OLD_SEG
    MOV      DS,DX
    MOV      DX,OLD_OFF
    INT      21H                    ；恢复保存的原来的中断向量
```

7.3   可编程中断控制器 8259A

Intel 8086/8088 微机的中断系统使用 8259A 作为 CPU 的中断控制器，8259A 作为 CPU 的外围接口电路，主要任务是协助 CPU 管理外部硬件中断，其功能体现在三个方面：

(1) 接收外部设备的中断请求。一片 8259A 可以接收 8 个中断请求，经过级联可扩展至 8 片 8259A，实现 64 级中断的接收和管理。微机使用 2 片 8259A 级联，共可接收 15 个中断的请求信号。

(2) 优先级排队管理。8259A 通过优先权判决和屏蔽，可以根据任务的轻重缓急或设备的特殊要求，给中断源分配中断等级，选择级别最高的中断，向 CPU 提出中断申请 INT。8259A 对中断优先级的管理还支持特殊完全嵌套、循环优先级、特定屏蔽等多种方式的优先级排队管理。

(3) 提供中断类型号。CPU 响应 8259A 的中断申请后，可以向 CPU 提供级别最高的中断的类型号，CPU 便可根据中断类型号找到中断服务程序的入口地址，转移到中断服务程序去执行。

7.3.1   8259A 的内部结构和外部引脚

1. 8259A 的内部结构

8259A 主要由数据总线缓冲器、读/写控制逻辑、级联缓冲/比较器、中断控制逻辑、中断请求寄存器(IRR)、中断服务寄存器(ISR)、中断屏蔽寄存器(IMR)、优先权判决器(PR)等模块组成。其内部结构如图 7.3 所示。

图 7.3   8259A 的内部结构

(1) 数据总线缓冲器。数据总线缓冲器为三态、双向、8 位总线缓冲，数据线 $D_7 \sim D_0$ 与 CPU 系统总线连接，构成 CPU 与 8259A 之间信息传送的通道。CPU 通过这个部件可以对 8259A 进行数据信息的读/写。

(2) 读/写控制逻辑。读/写控制逻辑用来接收 CPU 系统总线的读/写控制信号和端口地址选择信号，用于控制选择 8259A 内部寄存器端口的读/写操作。

(3) 级联缓冲/比较器。当 8259A 工作于多片级联方式时，需要进行级联总线的连接，如图 7.4 所示。

多片 8259A 通过级联缓冲/比较器进行连接，从而实现主从模式下的中断管理功能。其中，主片的 $\overline{SP}/\overline{EN}$ 信号连接 +5 V，从片的则接地。从片的中断申请信号连接主片的中断请求输入端，而主片的中断申请信号直接连接 CPU。图中所示主片的 IR_0 和 IR_7 上分别级联了一个从片，从片 INT 分别连至主片的 IR_0 和 IR_7 上，只有主片的 INT 连到 CPU 的 INTR 端。级联总线 $CAS_0 \sim CAS_2$ 把主片和从片相互连接起来，主片的 $CAS_0 \sim CAS_2$ 为输出信号，从片的 $CAS_0 \sim CAS_2$ 为输入信号，级联总线传送从片的 ID 识别码。另外，级联时，CPU 的 $\overline{INTA}$、数据线 $D_7 \sim D_0$、$\overline{WR}$、$\overline{RD}$ 以及 A_0 等公共信号连接所有主片、从片对应的引脚，而片选信号 $\overline{CS}$ 分别接至芯片各自的地址译码器输出端。

图 7.4 多片 8259A 的级联

(4) 中断控制逻辑。中断控制逻辑按照编程设定的工作方式管理中断，负责向片内各部件发送控制信号，向 CPU 发送中断请求信号 INT 和接收 CPU 回送的中断响应信号 $\overline{INTA}$，控制 8259A 进入中断管理状态。

(5) 中断请求寄存器(Interrupt Request Register，IRR)。IRR 是一个 8 位寄存器，用于接收保存外部的中断请求信号。IRR 的 $D_7 \sim D_0$ 分别与中断请求信号 $IR_7 \sim IR_0$ 相对应，当 IR_i (i = 0~7)有请求时，IRR 中的相应位 D_i 置 1，在中断响应信号 $\overline{INTA}$ 有效时，D_i 被清除。

(6) 中断服务寄存器(Interrupt Service Register，ISR)。ISR 是一个 8 位寄存器，用于标识 CPU 当前正在服务的中断等级情况。当发生中断嵌套时，当前级别最高的中断需要和正在服务的中断级别进行比较，若比正在服务的中断级别高则嵌套中断发生，否则不予理睬。

当外部中断 $IR_i(i=0\sim7)$ 的请求得到 CPU 响应进入服务时，由 CPU 发来的第一个中断响应脉冲 $\overline{INTA}$ 将 ISR 中的相应位 $D_i(i=0\sim7)$ 置 1，表示对应级别的中断正在被处理。而 ISR 的复位一般是在 8259A 中断结束时，由 CPU 发送来的中断结束命令将其复位。但是 8259A 还可以有中断自动结束方式，这样 ISR 相应位的复位则由 CPU 发来的第二个中断响应脉冲 $\overline{INTA}$ 的后沿到来时自动复位。

(7) 中断屏蔽寄存器(Interrupt Mask Register，IMR)。IMR 是一个 8 位寄存器，用来存放 $IR_7\sim IR_0$ 的中断屏蔽标志。它的 8 个屏蔽位 $D_7\sim D_0$ 与外部中断请求 $IR_7\sim IR_0$ 相对应，用于控制 $IR_i(i=0\sim7)$ 的请求是否允许进入比较判断。当 IMR 中的 D_i 位为 1 时，对应的 $IR_i(i=0\sim7)$ 请求被禁止；当 IMR 中的 D_i 位为 0 时，则允许对应的中断请求进入优先权判决。它可以由软件设置或清除，通过编程设定屏蔽字，能够灵活改变原来的优先级别顺序。

(8) 优先权判决器(Priority Register，PR)。优先权判决器对 IRR 中记录的内容与当前 ISR 中记录的内容进行比较，并对它们进行排队判优，以便选出当前优先级最高的中断请求。如果 IRR 中记录的中断请求的优先级高于 ISR 中记录的中断请求的优先级，则由中断控制逻辑向 CPU 发出中断请求信号 INT，暂停当前的中断服务，发生中断的嵌套。优先权判决的原理如图 7.5 所示。

图 7.5　中断优先级判决的工作原理

图中，中断的请求和中断的屏蔽通过 8 个"与门"逻辑选出参加中断优先级判决的中断请求输入端，即 8 位 IRR 与 8 位 IMR 各位分别送入"与门"输入端，只有当 IRR 位置"1"(有中断请求)和 IMR 位置"0"(开放中断请求)同时成立时，相应"与门"输出才有效。然后，优先级编码器从参加排队的中断级别中筛选出当前最高优先级并编码，作为比较器的一个输入($A_2A_1A_0$)。最后，把 ISR 当前正在服务的优先级($B_2B_1B_0$)与当前请求的最高优先级($A_2A_1A_0$)在比较器进行比较。当比较器 A>B 时，输出端有效，并且只要当前存在非屏蔽的中断请求，"或门"输出有效时，8259A 即可向 CPU 提出中断请求 INT，发生中断的嵌套，并置位 ISR 相应的位。

可见，ISR 寄存器保存着正在服务的 $IR_i(i=0\sim7)$中断源和被挂起的(尚未服务完)所有 $IR_i(i=0\sim7)$的相应优先级。若一个中断优先级正在服务期间，它会禁止同级或低级中断请求的发生，而向高一级的中断请求开放。

2．8259A 的外部引脚

8259A 是 28 个引脚的双列直插式集成电路芯片，其外部引脚编号及分布如图 7.6 所示。

$D_0\sim D_7$——三态双向数据线，与 CPU 系统总线连接，用于写入命令字、读取寄存器和中断类型号。

$\overline{RD}$——读信号，输入，低电平有效。当 $\overline{RD}$ 有效时，CPU 对 8259A 进行读操作。

$\overline{WR}$——写信号，输入，低电平有效。当 $\overline{WR}$ 有效时，CPU 对 8259A 进行写操作。

A_0——端口地址选择信号，输入，用于选择内部寄存器。

$\overline{CS}$——片选信号，输入，低电平有效。当 $\overline{CS}$ 有效时 8259A 被选中。

有关寄存器的端口地址分配及读/写操作功能见表 7.2。

表 7.2　8259A 端口分配及读/写操作功能

$\overline{CS}$	$\overline{WR}$	$\overline{RD}$	A_0	D_4	D_3	功　能
0	0	1	0	1	X	写 ICW_1
0	0	1	1	X	X	写 ICW_2
0	0	1	1	X	X	写 ICW_3
0	0	1	1	X	X	写 ICW_4
0	0	1	1	X	X	写 OCW_1
0	0	1	0	0	0	写 OCW_2
0	0	1	0	0	1	写 OCW_3
0	1	0	0	X	X	读 IRR
0	1	0	0	X	X	读 ISR
0	1	0	1	X	X	读 IMR
0	1	0	1	X	X	读状态寄存器

```
          ┌─────────────┐
 CS  ──1  │            28│──  VCC
 WR  ──2  │            27│──  A0
 RD  ──3  │            26│──  INTA
 D7  ──4  │            25│──  IR7
 D6  ──5  │            24│──  IR6
 D5  ──6  │            23│──  IR5
 D4  ──7  │   8259A    22│──  IR4
 D3  ──8  │            21│──  IR3
 D2  ──9  │            20│──  IR2
 D1  ──10 │            19│──  IR1
 D0  ──11 │            18│──  IR0
 CAS0──12 │            17│──  INT
 CAS1──13 │            16│──  SP/EN
 GND ──14 │            15│──  CAS2
          └─────────────┘
```

图 7.6　8259A 的外部引脚

注：D_4D_3 为对应寄存器中的标志位，读 IRR 和 ISR 取决于 OCW_3 的 $D_2D_1D_0$ 位设置。

$\overline{SP}/\overline{EN}$——8259A 级联与缓冲使能信号(Slave Program/ENable buffer)，双向信号，用于从片选择或缓冲方式时的总线驱动器的控制信号。当 8259A 工作于非缓冲方式时，$\overline{SP}/\overline{EN}$ 作为输入信号，用于从片选择，级联中的从片 $\overline{SP}/\overline{EN}$ 接低电平，主片 $\overline{SP}/\overline{EN}$ 接高电平。当 8259A 工作于缓冲方式时，$\overline{SP}/\overline{EN}$ 作为输出信号线，用作 8259A 与系统总线驱动器的控制信号。

$IR_7\sim IR_0$——中断请求输入信号，由外设输入给 IRR。

INT——中断请求信号，与 CPU 的中断请求信号相连。

$\overline{INTA}$——中断响应信号，与 CPU 的中断应答信号相连。

$CAS_2 \sim CAS_0$——级联总线信号,作为主片与从片的连接线,主片为输出,从片为输入,主片通过 $CAS_2 \sim CAS_0$ 发送从片的 ID 识别编码和管理从片。

V_{CC}——+5 V 电源输入信号。

GND——电源地。

7.3.2　8259A 的中断管理方式

8259A 的中断管理功能很强,单片可以管理 8 级外部中断,在多片级联方式下最多可以管理 64 级外部中断,并且具有中断优先权、中断嵌套、中断屏蔽和中断结束等多种中断管理方式。

1.　中断优先权管理

8259A 中断优先权的管理方式有固定优先权方式和自动循环优先权方式两种。

(1) 固定优先权方式。在固定优先权方式中,$IR_7 \sim IR_0$ 的中断优先权的级别是由芯片初始化时确定的。它们由高到低的优先级顺序是 IR_0、IR_1、IR_2、…、IR_7,其中,IR_0 的优先级最高,IR_7 的优先级最低。当有多个 $IR_i(i=0 \sim 7)$ 请求时,优先权判决器(PR)将它们与当前正在处理的中断源的优先权进行比较,选出当前优先权最高的 IR_i,向 CPU 发出中断请求 INT,请求为其服务。

(2) 自动循环优先权方式。在自动循环优先权方式中,$IR_7 \sim IR_0$ 优先权级别可以通过初始化编程进行设定。其变化规律是:当某一个中断请求 IR_i 服务结束后,该中断的优先权自动降为最低,而紧跟其后的中断请求 IR_{i+1} 的优先权自动升为最高,实现优先权的自动循环。$IR_7 \sim IR_0$ 优先权级别按图 7.7 所示的循环方式改变。

$$IR_7 \rightarrow IR_6 \rightarrow \cdots \rightarrow IR_2 \rightarrow IR_1 \rightarrow IR_0$$

图 7.7　自动循环优先权方式

假设当前 IR_0 级别最高且有请求,CPU 为其服务完毕后,IR_0 优先权自动降为最低,排在 IR_7 之后,而其后的 IR_1 的优先权升为最高,其余依次类推。这种优先权管理方式,可以使 8 个中断请求都可以拥有同等优先服务的权利。在自动循环优先权方式中,按确定循环时的最低优先权的方式不同,又分为普通自动循环方式和特殊自动循环方式两种。

① 普通自动循环方式。$IR_7 \sim IR_0$ 中的初始最高优先级由系统默认 IR_0 的优先级最高,以后按右循环规则进行循环排队。

② 特殊自动循环方式。$IR_7 \sim IR_0$ 中的初始最高优先级,由程序指定,以后按顺序自动循环。

2.　中断嵌套管理

中断嵌套即高级别的中断可以打断正在被服务的级别较低的中断。8259A 的中断嵌套方式分为一般完全嵌套和特殊完全嵌套两种。

(1) 一般完全嵌套方式。一般完全嵌套方式是 8259A 在初始化时自动进入的一种最基本的优先权管理方式。其特点是:中断优先权管理为固定方式,即 IR_0 优先权最高,IR_7 优先权最低,在 CPU 中断服务期间(即执行中断服务子程序过程中),若有新的中断请求到来,只允许比当前服务的中断请求的优先权"高"的中断请求进入,对于"同级"或"低级"

的中断请求禁止响应。

(2) 特殊完全嵌套方式。特殊完全嵌套方式是 8259A 在多片级联方式下使用的一种最基本的优先权管理方式。其特点是：中断优先权管理为固定方式，$IR_7 \sim IR_0$ 的优先顺序与一般完全嵌套规定相同；与一般完全嵌套方式的不同之处是在 CPU 中断服务期间，除了允许高级中断请求进入外，还允许同级中断请求进入，从而实现了从片上中断级别的划分。

在级联方式下，主片通常设置为特殊完全嵌套方式，从片设置为一般完全嵌套方式。当主片为某一个从片的中断请求服务时，从片中的 $IR_7 \sim IR_0$ 的请求都是通过主片中的某个 $IR_i (i = 0 \sim 7)$ 请求引入的。因此从片的 $IR_7 \sim IR_0$ 对于主片 IR_i 来说，属于同级。只有主片工作于特殊完全嵌套方式时，从片才能实现中断的分级和嵌套。

当级联的从片有中断请求时，从片向主片提出请求，如果该请求还是级别最高的，则主片 8259A 向 CPU 申请中断。得到响应后，如果从片上有更高级别的中断请求，在特殊完全嵌套方式下，这个更高级别的中断就会打断正在服务的中断，从而实现从片不同级别中断的嵌套。

级联情况下，从片的中断获得 CPU 的响应，在 CPU 响应中断而发出第一个 $\overline{INTA}$ 脉冲时，主片把响应中断请求的从片编码通过 $CAS_0 \sim CAS_2$ 发给从片。各个从片通过 $CAS_0 \sim CAS_2$ 接收后，将主片送来的编码与自己的编码相比较，若相同，则表明本片被选中，即该从片上的某中断请求被选中，于是该从片在下一个 $\overline{INTA}$ 脉冲到来时，将被选中的中断源的中断类型号送到数据总线上。

3. 中断屏蔽管理

中断屏蔽方式是对 8259A 的外部中断源 $IR_7 \sim IR_0$ 实现屏蔽的一种中断管理方式，有普通屏蔽方式和特定屏蔽方式两种。

(1) 普通屏蔽方式。普通屏蔽方式是通过 8259A 的中断屏蔽寄存器(IMR)来实现对中断请求 IR_i 的屏蔽的。由编程写入操作命令字 OCW_1，将 IMR 中的 D_i 位置 1，以实现对 $IR_i (i = 0 \sim 7)$ 中断请求的屏蔽。

(2) 特定屏蔽方式。特定屏蔽方式允许低优先级中断请求中断正在服务的高优先级中断，可以通过编程写入操作命令字 OCW_3 来设置或取消。

在特定屏蔽方式中，可在中断服务子程序中用中断屏蔽命令来屏蔽当前正在处理的中断，同时可使 ISR 中的对应当前中断的相应位清 0。这样一来，不仅屏蔽了当前正在处理的中断，而且也真正开放了较低级别的中断请求。在这种情况下，虽然 CPU 仍然继续执行较高级别的中断服务子程序，但由于 ISR 中对应当前中断的相应位已经清 0，如同没有响应该中断一样，所以此时对于较低级别的中断请求而言，8259A 能产生 INT 中断请求，保证 CPU 响应较低级别的中断请求。

特定屏蔽方式开放低优先级中断的过程如图 7.8 所示。在主程序被 IR_4 中断时，IR_4 是当前中断申请的最高优先级，CPU 进入 IR_4 的中断服务程序。当 IR_4 服务程序中执行 STI 指令后，在一般完全嵌套方式下只允许比 IR_4 中断级别高的 $IR_0 \sim IR_3$ 中断的申请去中断 IR_4。若在 IR_4 子程序中将 IMR 的位 4 屏蔽，并且发送置位"特定屏蔽方式"命令(OCW_3 的 $D_6 D_5 = 11$)，那么就开放了除 IR_4 自身之外的所有中断级别，其中包括比 IR_4 低的 $IR_5 \sim IR_7$ 级中断。为了脱离特定屏蔽方式，应以相反的次序发送复位(OCW_3 的 $D_6 D_5 = 10$)和开放 IR_4 的命令。

图 7.8　特定屏蔽方式的操作流程

4. 中断结束管理

中断结束是指 CPU 为某个中断请求服务结束后，应及时清除中断服务标志位，否则就意味着中断服务还在继续，那么比它优先级低的中断请求就无法得到响应。中断服务标志位对应中断服务寄存器(ISR)，当某个中断源 $IR_i(i=0\sim7)$ 被响应后，ISR 中的 D_i 位被置 1，服务完毕应及时清除。8259A 提供了以下三种中断结束方式。

(1) 自动结束方式。自动结束方式是利用中断响应信号 $\overline{INTA}$ 的第二个负脉冲的后沿，将 ISR 中的中断服务标志位清除。这种中断服务结束方式是由硬件自动完成的。需要注意的是：ISR 中为"1"的位清除是在中断响应过程中完成的，并非中断服务子程序的真正结束。若在中断服务子程序的执行过程中有另外一个比当前中断优先级低的请求信号到来，因 8259A 并没有保存任何标志来表示当前服务尚未结束，致使低优先级中断请求进入，打乱正在服务的程序，因此这种方式只适合用在没有中断嵌套的场合。

(2) 普通结束方式。普通结束方式是通过在中断服务子程序中编程写入操作命令字 OCW_2，向 8259A 传送一个普通 EOI(End Of Interrupt)命令来清除 ISR 中当前的优先级别最高位。由于这种结束方式是清除 ISR 中优先权级别最高的那一位，所以适用于一般完全嵌套方式下的中断结束。在一般完全嵌套方式下，中断优先级是固定的，8259A 总是响应优先级最高的中断，而保存在 ISR 中的最高优先级的对应位，一定是正在执行的服务程序。

(3) 特殊结束方式。特殊结束方式是通过在中断服务子程序中编程写入操作命令字

OCW₂，向 8259A 传送一个特殊 EOI 命令(指定被复位的中断的级号)来清除 ISR 中的指定位。由于在特殊 EOI 命令中明确指出了复位 ISR 中的哪一位，所以不会因嵌套结构而出现错误。因此，它可以用于一般完全嵌套方式下的中断结束，更适用于嵌套结构发生改变情况下的中断结束。

在从片的中断被响应的情况下，当中断结束时，需要先给从片结束的中断发 EOI 命令，再对主片发相应的 EOI 命令，把主片 ISR 对应从片的标志位清除。如果从片还有未处理完的中断，则继续处理，直到从片嵌套的中断都结束后，再给主片发 EOI 命令。

5．中断触发方式

8259A 中断请求输入端 IR₇～IR₀ 的触发方式有电平触发和边沿触发两种，由初始化命令字 ICW₁ 中的 LTIM 位来设定。

当 LTIM 设置为 1 时，为电平触发方式，8259A 检测到 IRᵢ(i = 0～7)端有高电平时产生中断。在这种触发方式中，要求触发电平必须保持到中断响应信号 $\overline{\text{INTA}}$ 有效为止，并且在 CPU 响应中断后，应及时撤销该请求信号，以防止 CPU 再次响应，出现重复中断现象。

当 LTIM 设置为 0 时，为边沿触发方式，8259A 检测到 IRᵢ(i = 0～7)端有由低到高的跳变信号时产生中断。

6．总线连接方式

8259A 数据线与系统数据总线的连接有缓冲和非缓冲两种方式。

(1) 缓冲方式。如果 8259A 通过总线驱动器和系统数据总线连接，则 8259A 应选择缓冲方式，此时 $\overline{\text{SP}/\text{EN}}$ 为输出引脚。在 8259A 输出中断类型号的时候，$\overline{\text{SP}/\text{EN}}$ 输出一个低电平，用此信号作为总线驱动器的启动信号。

(2) 非缓冲方式。如果 8259A 数据线与系统数据总线直接相连，那么 8259A 工作在非缓冲方式。

7.3.3 8259A 的命令字

在 8259A 内部有两组寄存器，一组为命令寄存器，用于存放 CPU 写入的一系列初始化命令字 ICW(Initialization Command Words)，即 ICW₁～ICW₄；另一组为操作命令寄存器，用于存放 CPU 写入的操作命令字 OCW(Operation Command Words)，即 OCW₁～OCW₃。

1．初始化命令字 ICW

8259A 提供了 4 个初始化命令字(ICW₁～ICW₄)，具体如下：

(1) ICW₁ 的格式。ICW₁ 用于设置中断触发的方式、是否级联、是否设置 ICW₄ 等内容，具体格式如图 7.9 所示。

D₇	D₆	D₅	D₄	D₃	D₂	D₁	D₀
8086/8088系统未用			特征位=1	LRIM中断的触发方式：1—电平触发；0—边沿触发	ADI 8086/8088系统未用	SNGL是否级联：1—单片使用；0—级联使用	是否写ICW₄：1—写 ICW₄；0—不写ICW₄

图 7.9 ICW₁ 的格式

$D_7 \sim D_5$——同 D_2 一样，只对 8 位机有效，8086/8088 系统未用，通常设置为 0。

D_4——ICW_1 的特征位，恒为 1。

D_3——定义中断的触发方式。LTIM = 1 为电平触发，LTIM = 0 为边沿触发。

D_2——设置调用时间间隔，只对 8 位机(如 8080/8085)有效，为 1 表示调用间隔为 4，为 0 表示调用间隔为 8，对 8 位以上的微机(如 8086/8088)无效，可置为全 0。

D_1——指示 8259A 在系统中使用单片还是多片级联。SNGL = 1 为单片，SNGL = 0 为多片级联。

D_0——指示在初始化时是否需要写入命令字 ICW_4。ICW_4 定义结束方式、是否嵌套以及缓冲方式等。

例如，若 8259A 采用电平触发，单片使用，需要 ICW_4，则 ICW_1 = 1BH。

(2) ICW_2 的格式。ICW_2 用于设置 8259A 所管理中断的中断类型号，格式如图 7.10 所示。

D_7	D_6	D_5	D_4	D_3	D_2	D_1	D_0
中断类型号的高5位					无效		

图 7.10　ICW_2 的格式

$D_7 \sim D_3$——该 5 位作为中断类型号的高 5 位。例如，如果定义 PC 的主片 8259A 管理中断的类型号是 08H～0FH，则需要定义 ICW_2 = 00001000B。

$D_2 \sim D_0$——由 8259A 根据当前被响应的中断源所连接的 IR 端，自动获得编码，所以在初始化时这 3 位可设置为 0。

当 CPU 响应中断的信号第二个 $\overline{INTA}$ 到来时，8259A 将初始化编程确定 ICW_2 的高 5 位与由中断等级自动获得的低 3 位组合形成一个 8 位的中断类型号，送到数据总线，供 CPU 读取。PC/XT 的 8 级中断源中断类型号如表 7.3 所示。

例如，在 PC 的中断系统中，硬件中断类型号高 5 位是 00001B，在初始化时由 ICW_2 写入 8259A。硬盘的中断请求线连接到 8259A 的 IR_5 上，而 IR_5 的位编码为 101，所以硬盘的中断类型号为 00001101B。当 CPU 响应硬盘中断申请的第二个 $\overline{INTA}$ 信号有效时，8259A 就把寄存器保存的 00001 作为高 5 位，IR_5 的位编码 101 作为低 3 位，构成一个完整的 8 位中断类型号 0DH，经数据总线发送给 CPU。

表 7.3　PC/XT 的 8 级中断源的中断号

中断源	中断类型号高 5 位	低 3 位	中断号
日时钟	08H	$IR_0(0)$	08H
键盘	08H	$IR_1(1)$	09H
保留	08H	$IR_2(2)$	0AH
串行口 2	08H	$IR_3(3)$	0BH
串行口 1	08H	$IR_4(4)$	0CH
硬盘	08H	$IR_5(5)$	0DH
软盘	08H	$IR_6(6)$	0EH
打印机	08H	$IR_7(7)$	0FH

(3) ICW_3 的格式。ICW_3 是级联命令字，在级联方式下才需要写入。主片和从片所对应的 ICW_3 的格式不同。主片 ICW_3 的格式如图 7.11 所示。

D_7	D_6	D_5	D_4	D_3	D_2	D_1	D_0
IR_7	IR_6	IR_5	IR_4	IR_3	IR_2	IR_1	IR_0

图 7.11　主片 ICW_3 的格式

图 7.11 中，$D_7 \sim D_0$ 与 $IR_7 \sim IR_0$ 相对应，若主片 $IR_i(i=0\sim7)$引脚上连接了从片，则 $D_i=1$，否则 $D_i=0$。例如，当主片 $ICW_3=81H$ 时，表示 IR_7 和 IR_0 引脚上接有从片，而其他 IR_i 引脚上没有从片。

从片 ICW_3 的格式如图 7.12 所示。

D_7	D_6	D_5	D_4	D_3	D_2	D_1	D_0
0	0	0	0	0	ID_2	ID_1	ID_0

图 7.12　从片 ICW_3 的格式

图 7.12 中，$ID_2 \sim ID_0$ 是从片接到主片 $IR_i(i=0\sim7)$上的标识码。例如，当从片的中断请求信号 INT 与主片的 IR_2 连接时，$ID_2 \sim ID_0$ 应设置为 010。$D_7 \sim D_3$ 未用，通常设置为 0。例如，从片 A 和 B 的请求 INT 分别连到主片的 IR_5 和 IR_3 上，则从片 A 的 $ICW_3=05H$，从片 B 的 $ICW_3=03H$。

在中断响应时，主片通过级联信号线 $CAS_2 \sim CAS_0$ 送出被允许中断的从片标识码 ID，各从片用自己的 ICW_3 和 CAS 总线上来的 ID 码进行比较，二者一致的从片被确定为当前中断源。当第二个 $\overline{INTA}$ 信号到来时，从片可以发送最高级别中断的中断类型号到数据总线给 CPU。

(4) ICW_4 的格式。ICW_4 用于设定 8259A 的工作方式，其格式如图 7.13 所示。

D_7	D_6	D_5	D_4	D_3	D_2	D_1	D_0
0	0	0	SFNM	BUF	M/S	AEOI	μPM

图 7.13　ICW_4 的格式

$D_7 \sim D_5$——未定义，通常设置为 0。

D_4——SFNM 设置特定完全嵌套方式。$D_4=1$ 为特定完全嵌套方式，$D_4=0$ 为一般完全嵌套方式。在级联时，主片一般设为特定全嵌套方式。

D_3——BUF 设置缓冲方式。$D_3=1$ 为缓冲方式，$D_3=0$ 为非缓冲方式。只有 $D_3=1$ 时 D2 位才起作用，用来指示本片的主从关系。$D_3=0$ 时，D_2 位不起作用。

D_2——M/S 选择缓冲级联方式下的主片与从片。$D_2=1$ 为主片，$D_2=0$ 为从片。

D_1——AEOI 用于指定 8259A 的中断结束方式。$D_1=1$ 为自动结束方式，$D_1=0$ 为非自动结束方式。

D_0——μPM 用于指定 CPU 的类型。当 $D_0=1$ 时，表示 8259A 工作在 8086/8088 系统中；当 $D_0=0$ 时，表示 8259A 工作在 8080/8085 系统中。

当多片 8259A 级联时，若在 8259A 的数据线与系统总线之间加入总线驱动器，$\overline{SP}/\overline{EN}$ 引脚作为总线驱动器的控制信号，D_3 位 BUF 应设置为 1。此时主片和从片的区分不能依靠 $\overline{SP}/\overline{EN}$ 引脚，而是由 M/S 来选择。M/S = 0 时为从片，M/S = 1 时为主片。如果 BUF = 0，则 M/S 定义无意义。

例如：PC/XT 中 CPU 为 8086，若 8259A 与系统总线之间采用缓冲器连接，非自动结束方式，完全嵌套，只用 1 片 8259A，则其 ICW_4 = 0DH。

这里的 ICW 与 8259A 的初始化有关，由于 8259A 只有一根地址线，就要求 ICW 一定是按顺序依次写入，系统按初始化命令字的顺序、特征位以及端口地址进行区分。其中 ICW_1 和 ICW_2 是必须对 8259A 设置的，ICW_3 和 ICW_4 根据级联与否、是否需要 ICW_4 的实际情况选择使用。一般在级联情况下必须使用 ICW_3，是否使用 ICW_4，须在 ICW_1 中预先设置。初始化流程图如图 7.14 所示。ICW_1 要写入 8259A 的偶地址，即 A_0 = 0，$ICW_2 \sim ICW_4$ 要求写入奇地址，即 A_0 = 1。PC 的 ICW_1 地址为 21H，ICW_2、ICW_3、ICW_4 地址为 21H。

图 7.14　8259A 的初始化流程图

2. 操作命令字 OCW

对 8259A 进行初始化后，它就进入了工作状态，随时准备接收外设通过 $IR_i(i = 0 \sim 7)$ 端输入的中断请求信号。此时，用户根据需要通过程序向 8259A 发出操作命令字 $OCW_1 \sim OCW_3$，从而控制 8259A 按照不同的方式工作。这 3 个控制字是各自独立的，其中 OCW_1 对应奇地址端口，OCW_2 和 OCW_3 对应偶地址端口。PC 的 OCW_1 地址为 21H，OCW_2 和

OCW_3 的地址为 20H。

(1) OCW_1 的格式。OWC_1 为中断屏蔽字,写入中断屏蔽寄存器(IMR)中,对外部中断请求信号 $IR_i(i=0\sim7)$进行屏蔽。其格式如图 7.15 所示。

D_7	D_6	D_5	D_4	D_3	D_2	D_1	D_0
M_7	M_6	M_5	M_4	M_3	M_2	M_1	M_0

图 7.15 OCW_1 的格式

当 M_i 为 1 时,对应 IR_i 的中断请求被禁止;M_i 为 0 时,对应的 IR_i 中断请求是开放的。该命令字用于程序需要的任何地方,可以写入,也可以读出。

例如,使中断 IR_3 和 IR_6 开放,其余均被屏蔽,则 OCW_1 = B7H。写 IMR 的程序段如下:

```
MOV     AL,0B7H            ; OCW₁ 内容
OUT     21H,AL            ; 写入 IMR
```

IMR 寄存器的内容还可以读出,一般在设置 OCW_1 前先读出,修改相应的位后,再写入。在 BIOS 中有一段检查中断屏蔽寄存器的程序,如下:

```
MOV     AL,00H             ; 置 IMR 为全"0"
OUT     21H,AL             ; 写 OCW₁
IN      AL,21H             ; 读 IMR
XOR     AL,AL              ; 检查是否为全"0"
JNZ     D6                 ; 不全为 0,则转出错处理
MOV     AL,0FFH            ; 置 IMR 为全"1"
OUT     21H,AL             ; 写 OCW₁
IN      AL,21H             ; 读 IMR
AND     AL,1               ; 检查是否为全"1"
JNZ     D6                 ; 不全为"1",出错
D6: ...                    ; D₆ 为出错处理(略)
```

(2) OCW_2 的格式。OWC_2 用于设置中断优先级方式和中断结束方式。其格式如图 7.16 所示。

D_7	D_6	D_5	D_4	D_3	D_2	D_1	D_0
R	SL	EOI	0	0	L_2	L_1	L_0

图 7.16 OCW_2 的格式

D_7——R 用于设置优先权循环。R = 1 为优先权自动循环方式;R = 0 为优先权固定方式。

D_6——SL 是操作目标选择位,用来指示复位 ISR 或改变优先权的操作目标 $L_2\sim L_0$ 是否有效。

D_5——设置 EOI 中断结束命令。EOI = 1,用作中断结束命令,使中断服务寄存器 ISR 对应位复 0,在非自动结束方式中使用;EOI = 0 时,不执行结束操作命令。如果初始化时,

ICW_4 的 AEOI = 1，设置为自动结束方式，此时 OCW_2 中的 EOI 位应为 0。

D_4、D_3：OCW_2 标志位。

$D_2 \sim D_0$：$L_2 \sim L_0$ 这三位用于指出中断等级，如中断结束的等级、优先级轮换的等级。

$D_7 \sim D_5$ 这三位每位都有自己的意义，经常组合起来使用，其组合功能如表 7.4 所示。

表 7.4　$D_7 \sim D_5$ 三位的组合功能

D_7 (R)	D_6 (SL)	D_5 (EOI)	功　　能
0	0	0	自动中断结束方式下，设置为全嵌套优先级
0	0	1	全嵌套方式下，设置为不指定等级的中断结束方式
0	1	0	无意义
0	1	1	全嵌套方式下，设置特殊中断结束方式时的中断结束位($L_2 \sim L_0$)
1	0	0	自动中断结束方式下，设置为自动优先级循环
1	0	1	优先级自动循环方式下，设置为普通中断结束方式
1	1	0	指定优先级循环方式下，设置起始最低优先级位($L_3 \sim L_0$)
1	1	1	指定优先级循环方式下，设置中断结束位($L_2 \sim L_0$)

OCW_2 的功能主要有两个，一个是控制 8259A 的优先等级循环方式，另一个是控制 8259A 中断结束方式。例如，指定对 IR_4 中断源发出中断结束命令，并且设置以 IR_4 为最低的中断循环优先级方式：

```
MOV      AL, 11100100B
OUT      20H, AL
```

如果在中断结束时发生优先级变化，则指定要结束的中断级别号：

```
MOV      AL, 01100100B
OUT      20H, AL
```

又如，不指定中断等级的结束方式，即结束当前最高级别的中断：

```
MOV      AL, 20H
OUT      20H, AL
```

(3) OCW_3 的格式。OCW_3 用于设置或清除特殊屏蔽方式和读取寄存器的状态，格式如图 7.17 所示。

D_7	D_6	D_5	D_4	D_3	D_2	D_1	D_0
0	ESMM	SMM	0	1	P	RR	RIS

图 7.17　OCW_3 的格式

D_6、D_5——ESMM 与 SMM 组合可用来设置或取消特殊屏蔽方式。当 $D_6 D_5 = 11$ 时，设置特殊屏蔽；当 $D_6 D_5 = 10$ 时，取消特殊屏蔽。

D_4、D_3——OCW_3 的标志位，$D_4 D_3 = 01$。

D_2——P 为查询中断方式位。$D_2 = 1$ 时，设置 8259A 为中断查询工作方式，这时 CPU 靠发送查询命令，通过读取查询字来获得外部设备的中断请求信息；$D_2 = 0$ 时，配合 D_1、D_0 读取内部寄存器。

D_1——RR 为读寄存器允许位，$D_1 = 1$ 时，允许读寄存器读取对象由 D_0 指定。

D_0——RIS 为读寄存器选择位。当 $D_0 = 0$ 时，读取 IRR；当 $D_0 = 1$ 时，读取 ISR。在进行读 ISR 或 IRR 操作时，先写入读命令 OCW$_3$，然后紧接着执行读 ISR 或 IRR 的指令。ISR 和 IRR 的读取地址为 20H。

D_2、D_1、D_0 的组合功能如表 7.5 所示。

表 7.5　OCW$_3$ 中 $D_2D_1D_0$ 的组合功能

D_2	D_1	D_0	功　能
0	0	X	无操作
	1	0	下一个 $\overline{\text{RD}}$ 脉冲读取 IRR 内容
		1	下一个 $\overline{\text{RD}}$ 脉冲读取 ISR 内容
1	X	X	下一个 $\overline{\text{RD}}$ 脉冲读取中断状态(查询命令)

例如，读取 ISR 内容的程序段为

```
MOV      AL,00001011B
OUT      20H,AL                ；读 ISR 命令写入 OCW₃
IN       AL,20H                ；读 ISR 内容至 AL 中
```

读取 IRR 内容的程序段为

```
MOV      AL,00001010B
OUT      20H,AL                ；读 IRR 命令写入 OCW₃
IN       AL,20H                ；读 IRR 内容至 AL 中
```

如果发出 OCW$_3$ 的 D_2 位为 1 的命令，可以通过读取查询字判断中断是否发生，并判断级别最高的是哪一级。查询字是 CPU 从偶地址端口读入的。

查询字格式如图 7.18 所示。

D_7	D_6	D_5	D_4	D_3	D_2	D_1	D_0
I					W_2	W_1	W_0

图 7.18　8259A 的查询字格式

其中，I 为中断特征位，若 $D_7 = 1$，表示 8259A 有中断请求；$D_7 = 0$ 表示无中断请求。当 $I = 1$ 时，$W_2 \sim W_0$ 的编码表明了当前优先级最高的中断请求是哪一个。$W_2 \sim W_0$ 为 000～111，分别对应 $IR_0 \sim IR_7$ 中断源编码。CPU 读取查询字后，若发现有中断请求，通过 $D_2 \sim D_0$ 的编码转入相应的中断处理程序进行中断处理。查询中断的程序如下：

```
...
MOV      AL,00001100B
OUT      20H,AL           ；发 OCW₃ 的查询中断命令字
IN       AL,20H           ；读取查询字
MOV      AH,AL
XOR      AL,87H
JZ       NUM7
MOV      AL,AH
```

```
          XOR      AL,86H
          JZ       NUM6
          ...
NUM7:     ...
NUM6:     ...
```

8259A 的查询中断方式为设计者提供了又一种判断和识别中断的手段，可用于无法使用中断类型号或无中断向量表等情况。

7.3.4 8259A 的编程使用

1. 8259A 的初始化编程

8259A 的初始化编程需要写入初始化命令字 $ICW_1 \sim ICW_4$，对它的连接方式、中断触发方式和中断结束方式进行设置。但由于 $ICW_1 \sim ICW_4$ 使用两个端口地址，即 ICW_1 用 $A_0 = 0$ 的端口，$ICW_2 \sim ICW_4$ 使用 $A_0 = 1$ 的端口，因此初始化程序应严格按照系统规定的顺序写入，即先写入 ICW_1，接着写 ICW_2、ICW_3、ICW_4。8259A 的初始化流程见图 7.14。

【例 7.1】　设 CPU 为 8088，使用一片 8259A，中断申请信号采用电平触发，中断类型号为 60H～67H，采用特殊嵌套、非缓冲、中断自动结束方式，8259A 的端口地址为 80H 和 81H。试编写其初始化程序。

初始化程序设计如下：

```
          MOV      AL,1BH
          OUT      80H,AL
          MOV      AL,60H
          OUT      81H,AL
          MOV      AL,13H
          OUT 81H,AL
```

【例 7.2】　某微机系统使用主、从两片 8259A 管理中断，从片中断请求 INT 与主片的 IR_2 连接。设主片工作于特殊完全嵌套、非缓冲和非自动结束方式，中断类型号为 40H，端口地址为 20H 和 21H；从片工作于完全嵌套、非缓冲和非自动结束方式，中断类型号为 70H，端口地址为 80H 和 81H。试编写主片和从片的初始化程序。

对主片和从片分别编写初始化程序。

主片 8259A 的初始化程序如下：

```
          MOV      AL, 00010001B       ; 级联, 边沿触发, 需要写 ICW₄
          OUT      20H, AL             ; 写 ICW₁
          MOV      AL, 01000000B       ; 中断类型号为 40H
          OUT      21H, AL             ; 写 ICW₂
          MOV      AL, 00000100B       ; 主片的 IR₂ 引脚接从片
          OUT      21H, AL             ; 写 ICW₃
          MOV      AL, 00010001B       ; 特殊完全嵌套、非缓冲、自动结束
          OUT      21H, AL             ; 写 ICW₄
```

从片 8259A 的初始化程序如下：

```
MOV     AL, 00010001B              ; 级联, 边沿触发, 需要写 ICW4
OUT     80H, AL                    ; 写 ICW1
MOV     AL, 01110000B              ; 中断类型号为 70H
OUT     81H, AL                    ; 写 ICW2
MOV     AL, 00000010B              ; 接主片的 IR2 引脚
OUT     81H, AL                    ; 写 ICW3
MOV     AL, 00000001B              ; 完全嵌套、非缓冲、非自动结束
OUT     81H, AL                    ; 写 ICW4
```

2. 操作方式编程

操作方式编程是在 8259A 初始化后，由 CPU 向 8259A 写入操作命令字，从而实现对 8259A 的灵活控制。OCW₁～OCW₃ 的设置可以出现在主程序和中断服务程序需要的任意位置，而且写入顺序没有限制。

【例 7.3】 某系统正在为 IR₂ 服务，在服务过程中，打算允许优先级比较低的中断得到响应。在为低优先级中断服务完之后，再继续为 IR₂ 服务。该系统中 8259A 的端口地址为 0A20H、0A21H。试编制控制程序段。

分析：先用 OCW₁ 屏蔽 IR₂，再用 OCW₃ 设置 8259A 的特殊屏蔽方式。

程序如下：

```
...
CLI
MOV     AL,04H
MOV     DX,0A21H
OUT     DX,AL                    ; 写 OCW1
MOV     AL,68H
MOV     DX,0A20H
OUT     DX,AL                    ; 写 OCW3
STI
...                              ; 响应低优先级中断, 为低优先级中断服务
CLI
MOV     AL,48H
MOV     DX,0A20H
OUT     DX,AL                    ; 写 OCW3
MOV     AL,00H
MOV     DX,0A21H
OUT     DX,AL                    ; 写 OCW1
STI
...
```

7.4　8259A 应用实例

8259A 作为 CPU 外围中断控制器芯片，在实际应用中，根据中断请求的等级多少，硬件设计可以选择单片使用、2 片级联、多片级联、板卡扩展等，涉及的主要内容有初始化、各种操作控制、级联设置、查询中断方式等。

【例 7.4】 PC 系统中两片 8259A 级联使用分析。

PC 中采用两片 8259A 管理系统的中断，系统开机后固化在 BIOS 中的系统初始化程序对主 8259A 和从 8259A 进行初始化设置，主 8259A 端口地址为 20H 和 21H，从 8259A 端口地址为 0A0H 和 0A1H。其系统连接如图 7.19 所示。

图 7.19　PC 中两片 8259A 硬件连接图

主片 8259A 初始化程序代码如下：

```
        MOV     AL,11H      ; ICW₁=00010001B，边沿触发
        OUT     20H,AL      ; ICW₄，级联方式
        JMP     INTR1       ; 延迟
INTR1:  MOV     AL,08H      ; ICW₂=00001000B，中断类型号起始值为 08H
        OUT     21H,AL
        JMP     INTR2
INTR2:  MOV     AL,04H
        OUT     21H,AL      ; ICW₃=00000100B，从 8259A 与 IR₂ 脚级联
        JMP     INTR3
INTR3:  MOV     AL,15H      ; ICW₄=00010101B，特殊完全嵌套；非缓冲，主片命令字
        OUT     21H,AL      ; 中断结束方式
```

从片 8259A 的初始化程序代码如下：

```
        MOV     AL,11H      ; ICW₁=00010001B，边沿触发
        OUT     0A0H,AL     ; ICW₄，级联方式
        JMP     INTR5       ; 延迟
```

```
INTR5:    MOV      AL,70H           ; ICW2=01110000B，中断类型号起始值为 70H
          OUT      0A1H,AL
          JMP      INTR6
INTR6:    MOV      AL,02H           ; ICW3=00000010B，从 8259A 与 IR2 脚级联
          OUT      0A1H,AL
          JMP      INTR7
INTR7:    MOV      AL,01H           ; ICW4=00000001B，特殊完全嵌套；非缓冲，从片命令字
          OUT      0A1H,AL          ; 中断结束方式
```

【例 7.5】 设计一个中断处理程序。要求中断请求信号以跳变方式由 IR_2 引入(可为任一定时脉冲信号)，当 CPU 响应 IR_2 请求时，输出字符串"8259A INTERRUPT!"，中断 10 次程序退出(设 8259A 的端口地址为 20H 和 21H，中断类型号为 40H)。

中断处理程序如下：

```
DATA      SEGMENT
          MESS     DB'8259A INTERRUPT!', 0AH, 0DH, '$'
          COUNT    DB   10                              ; 计数值为 10
DATA      ENDS
STACK     SEGMENT  STACK
          STA      DB   100H DUP(?)
          TOP      EQU LENGTH    STA
STACK     ENDS
CODE      SEGMENT
          ASSUME   CS:CODE, DS:DATA, SS:STACK
MAIN:
          CLI
          MOV      AX,DATA
          MOV      DS, AX
          MOV      AX, STACK
          MOV      SS, AX
          MOV      SP, TOP
          MOV      AL, 13H              ; 8259A 初始化
          OUT      20H, AL              ; 单片、边沿触发
          MOV      AL, 40H              ; 中断类型号为 40H
          OUT      21H, AL
          MOV      AL, 01H              ; 非自动结束
          OUT      21H, AL
          MOV      AX, SEG INT-P        ; 设置中断向量
          MOV      DS, AX               ; 中断服务子程序入口段基址送 DS
          MOV      DX, OFFSET INT-P     ; 中断服务子程序入口偏移地址送 DX
          MOV      AL, 42H              ; IR2 的中断类型号 42H 送 AL
```

```
              MOV    AH, 25H                    ；25H 功能调用
              INT    21H
              IN     AL, 21H                    ；读 IMR
              AND    AL, 0FBH                   ；允许 IR₂ 请求中断
              OUT    21H, AL                    ；写中断屏蔽字 OCW₁
    WAIT1:    STI                               ；开中断
              CMP    COUNT,0                     ；判断 10 次中断是否结束
              JNZ    WAIT1                       ；未结束，等待
              MOV    AX, 4C00H                   ；结束，返回 DOS
              INT    21H
    INT-P     PROC                               ；中断服务子程序
              PUSH   DS                          ；保护现场
              PUSH   AX
              PUSH   DX
              STI                                ；开中断
              MOV    DS, AX
              MOV    DX, OFFSET MESS
              MOV    AH, 09H
              INT    21H
              DEC    COUNT                       ；控制 10 次循环
              JNZ    NEXT
              IN     AL, 21H                     ；读 IMR
              OR     AL, 04H                     ；屏蔽 IR₂ 请求
              OUT    21H, AL
    NEXT:     CLI                                ；关中断
              MOV    AL, 20H                     ；写 OCW2, 送中断结束命令 EOI
              OUT    20H, AL
              POP    DX                          ；恢复现场
              POP    AX
              POP    DS
              IRET                               ；中断返回
    INT-P     ENDP
    CODE      ENDS
              END    MAIN
```

习 题 七

1. 什么是中断？简述微型计算机系统的中断过程。

2．什么是中断向量？什么是中断向量表？

3．中断类型号为 77H 的中断服务程序的起始地址为 0A16H:0480H，它在中断向量表中的什么位置，是如何存放的？

4．简述中断向量的具体修改方法。

5．8086 中断系统可处理哪些中断，它们的优先级是如何排列的？

6．对 8259A 的编程有哪两大类？它们分别如何应用，各使用哪些命令字？

7．CPU 响应外部中断的条件有哪些？

8．8259A 如何实现查询中断？

9．某可编程中断控制器 8259A 初始化命令字 ICW$_2$ 为 20H，则该 8259A 的中断类型号的范围是多少？

10．8088 系统中有一片 8259A，其占用地址为 0F0H～0F1H，采用非缓冲、一般嵌套、电平触发、普通中断结束方式，中断类型号为 80H～87H，禁止 IRQ$_3$、IRQ$_4$ 中断。试写出 8259A 的初始化程序段。

11．简述特定屏蔽方式的作用，并画出实现的流程图和程序段。

12．试编写一段程序，实现将 8088 系统中 8259A 的 IRR、ISR、IMR 三个寄存器的内容读出，并送入内存从 2000H 开始的单元中，设 8259A 的端口地址为 20H 和 21H。

13．试为 8086 系统的 PC 扩充 8 个中断，设计硬件电路并给出相应的驱动程序。

14．简述有从片级联的情况下，CPU 响应从片中断的过程和从片中断结束的过程。

第 8 章　DMA 技术与定时/计数技术

【教学提示】

本章介绍微机的 DMA 技术和定时/计数技术两个方面的内容。通过学习 DMA 的基本概念、工作过程和 8237 芯片的技术与应用，掌握微机的 DMA 应用；通过学习定时/计数的基本方法和 8253 芯片的技术与应用，把握定时/计数的可编程芯片的应用设计。

【教学目标】

- 理解微机的 DMA 技术和定时/计数技术方法；
- 了解 8237 和 8253 芯片的内部结构、引脚及定义；
- 理解 8237 和 8253 芯片的各种工作方式；
- 掌握 8237 和 8253 芯片的设计与应用技术。

DMA 技术和定时/计数技术在计算机中具有重要的作用。系统定时和数据传输是计算机系统本身和应用装置完成功能、提高效率、保障性能的关键技术，具有普遍的意义和重要的价值。本章具体介绍 Intel 8237 芯片和 Intel 8253 定时/计数芯片所代表的 DMA 技术和定时/计数技术，以及芯片的应用。

8.1　DMA 技术

8.1.1　DMA 基本概念及功能

DMA(Direct Memory Access，存储器直接访问)是一种高速的数据传输技术，它允许在外部设备和存储器之间直接进行数据的读/写操作，即不通过 CPU 也不需要 CPU 干预，整个数据传输操作是在一个称为 DMA 控制器(DMAC)的控制下进行的。CPU 除了在数据传输开始和结束时进行一些处理外，在这个传输过程中 CPU 可以去完成其他的工作，所以在大部分时间里 CPU 和数据的输入/输出都处于并行操作状态，从而使整个计算机系统的效率得以大大提高。这与中断方式依靠 CPU 执行中断服务程序进行数据传输的操作完全不同，DMA 方式完全靠硬件控制。为实现 DMA 操作而设计了专用接口电路，如 Intel 8237、Intel 8257、Z8410、MC6844 等各个公司的 DMAC 芯片。

由于这种外设与内存直接传送，不需要 CPU 及其累加器 AX 中转，并且其传输控制(检查字数、修改地址等)均由硬件完成，从而实现了高速、大量数据的直接传输，因此在计算机中的应用越来越广泛，如磁盘存取、图像处理、同步通信、高速数据采集、多媒体数据传送以及 RAM 刷新等。

DMA 的数据传输过程如图 8.1 所示,工作描述如下:

(1) 当外设准备好,具备 DMA 传送的条件时,外设向 DMAC 提出传送请求信号 (DREQ);

(2) DMAC 收到外设的 DMA 请求,便向 CPU 发出占用总线的请求信号(HRQ);

(3) CPU 响应 DMAC 的占用总线的请求,发出总线响应信号(HLDA);

(4) DMAC 收到总线响应信号(HLDA),得到总线的控制权;

(5) DMAC 同时向外设发出 DMA 响应信号(DACK),通知外设,其 DMA 传送请求获得允许,可以进行数据传输了;

(6) DMAC 发出地址信息和相关控制信号,实现外设与内存间直接的数据传送,并且 DMAC 自动修改地址(+1 或 -1)和字节计数器(-1 直到 0),据此判断是否重复进行传送操作;

(7) 字节计数器为 0,表明传送完毕,DMAC 撤销发给 CPU 的 HRQ 信号,CPU 检测到 HRQ 信号失效,便撤销 HLDA,并在下一时钟周期开始时 DMAC 让出总线,CPU 重新控制总线。

图 8.1 DMA 的数据传输过程

8.1.2 8237 的结构与引脚

Intel 8237 是由 Intel 公司推出的典型的可编程 DMA 控制器,是高性能可编程的 DMA 控制器。其内部有四个独立的 DMA 通道,每个通道都有 64 KB 的寻址和计数能力,具有不同的优先级,且有四种工作方式,可以分别设置允许和禁止。多片 8237 芯片可以级联以扩展通道数。在 5 MHz 时钟频率下,数据传送速率最高可达每秒 1.6 MB。其基本特点有:

(1) 具有独立的 4 个 DMA 通道,每个通道可以请求或屏蔽 DMA 传送。

(2) 4 个 DMA 通道具有不同的优先级,通过编程可以工作在固定优先级方式,也可以是循环优先级方式。

(3) 提供 4 个工作模式,即单字节传送、数据块传送、请求传送和级联传送,通过编程可进行选择。

(4) 提供 3 种 DMA 传送类型,即写传送、读传送和校验传送。

(5) 提供外部硬件 DMA 请求和软件 DMA 请求两种方式。

8237 的基本结构如图 8.2 所示。

图 8.2　8237 的基本结构

1. 8237 的基本结构

8237 主要由三个基本控制逻辑单元、三个地址/数据缓冲器单元和一组内部寄存器组成。

1) 控制逻辑单元

控制逻辑单元包括定时和控制逻辑、命令控制逻辑和优先级控制逻辑，其功能如下：

(1) 定时和控制逻辑：根据初始化编程所设置的工作方式寄存器的内容和命令，在输入时钟信号的控制下，产生 8237 的内部定时信号和外部控制信号。

(2) 命令控制逻辑：主要是在 CPU 控制总线时(即 DMA 处于空闲周期)，将 CPU 在初始化编程时送来的命令字进行译码；当 8237 进入 DMA 服务时，对 DMA 的工作方式控制字进行译码。

(3) 优先级控制逻辑：用来裁决各通道的优先权顺序，解决多个通道同时请求 DMA 服务时可能出现的优先权竞争问题。

2) 地址/数据缓冲器单元

该缓冲器包括 I/O 缓冲器 1、I/O 缓冲器 2 和输出缓冲器，其功能如下。

(1) I/O 缓冲器 1：8 位、双向、三态地址/数据缓冲，作为 8 位数据 $D_7 \sim D_0$ 的输入/输出和高 8 位地址 $A_{15} \sim A_8$ 输出缓冲。

(2) I/O 缓冲器 2：4 位地址缓冲器，作为地址 $A_3 \sim A_0$ 输出缓冲。

(3) 输出缓冲器：4 位地址缓冲器，作为地址 $A_7 \sim A_4$ 输出缓冲。

3) 内部寄存器

8237 的内部寄存器以存储器结构形式构成寄存器阵列，每个通道都有四个 16 位基地址/当前地址寄存器、基字节/当前字节计数寄存器，以及工作方式寄存器、请求寄存器、屏蔽寄存器，4 个通道共用的控制寄存器、状态寄存器和不能访问的 2 个 16 位的地址暂存寄存器、字节计数暂存寄存器、1 个 8 位数据暂存寄存器，如表 8.1 所示。

表 8.1　8237 的内部寄存器

名　　称	位　数	数　量	CPU 访问方式
基地址寄存器	16	4	只写
基字节计数寄存器	16	4	只写
当前地址寄存器	16	4	可读可写
当前字节计数寄存器	16	4	可读可写
地址暂存寄存器	16	1	不能访问
字节计数暂存寄存器	16	1	不能访问
控制寄存器	8	1	只写
工作方式寄存器	6	4	只写
屏蔽寄存器	4	1	只写
请求寄存器	4	1	只写
状态寄存器	8	1	只读
数据暂存寄存器	8	1	只读

2. 8237 的引脚信号

8237 是 40 引脚双列直插式芯片，如图 8.3 所示。

$DB_7 \sim DB_0$——8 位地址/数据线。当 CPU 控制总线时，$DB_7 \sim DB_0$ 作为双向数据线，由 CPU 读/写 8237 内部寄存器；当 8237 控制总线时，$DB_7 \sim DB_0$ 输出被访问存储器单元的高 8 位地址信号 $A_{15} \sim A_8$，并由 ADSTB 信号锁存。

$A_3 \sim A_0$——地址线，双向。当 CPU 控制总线时，$A_3 \sim A_0$ 为输入，作为 CPU 访问 8237 时内部寄存器的端口地址选择线。当 8237 控制总线时，$A_3 \sim A_0$ 为输出，作为被访问存储器单元的地址信号。

$A_7 \sim A_4$——地址线，单向。当 8237 控制总线时，$A_7 \sim A_4$ 为输出，作为被访问存储器单元的地址信号。

$\overline{CS}$——片选信号，低电平有效。当 CPU 控制总线时，$\overline{CS}$ 为低电平，选中指定的 8237。

$\overline{IOR}$——I/O 读信号，双向，低电平有效。当 CPU 控制总线时，$\overline{IOR}$ 为输入信号，CPU 读 8237 内部寄存器的状态信息；当 8237 控制总线时，$\overline{IOR}$ 为输出信号，与 $\overline{MEMW}$ 配合控制数据由外设传至存储器。

$\overline{IOW}$——I/O 写信号，双向，低电平有效。当 CPU 控制总线时，$\overline{IOW}$ 为输入信号，CPU 写 8237 内部寄存器；当 8237 控制总线时，$\overline{IOW}$ 为输出信号，与 $\overline{MEMW}$ 配合控制数据由存储器传至外设。

$\overline{MEMW}$——存储器读信号，输出，低电平有效，

图 8.3　8237 芯片的引脚排列

与 $\overline{\text{IOW}}$ 配合控制数据由存储器传至外设。

$\overline{\text{MEMW}}$——存储器写信号，输出，低电平有效，与 $\overline{\text{IOR}}$ 配合控制数据由外设传至存储器。

$\text{DREQ}_3 \sim \text{DREQ}_0$——4 个通道的 DMA 请求输入信号，由请求 DMA 传送的外设输入，其有效极性和优先级可以通过编程设定。

$\text{DACK}_3 \sim \text{DACK}_0$——四个通道的 DMA 响应信号，作为对请求 DMA 传送外设的应答信号，其有效极性可以通过编程设定。

HRQ——总线请求信号，输出，高电平有效，与 CPU 的总线请求信号 HOLD 相连。当 8237 接收到 DREQ 请求后，使 HRQ 变为有效电平。

HLDA——总线应答信号，输入，高电平有效。与 CPU 的总线响应信号 HLDA 相连。当 HLDA 有效后，表明 8237 获得了总线控制权。

CLK——时钟信号，用来控制 8237 内部操作的定时和数据传送的速率。

RESET——复位信号，高电平有效。芯片复位后，屏蔽寄存器置 1，其他寄存器被清 0，8237 处于空闲周期，可接受 CPU 的初始化操作。

READY——外设准备就绪信号，输入，高电平有效。READY=1，表示外设已经准备就绪，可以进行读/写操作；READY=0，表示外设未准备就绪，需要在总线周期中插入等待周期。

AEN——地址允许信号，输出，高电平有效。当 AEN 有效时，将 8237 控制器输出的存储器单元地址送到系统地址总线，禁止其他总线控制设备使用总线。在 DMA 传送过程中，AEN 信号一直有效。

ADSTB——地址选通信号，输出，高电平有效，作为外部地址锁存器选通信号。当 ADSTB 信号有效时，$\text{DB}_7 \sim \text{DB}_0$ 传送的存储器高 8 位地址信号($\text{A}_{15} \sim \text{A}_8$)被锁存到外部地址锁存器中。

$\overline{\text{EOP}}$——DMA 传送结束信号，双向，低电平有效。当 8237 的任一通道数据传送计数停止时，产生 $\overline{\text{EOP}}$ 输出信号，表示 DMA 传送结束；也可以由外设输入 $\overline{\text{EOP}}$ 信号，强迫当前正在工作的 DMA 通道停止计数。无论是内部停止还是外部停止，当 $\overline{\text{EOP}}$ 有效时，立即停止 DMA 服务，并复位 8237 的内部寄存器。

8.1.3　Intel 8237 的工作周期

由于 8237 要作为系统的控制器，控制外设与内存间的数据传输，所以它有主控和从属两种工作状态。当它没有获得总线控制权时，作为从属设备由 CPU 控制，如初始化操作。8237 一旦获得总线控制权，由从属状态变为主控状态，控制 DMA 进行数据传送。数据传送完毕，将总线控制权交还给 CPU，又由主控状态变为从属状态。相应的，8238 有两个工作周期，即空闲周期和有效周期，每个周期又由若干个时钟周期组成。

1. 空闲周期

在空闲周期，8237 作为 CPU 的一个外设，当 8237 的 4 个通道中任一个通道无 DMA 请求时，8237 处于空闲周期。在空闲周期，8237 始终执行 SI 状态，并且在每一个时钟周期都采样通道的请求输入线 DREQ。若无 $\overline{\text{CS}}$ 请求，8237 就始终停留在 SI 状态。在 SI 状态，可由 CPU 对 8237 编程，或从 8237 读取状态，只要 $\overline{\text{CS}}$ 信号有效并且 HRQ 无效，则 CPU 可对 8237 进行读/写操作。

2. 有效周期

当 8237 在 SI 状态采样到外设请求时，就脱离 SI 而进入 S0 状态。

(1) S0 状态是 DMA 服务的第一个状态，在这个状态，8237 已接收了外设的请求，向 CPU 发出了 DMA 请求信号 HRQ，但尚未收到 CPU 的 DMA 响应信号 HLDA。

(2) 当接收到 HLDA 响应信号时，8237 即进入工作状态，开始 DMA 传送，此时，8237 就作为系统总线的主控设备。

在通常情况下，工作状态由 S1、S2、S3、S4 组成以完成数据传送。若外设的数据传送速度较慢，不能在 S4 之前完成，则可由 READY 线在 S3 或 S2 与 S4 之间插入 Sw 状态。在存储器与存储器之间的传送，则需 8 个时钟周期。前 4 个时钟周期 S11～S14 完成从存储器读，后 4 个时钟周期 S21～S24 完成对存储器写。DMA 传送时序如图 8.4 所示。

图 8.4　8237 的 DMA 传送时序

8237 的时序包括 SI、S0、S1、S2、Sw、S3、S4 七个状态。

SI——空闲状态(Idle)。当 8237 的通道都无 DMA 请求时，则其处于空闲周期或称为 SI 状态。空闲周期由一系列的时钟周期组成，在空闲周期中的每一个时钟周期，8237 只做两项工作，8237 采样 $\overline{CS}$ 片选信号，该信号有效，CPU 就要对 8237 进行读/写操作；8237 还采样通道的请求输入信号 DREQ，该信号有效，就进入有效周期。

S0——请求状态。如果某一通道有 DREQ 请求，则 8237 将驱动 HRQ 为高电平，向 CPU 提出 DMA 请求，8237 进入 S0 状态，等待 CPU 交出总线控制权。

S1——获得总线控制权。当 8237 收到 CPU 发出的总线允许信号 HLDA 时，8237 脱离 S0 进入 S1 状态。8237 获得总线控制权，输出 AEN 信号，允许高 8 位地址输出到总线。在 8237 占用总线期间，AEN 信号不变。因此，一般情况下，S1 状态被跳过，仅在第一次地址传输时 8237 才执行 S1 状态。

S2——输出地址并发出读/写控制信号。8237 在 $A_7 \sim A_0$ 引脚输出地址低 8 位，在 $DB_7 \sim DB_0$ 引脚输出高 8 位地址 $A_{15} \sim A_8$ 及其锁存信号 ADSTB，并发出读/写控制信号 $\overline{IOR}$、$\overline{IOW}$、

$\overline{\text{MEMR}}$、$\overline{\text{MEMW}}$。注意，高 8 位地址 $A_{15} \sim A_8$ 要在 S3 状态才出现在系统地址总线上。

Sw——等待状态。如果外设的速度不够快(READY=0)，在 S2 或 S3 状态后插入 Sw 状态等待周期。

S3——锁存地址高 8 位。8237 仅在第一次执行 S2 时，才输出地址高 8 位及其锁存信号 ADSTB，然后在 S3 状态锁存高 8 位地址，高 8 位地址出现在系统地址总线上。一般情况下，高 8 位地址不变，因此，不执行 S3 状态，仅在需要时(第一次，及以后需修改高 8 位地址时)，才执行 S3 状态。正常时序时，S3 产生较长的 $\overline{\text{IOR}}$ 或 $\overline{\text{MEMR}}$ 脉冲。

S4——传输数据。在 S4 状态，8237 对数据进行传输或模式测试。使 $\overline{\text{IOW}}$ 或 $\overline{\text{MEMW}}$ 信号有效，完成一次数据的传输。此时如果是块传输模式，立即进入 S2 状态；如果是请求传输模式，测试 DREQ。当 DREQ 无效时，8237 暂停传输；当 DREQ 有效时，进入 S2 状态。如果是单字节传输模式，则释放总线，进入 SI 空转状态。如果当前字节计数器的值为 0，表明本次传输结束，则释放总线，发出 $\overline{\text{EOP}}$ 信号，进入 SI 空转状态。

8237 有两种传输时序，即普通时序和压缩时序。普通时序使用 S2、S3、S4，压缩时序使用 S2、S4。

8.1.4　Intel 8237 的工作方式

8237 有四种工作方式：单字节传送、数据块传送、请求传送和多片级联。

1. 单字节传送方式

在这种数据传送方式下，每次 DMA 传送时仅传送一个字节。传送一个字节之后当前字节计数器减 1，地址寄存器加 1 或减 1，HRQ 变为无效，释放总线控制权，将控制权交还给 CPU。如果传送使得字节计数器减为 0 或由外设产生 $\overline{\text{EOP}}$ 信号，则终止 DMA 传送。

单字节传送方式的特点是一次传送一个字节，效率较低，但它保证了在两次 DMA 传送之间，CPU 有机会获得总线控制权，执行一次 CPU 总线周期。

2. 数据块传送方式

在这种数据传送方式下，8237 一旦获得总线控制权，就会连续地传送数据块，直到当前字节计数器减到 0 或由外设产生 $\overline{\text{EOP}}$ 信号时，终止 DMA 传送，释放总线控制权。

数据块传送方式的特点是一次请求传送一个数据块，效率高，但在整个 DMA 传送期间，CPU 长时间无法控制总线(无法响应其他 DMA 请求，无法处理其他中断等)。

3. 请求传送方式

请求传送方式与数据块传送方式类似，也是一种连续传送数据的方式，区别在于 8237 在请求传送方式下，每传送一个字节就要检测一次 DREQ 信号是否有效，若有效，则继续传送下一个字节；若无效，则停止数据传送，结束 DMA 过程。但 DMA 的传送现场全部保持(当前地址寄存器和当前字节计数器的值)，待请求信号 DREQ 再次有效时，8237 接着原来的计数值和地址继续进行数据传送，直到当前字节计数器减到 0 或由外设产生 $\overline{\text{EOP}}$ 信号时，终止 DMA 传送，释放总线控制权。

请求传送方式的特点是 DMA 操作可由外设利用 DREQ 信号控制数据传送的过程。

4. 多片级联方式

这种工作方式用于通过多个 8237 级联以扩展通道。如图 8.5 所示的多片级联由主、从两级构成，从片 8237 的 **HRQ** 和 **HLDA** 引脚与主片 8237 的 **DREQ** 和 **DACK** 引脚连接，一片主片最多可连接四片从片。在级联方式下，从片进行 DMA 传送，主片在从片与 CPU 之间传递联络信号，并对从片各通道的优先级进行管理。级联方式下可扩展多个 DMA 通道。

图 8.5　8237 的多片级联方式

8.1.5　Intel 8237 的内部寄存器结构

8237 内部寄存器的端口地址分配及读/写功能见表 8.2。

表 8.2　8237 内部寄存器的端口地址分配及读/写功能

通道号	DMA+		地址		寄存器操作访问	
	地址	端口	主片	从片	读操作($\overline{IOR}=0$)	写操作($\overline{IOR}=0$)
0	0000	+0	00H	0C0	当前地址寄存器	基地址/当前地址寄存器
	0001	+1	01H	0C2	当前字节寄存器	基字节/当前字节计数寄存器
1	0010	+2	02H	0C4	当前地址寄存器	基地址/当前地址寄存器
	0011	+3	03H	0C6	当前字节寄存器	基字节/当前字节计数寄存器
2	0100	+4	04H	0C8	当前地址寄存器	基地址/当前地址寄存器
	0101	+5	05H	0CA	当前字节寄存器	基字节/当前字节计数寄存器
3	0110	+6	06H	0CC	当前地址寄存器	基地址/当前地址寄存器
	0111	+7	07H	0CE	当前字节寄存器	基字节/当前字节计数寄存器
公用	1000	+8	08H	0D0	状态寄存器	控制寄存器
	1001	+9	09H	0D2		请求寄存器
	1010	+A	0AH	0D4		单通道屏蔽寄存器
	1011	+B	0BH	0D6		方式寄存器
	1100	+C	0CH	0D8		清除先/后触发器(*)
	1101	+D	0DH	0DA	暂存寄存器	主清除(软复位)(*)
	1110	+E	0EH	0DC		清 4 通道屏蔽寄存器(*)
	1111	+F	0FH	0DE		置 4 通道屏蔽寄存器

注：(*)处是 8237 的 3 个特殊的软命令，在相应地址写入的清除先/后触发器、主清除(软件复位)、清 4 通道屏蔽寄存器属于软命令。不论写入内容，一旦有写入操作，即可发生作用。

8237 的内部寄存器有两类。一类称为通道寄存器，每个通道包括基地址寄存器、当前地址寄存器、基字节计数寄存器、当前字节计数寄存器和工作方式寄存器，这些寄存器的内容在初始化编程时写入。另一类为控制寄存器和状态寄存器等，这类寄存器是四个通道公用的，控制寄存器用来设置 8237 的传送类型和请求控制，初始化编程时写入。状态寄存器存放 8237 的工作状态信息，供 CPU 读取查询。

(1) 当前地址寄存器：用来保存 DMA 传送的当前地址，每次传送后该寄存器的值自动加 1 或减 1。当前地址寄存器可由 CPU 写入或读出。

(2) 当前字节计数寄存器：保存 DMA 要传送的字节数，每次传送后减 1。将寄存器的值可由 CPU 写入和读出，当寄存器的值减到 0 时，终止计数。

(3) 基地址寄存器和基字节计数寄存器：基地址寄存器中存放着与当前地址寄存器、当前字节计数寄存器相联系的初始值，但不随传输的进行而变化，也不能读出。初始化时，CPU 将起始地址写入基地址寄存器和当前地址寄存器中，同时写入基字节计数寄存器和当前字节计数寄存器中。

(4) 工作方式寄存器：该寄存器寄存相应通道的方式控制字，它规定了相应通道的操作方式。其写入格式如图 8.6 所示。

D_7D_6	D_5	D_4	D_3D_2	D_1D_0
00—请求方式； 01—单字节传送； 10—块传送； 11—级联传送	00—地址加1； 01—地址减1	0—禁止自动初始化； 1—允许自动初始化	00—检验传送； 01—写传送； 10—读传送	00—通道 0； 01—通道 1； 10—通道 2； 11—通道 3

图 8.6　8237 的工作方式寄存器

(5) 控制寄存器：控制寄存器存放 8237 的控制字，如图 8.7 所示。它用来设置 8237 的操作方式，影响每个通道。复位时，控制寄存器被清 0。在系统性能允许的范围内，为获得较高的传输效率，8237 能将每次传输时间从正常时序的三个时钟周期变成压缩时序的两个时钟周期。

D_7	D_6	D_5	D_4	D_3	D_2	D_1	D_0
0—DACK 低电平有效； 1—DACK 高电平有效	0—DREQ 高电平有效； 1—DREQ 低电平有效	0—滞后写； 1—扩展写	0—固定优先权； 1—循环优先权	0—正常时序； 1—压缩时序	0—允许8237操作； 1—禁止8237操作	0—通道0地址不保持； 1—通道0地址保持不变	0—禁止存储器到存储器传送； 1—允许存储器到存储器传送

图 8.7　8237 的控制寄存器

D_7——用于 8237 对 DACK 信号的高低电平选择。

D_6——用于 8237 对 DREQ 信号的高低电平选择。

D_5——用于 8237 的时序控制。D_5 位用于选择是否扩展写信号。在 $D_3=0$(正常时序)时，如果外设速度较慢，有些外设是用 8237 送出的 $\overline{IOW}$ 和 $\overline{MEMW}$ 信号的下降沿来产生 READY 信号的。为提高传送速度，能够使 READY 信号早些到来，须将 $\overline{IOW}$ 和 $\overline{MEMW}$ 信号加宽，以使它们提前到来。因此，可以通过令 $D_5=1$ 使 $\overline{IOW}$ 和 $\overline{MEMW}$ 信号扩展 2 个时钟周期提前到来。

D_4——用于 8237 的优先权控制。固定优先权下，通道 0 的优先级最高，通道 3 的优先级最低；采用循环优先权时，各个通道的优先级可以发生变化，刚刚服务过的通道优先级降为最低，下一个通道的优先级变成最高的，如此循环，每个通道都有平等的优先权。

D_3——用于 8237 的正常时序和压缩时序选择。靠 DMA 传输的各设备速度都比较高，采用压缩时序可提高数据传输的量。

D_2——允许或禁止 8237 芯片工作的控制位。

D_1——用以规定通道 0 的地址是否保持不变。如前所述，在存储器到存储器的传送中，源地址由通道 0 提供，读出数据到暂存寄存器，而后，由通道 1 送出目的地址，将数据写入目的区域；若命令字中 $D_1=0$，则在整个数据块传送中(块长由通道 1 决定)保持内存源区域地址不变，因此，就会把同一个数据写入到整个目的存储器区域中。

D_0——用以规定是否允许采用存储器到存储器的传送方式。8237 约定在存储器到存储器传送中利用通道 0 和通道 1 来实现，第一个总线周期，从通道 0 把源地址字节数据读入 8237 的暂存器；第二个总线周期，由通道 1 把暂存器数据送到总线，在写信号作用下写入目标地址。两通道未传送一个数据时，地址各自加 1 或减 1，通道 1 的字节计数寄存器减 1，直到为 0 产生 $\overline{\text{EOP}}$ 信号，DMA 传输结束。

(6) 请求寄存器：8237 除了可以利用硬件 DREQ 信号提出 DMA 请求外，当工作在数据块传送方式时，也可以通过软件发出 DMA 请求。在执行存储器与存储器之间的数据传送时，由通道 0 从源数据区读取数据，由通道 1 将数据写入目标数据区。此时启动 DMA 过程是由内部软件 DMA 请求来实现的，即对通道 0 的请求寄存器写入 04H，产生 DREQ 请求，使 8237 产生总线请求信号 HRQ，启动 DMA 传送。其格式如图 8.8 所示。

(7) 屏蔽寄存器：8237 的每个通道都有一个屏蔽位，当该位为 1 时，屏蔽对应通道的 DMA 请求，屏蔽位可以用两种命令字置位或清除，如图 8.9 所示。

$D_7D_6D_5D_4D_3$	D_2	D_1D_0
未用	0—无 DMA 请求； 1—有 DMA 请求	00—通道 0； 01—通道 1； 10—通道 2； 11—通道 3

图 8.8　8237 的请求寄存器

$D_7D_6D_5D_4D_3$	D_2	D_1D_0
未用	0—屏蔽 DMA 请求； 1—允许 DMA 请求	00—通道 0； 01—通道 1； 10—通道 2； 11—通道 3

图 8.9　8237 的单通道屏蔽寄存器

8237 的通道也可以一次屏蔽多个，用 8237 的多通道屏蔽寄存器进行设置，如图 8.10 所示。

$D_7D_6D_5D_4$	D_3	D_2	D_1	D_0
未用	0—清通道 3 屏蔽位； 1—置通道 3 屏蔽位	0—清通道 2 屏蔽位； 1—置通道 2 屏蔽位	0—清通道 1 屏蔽位； 1—置通道 1 屏蔽位	0—清通道 0 屏蔽位； 1—置通道 0 屏蔽位

图 8.10　8237 的多通道屏蔽寄存器

(8) 状态寄存器：状态寄存器用来存放各通道的工作状态和请求标志，低 4 位对应表示各通道的终止计数状态。当某通道终止计数或外部 $\overline{\text{EOP}}$ 信号有效时，则对应位置 1。高 4 位对应表示当前是否存在 DMA 请求。这些状态位在复位或被读出后，均被清 0，如图 8.11 所示。

D_7	D_6	D_5	D_4	D_3	D_2	D_1	D_0
通道 3 请求	通道 2 请求	通道 1 请求	通道 0 请求	通道 3 终止计数	通道 2 终止计数	通道 1 终止计数	通道 0 终止计数

图 8.11　8237 的状态寄存器

(9) 暂存寄存器：8237 进行从存储器到存储器的数据传送时，通道 0 先把从源数据区读出的数据，送入暂存寄存器中保存，然后由通道 1 从暂存寄存器中读出数据，传送至目标数据区中。传送结束后，暂存寄存器只会保留最后一个字节数据并可由 CPU 读出。复位时，用 RESET 信号清除此暂存寄存器中的内容。

(10) 清除命令：清除命令不需要通过写入控制寄存器来执行，只需要对特定的 DMA 端口执行一次写操作即可完成。总清除命令的功能与复位信号 RESET 类似，可以对 8237 进行软件复位。只要对 $A_3 \sim A_0 = 1101B$ 的端口执行一次写操作，便可以使 8237 处于复位状态。

8.1.6　Intel 8237 的应用

8237 主要在硬件连线基础上进行编程设置，自动进行 DMA 传输的控制。

1. 编程步骤

8237 的编程通常可按如下步骤进行：

(1) 写总清除命令。总清时只要求对总清地址进行写操作，并不关心写入什么数据。

(2) 置页面寄存器。

(3) 写入基地址和当前地址寄存器。

(4) 写入基字节和当前字节计数寄存器。

(5) 写入模式寄存器。

(6) 写入命令寄存器。

(7) 写入屏蔽寄存器。

(8) 写入请求寄存器。

其中第(8)步是采用软件 DMA 请求时所需要的，由此可将相应的请求命令字写入指定通道，从而启动 DMA 传送过程。若为硬件 DMA 请求，则无需此步骤，只要在完成了(1)～(7)步编程后，由通道的 DREQ 信号即可启动 DMA 传送过程。

【例 8.1】在 IBM PC 系统中，试利用 8237 的通道 1，将内存中自 8000H:0H 开始的 16 KB 数据传送至磁盘(地址增量传送)。要求采用块传送方式，传送完不自动预置，DREQ 和 DACK 均为高电平有效，固定优先级，普通时序，不扩展写信号。系统中 8237 的端口地址为 00H～0FH。通道 1 "页面寄存器"的端口地址为 83H。

(1) 确定模式字，如图 8.12 所示。

D_7	D_6	D_5	D_4	D_3	D_2	D_1	D_0
1	0	0	0	1	0	0	1
块方式		地址增量	非自动初始化	块传送		通道 1	

图 8.12　模式字

(2) 确定命令字，如图 8.13 所示。

D_7	D_6	D_5	D_4	D_3	D_2	D_1	D_0
1	0	0	0	0	0	0	1
DACK 高电平 有效	DREQ 高电平 有效	正常写	固定 优先级				非存储器 至存储器 传送

图 8.13　命令字

(3) 确定屏蔽字，如图 8.14 所示

D_7	D_6	D_5	D_4	D_3	D_2	D_1	D_0
0	0	0	0	0	0	0	1
							通道 1 的屏蔽复位

图 8.14　屏蔽字

初始化程序如下：

```
OUT   0DH, AL        ; 输出主清除命令
MOV   AL, 08H        ; 置通道 1 "页面寄存器"，页面地址为 8(A₁₉～A₁₆ = 08H)
OUT   83H, AL
MOV   AL, 00H        ; 写入基和当前地址低 8 位
OUT   02H, AL
MOV   AL, 00H        ; 写入基和当前地址高 8 位
OUT   02H, AL
MOV   AL, 00H        ; 写入基和当前字节计数寄存器低 8 位
OUT   03H, AL
MOV   AL, 40H        ; 写入基和当前字节计数寄存器高 8 位
OUT   03H, AL
MOV   AL, 89H        ; 输出模式字
OUT   0BH, AL
MOV   AL, 80H        ; 输出命令字
OUT   08H, AL        ; 8237 内部寄存器的寻址
MOV   AL, 01H        ; 输出屏蔽字
OUT   0AH, AL
```

2. 8237 与外设的接口电路

8237 有四个独立的 DMA 通道，通常总是把每一个通道指定给一个专门的外部设备。由图 8.15 可见，电路中的四个 DMA 请求输入信号 $DREQ_3$～$DREQ_0$ 分别对应通道 3～0。在空闲状态，8237 不断采样这些输入信号，当某个外设请求 DMA 操作时，相应的 DREQ 变为有效电平。

8237 采样到 DREQ 有效电平后，使 HRQ 信号变为高电平有效，并将其传送给 CPU 的 HOLD 输入端，请求 CPU 让出总线控制权。当 CPU 准备让出总线控制权时，总线信号进

入高阻状态，同时输出信号 HLDA 变为高电平有效，作为对 HOLD 的应答。8237 接收到有效的 HLDA 应答信号后，就取得了总线控制权。

图 8.15　8237 与外设的接口电路

8237 取得总线控制权后，输出信号 DACK 变为高电平有效，通知外设它已经处于准备就绪状态。在 8237 控制总线期间，将产生存储器、I/O 数据传送所需要的全部控制信号。DMA 传送有下列三种情况：

1) 外设到存储器的数据传送

在这种情况下，8237 利用 $\overline{\text{IOR}}$ 信号通知外设，把数据送上数据总线 $DB_7 \sim DB_0$。与此同时，8237 利用 $\overline{\text{MEMW}}$ 信号把总线上的有效数据写入存储器。

2) 存储器到外设的数据传送

在这种情况下，8237 先从存储器读出数据，然后再把数据传送到外设，在数据传送过程中，8237 需要 $\overline{\text{MEMR}}$ 和 $\overline{\text{IOW}}$ 信号。在从存储器到外设或从外设到存储器的传送过程中，数据直接从外设传送到存储器或从存储器传送到外设，而没有通过 8237 控制器。

8237 形成存储器到外设或从外设到存储器的 DMA 总线周期，均需要四个时钟周期的时间。时钟周期的持续时间由加到 CLK 输入端的时钟信号的频率所决定。例如，频率为 5 MHz 的时钟信号，周期为 200 ns，DMA 总线周期为 800 ns。

3) 存储器到存储器的数据传送

在这种传送方式下，8237 固定使用通道 0 和通道 1。通道 0 的地址寄存器存放源数据区地址，通道 1 的地址寄存器存放目标数据区的地址，通道 1 的字节计数寄存器存放需要传送数据的字节数。传送过程由设置通道 0 的软件请求启动，8237 按正常方式向 CPU 发出 HRQ 请求信号，待 HLDA 响应后传送开始。

每传送一个字节需要 8 个时钟周期，前 4 个时钟周期用通道 0 地址寄存器的地址，从源数据区读数据送入 8237 的暂存寄存器；后 4 个时钟周期用通道 1 地址寄存器的地址，把暂存寄存器中的数据写入目标数据区。每传送 1 个字节，源地址和目标地址都要修改(加 1

或减 1），字节数减 1。传送一直进行到通道 1 的字节计数寄存器减为 0，终止计数并在 $\overline{\text{EOP}}$ 端输出一个脉冲。

存储器到存储器的数据传送也允许由外设送来的 $\overline{\text{EOP}}$ 信号终止数据传送过程。在数据传送中，8237 使用 $\overline{\text{MEMR}}$ 和 $\overline{\text{MEMW}}$ 信号。在 5 MHz 时钟频率下，1 个存储器到存储器的 DMA 周期需要 1.6 ms。

3. 8237 与 CPU 的连接

在 32 位 PC 中有两个 8237 DMAC 级联，并与其他功能芯片集成到一芯片组中。硬件连接分为 8237 与 CPU 的接口电路和 8237 与外设的接口电路。系统中，通道 0 用于动态 RAM 刷新，通道 1 为用户保留，通道 2 用于软盘数据传输，通道 3 用于硬盘数据传输。

在微机系统中，8237 是作为外围从属设备进行工作的。它的操作必须通过软件进行初始化处理，通过读/写内部寄存器来实现，而数据的传送是通过它与 CPU 之间的接口电路来进行的。8237 与 CPU 的接口电路如图 8.16 所示。

图 8.16　8237 与 CPU 的接口电路

当 8237 没有被外设用来进行 DMA 操作时，处于所谓的空闲状态。在空闲状态下，CPU 可以向 8237 输出命令以及读/写它的内部寄存器。所访问寄存器的端口地址 $A_3 \sim A_0$ 由 CPU 的地址信号线 $A_5 \sim A_2$ 来提供。

在数据传送总线周期，其他地址线经译码电路产生 8237 的片选信号 $\overline{\text{CS}}$。在空闲状态时，8237 不断采样片选信号 $\overline{\text{CS}}$，当 $\overline{\text{CS}}$ 有效时，CPU 分别用 $\overline{\text{IOR}}$ 信号和 $\overline{\text{IOW}}$ 信号来控制 8237，实现输入总线操作和输出总线操作。

8.2　定时/计数技术

8.2.1　定时/计数技术概述

在微型计算机系统和测控应用系统中，需要对一些操作实现定时或延时控制，如定时采集数据、CPU 的时间片轮换、定时检测与控制、波形发生等；有的需要对外部事件进行计数，而后使微处理机产生相关操作等。因此在微型计算机的应用系统中经常要用到定时信号，以进行准确的定时、延时和计数控制。

实现定时或延时控制主要有三种方法：软件定时、不可编程硬件定时、可编程硬件定时。

1. 软件定时

软件定时方法简单、灵活，不需要增加硬件电路并且可用程序设计延时，但缺点是大量占用 CPU 时间而降低了 CPU 的利用率。用软件定时方法必须深入了解处理器与指令的执行状况，安排合适的循环次数。该方法常用于定时时间短、重复调用次数少的场合。

2. 不可编程硬件定时

不可编程硬件定时方法的硬件电路简单，价格便宜，但缺点是一旦电路硬件确定并连接好后其定时时间和范围就确定了，不能改变和控制，并且精度不高。一般可选用小规模集成电路器件 555 通过外接定时部件电阻和电容构成，不占用 CPU 的时间。

3. 可编程硬件定时

可编程硬件定时方法以硬件定时芯片电路为基础，通过编程能够确定电路的定时值及其范围。这种方法的灵活性高、定时精度高，且不占用 CPU 的时间。

微机采用的 Intel 8253/4 PIT(Programmable Interval Timer)是可编程定时/计数器芯片，用户可通过编程设定其工作方式和计数值，外围连接简单，并可配合微机系统完成时间更新、时钟定时、定时控制等。下面以 Intel 8253 为对象介绍可编程定时/计数器芯片的功能，Intel 8254 在计数频率和一些辅助功能方面有一定扩展，使用时基本相同。

8.2.2　8253 的主要功能与结构

1. 8253 的主要功能

Intel 8253 作为 Intel 系列微处理器的外围芯片，具有可编程功能，采用 24 个引脚的双列直插式封装和 +5 V 电源供电，提供多个通道和多种工作方式。其主要功能如下：

(1) 芯片上有 3 个独立的 16 位的计数器。

(2) 每个计数器可以单独使用，并且都可以按照二进制或十进制来计数。

(3) 每个计数器都有 6 种工作方式，都可以通过程序设置或改变。

(4) 每个计数器的最高的计数频率为 2.6 MHz(Intel 8254 的最高的计数频率可达 5 MHz～10 MHz，82801BA 集成的 8254 的计数频率为 14.31808 MHz)。

(5) 所有的输入、输出都是 TTL 电平，便于与外围接口电路相连接。

2. 8253 的内部结构

8253 在结构上分为四大部分，即数据总线缓冲器、读/写控制逻辑、控制字寄存器以及三个独立的 16 位的计数器，如图 8.17 所示。

(1) 数据总线缓冲器：8 位的双向三态缓冲器与系统数据总线 $D_0 \sim D_7$ 相连，主要用于 CPU 发送控制字给 8253、向 8253 的计数器写入计数值、从 8253 的计数器读出计数值等操作。

(2) 读/写控制逻辑：该电路按 CPU 发来的 $\overline{RD}$、$\overline{WR}$、$\overline{CS}$、A_1、A_0 等信号组合产生对 8253 一定功能的访问操作，如表 8.3 所示。

图 8.17　8253 的内部结构框图

表 8.3　8253 控制信号的组合功能

A_1	A_0	$\overline{RD}$	$\overline{WR}$	$\overline{CS}$	操作功能
0	0	0	1	0	读计数器 0
0	1	0	1	0	读计数器 1
1	0	0	1	0	读计数器 2
0	0	1	0	0	写计数器 0
0	1	1	0	0	写计数器 1
1	0	1	0	0	写计数器 2
1	1	1	0	0	写方式控制字
X	X	X	X	1	禁止操作

(3) 控制字寄存器：存放 CPU 发给 8253 的控制字，只能写入，不能读出。8253 按控制字进行初始化，设定计数器及工作方式。

(4) 三个计数器：分别为计数器 0、1 和 2，是三个独立的计数/定时通道，它们都可按不同的方式工作。每个计数器内部都包含一个初始值寄存器 CR、一个减法计数执行部件 CE 和一个计数输出锁存器 OL。这三个寄存器都是 16 位的，分为高 8 位和低 8 位，也可用作 8 位寄存器。

在初始化编程时，CPU 把初始值送入初始值寄存器，在时钟脉冲作用下送入减法计数执行部件，输出锁存器可以锁存当前的计数值以便读出。启动工作后，减法计数器进行递减计数，当计数器内容减为 0 时，还可控制初始值寄存器自动将其数值填入计数器内重新开始计数。工作中，8253 还能将计数器当前数值随时锁存到锁存寄存器内，以便读出当前计数值。

3. 8253 的引脚

8253 为单一 5 V 电源供电，其 24 引脚的双列直插式芯片引脚和各个计数器框图如图 8.18 和 8.19 所示。

$D_0 \sim D_7$——数据总线，为三态 8 位输入/输出线，用于将 8253 与系统数据总线相连，是 8253 与 CPU 的接口数据线，供 CPU 向 8253 进行读/写数据、命令和状态信息。

$\overline{CS}$——片选信号，输入，低电平有效。当 $\overline{CS}$ 为低电平时，CPU 选中 8253，可以向 8253 进行读/写，$\overline{CS}$ 为高电平时未选中。$\overline{CS}$ 由 CPU 输出的地址码经译码获取。

图 8.18　8253 的芯片引脚图　　　　　图 8.19　8253 的计数器框图

$\overline{RD}$——读信号，为一输入低电平有效信号。它由 CPU 产生并加到 8253，控制对 8253 选中的寄存器读取信号。

$\overline{WR}$——写信号，为一输入低电平有效信号。它由 CPU 产生并加到 8253，控制把 CPU 输出的数据或命令信号写到 8253 的寄存器中。

A_1、A_0——这两根线接到地址总线的 A_1、A_0 上。当 $\overline{CS}=0$，8253 被选中时，接通最低两位地址 A_1 和 A_0，选择 8253 内部的各个寄存器，以便对它们进行读/写操作。

CLK——时钟信号，输入。三个独立的计数器各有一独立的时钟输入信号，分别为 CLK_0、CLK_1、CLK_2。时钟信号的作用是在 8253 进行定时或计数工作时，每输入一个时钟信号 CLK，便使定时或计数值减 1。它是计量的基本时钟。

GATE——门控信号，输入。三个独立的通道分别有自己的选通信号 $GATE_0$、$GATE_1$、$GATE_2$。GATE 信号的作用是控制启动定时或计数。对于 8253 的六种不同的工作方式，GATE 信号的有效方式不同，有用电平控制的，也有用 GATE 信号的上升沿控制的。

OUT——计数器输出信号，是 8253 向外输出信号。三个独立通道分别有自己的输出信号 OUT_0、OUT_1、OUT_2。OUT 信号的作用是当计数器工作时，其定时或计数值减为 0，于是在 OUT 线上输出一 OUT 信号，用以指示定时及计数时间到。这个信号既可用于定时、计数控制，也可作为定时、计数到的状态信号供 CPU 检测，还可以作为中断请求信号使用。

8.2.3　8253 的控制字

8253 的控制字用于进行计数器选择、读/写操作方式选择、工作方式选择以及计数方式选择等。其具体格式如图 8.20 所示。

D_7D_6	D_5D_4	$D_3D_2D_1$	D_0
计数器选择 00—计数器 0； 01—计数器 1； 10—计数器 2； 11—非法	00—将 减 1 计数器 CE 中的数据锁存到 OL 中(锁存功能)； 01—对计数器的低 8 位读或写； 10—对计数器的高 8 位读或写； 11—计数器 16 位操作(先低 8 位，后高 8 位读或写)	000—方式 0； 001—方式 1； 010—方式 2； 011—方式 3； 100—方式 4； 101—方式 5	0—二进制计数； 1—十进制计数

图 8.20　8253 的控制字

D_7、$D_6(SC_1$、$SC_0)$——计数通道选择位。由于 8253 内部三个计数通道各有一个 8 位的控制字寄存器，而这三个控制字寄存器共用同一个控制端口地址，所以控制字中设置 SC_1、SC_0 这两位来确定 CPU 当前发出的控制字是写入哪个计数通道的控制字寄存器中。

D_5、$D_4(RL_1$、$RL_0)$——读/写操作方式位。这两位用来确定对选中的计数通道进行读/写操作方式。当 CPU 对 8253 进行 16 位读/写操作时，可以只读/写高 8 位或只读/写低 8 位，也可以读/写 16 位。读/写 16 位时，先读/写低 8 位，后读/写高 8 位，具体是哪种操作方式由 RL_1、RL_0 这两位的编码确定。由于 8253 的数据线只有 $D_7 \sim D_0$，一次只能传送 8 位数据，故传送 16 位数据时，要分两次进行。

D_3、D_2、$D_1(M_2$、M_1、$M_0)$——工作方式选择位。8253 的每个计数通道有 6 种不同的工作方式，即方式 0 到方式 5。

$D_0(BCD)$——计数方式选择位。8253 的每个计数通道有两种计数方式，按二进制计数或按十进制(BCD 码)计数。D_0 位用来具体确定采用哪种计数方式。当 $D_0=0$ 时，计数初值为二进制数，计数减 1 按二进制规律进行，可设定初值范围为 0000H～FFFFH，其中 0000H 可引起最大计数 65536；当 $D_0=1$ 时，计数初值为二—十进制数，计数减 1 按十进制规律进行，可设定初值范围为 0000H～9999，其中 0000H 代表 10000。

计数初值的计算公式为

$$计数初值 = \frac{计数频率}{输出频率}$$

8.2.4　8253 的工作方式

8253 有 6 种工作方式，对它们的操作都遵守以下 3 条基本原则：

(1) 当控制字写入 8253 时，所有的控制逻辑电路自动复位，这时输出端 OUT 进入初始态。

(2) 当初始值写入计数器以后，要经过一个时钟周期，减法计数器才开始工作，时钟脉冲的下降沿使计数器进行减 1 计数。计数器的最大初始值是 0，用二进制计数时，0 相当于 2^{16}；用 BCD 码时，0 相当于 10^4。

(3) 一般情况下，在时钟脉冲 CLK 的上升沿时，采样门控信号。对门控信号(GATE)的触发方式的具体规定为：

门控信号为电平触发——方式 0、方式 4。

门控信号为上升沿触发——方式 1、方式 5。

门控信号可为电平触发也可为上升沿触发——方式 2、方式 3。

计数方式——方式 0、方式 1、方式 4、方式 5。

定时方式——方式 2、方式 3。

归纳起来，8253 的计数有以下几种工作模式：

① 门控信号控制时钟信号。门控信号有效，时钟信号有效，计数器工作；门控信号无效时，时钟信号无效。

② 门控信号启动重新计数过程或停止计数过程。

③ 单一计数和循环计数。门控信号有效，单一计数到 0，终止计数；计数到 0 又从初始值寄存器获得计数值，开始新的计数过程，循环往复，进行循环计数。

8253 的 6 种工作方式的不同主要表现在三个方面：一是它们的输出波形不同；二是启动计数器的触发方式不同；三是计数过程中门控信号对计数操作的影响不同。

1. 方式 0——计数结束产生中断的计数器

方式 0 是软件启动、不能自动重复的计数方式，如图 8.21 所示。

图 8.21　方式 0 的基本波形

写入控制字(CW)后，其输出 OUT 变为低电平。门控 GATE 为高电平情况下(此高电平信号一直保持)写入计数初值 N(图中 N=5)，在写信号 $\overline{WR}$ 以后经过 CLK 的一个上升沿和一个下降沿开始计数。当计数到达终点即计数器的值变成 0 时，OUT 变为高电平。

方式 0 可由门控信号控制暂停，GATE 为低电平时，计数器暂停，GATE 信号变高后，就接着计数，如图 8.22 所示。

图 8.22　方式 0 时 GATE 信号的作用

计数到时的信号由低变高可以用来作为中断请求信号，所以方式 0 可称做计数结束产生中断的计数器。它也可作为查询信号，直接去控制某个操作，如让某个开关动作。

2. 方式 1——可编程单拍脉冲

方式 1 是硬件启动、不能自动重复但通过 GATE 的正跳变可使计数过程重新开始的计数方式，如图 8.23 所示。

图 8.23　方式 1 的波形

在写入控制字后 OUT 变为高电平，在写入计数初值后，要等 GATE 信号出现正跳变时才能开始计数。在下一个 CLK 脉冲到来后，OUT 变低，送入计数初值并开始减 1 计数，直到计数器减到 0 后 OUT 变为高电平。从而在 OUT 端产生一个负脉冲,宽度为 N*T$_{CLK}$(其中 N 为计数初值,T$_{CLK}$ 为 CLK 信号的周期)。在 GATE 的每一个正跳变,计数器都输出一个负脉冲。

在计数过程启动之后、计数完成之前,若 GATE 又发生正跳变,则计数器又从初值开始重新计数,OUT 端仍为低电平,两次的计数过程合在一起使 OUT 输出的负脉冲加宽了。

在计数过程中若写入新的计数初值,也只是写入到计数初值寄存器中,并不立即影响当前的计数过程,同样要等到下一个 GATE 正跳变启动信号,计数器才接收新初值重新计数。

3. 方式 2——分频脉冲发生器

方式 2 既可以用软件启动(GATE=1 时写入计数初值后启动),也可以用硬件启动(GATE =0 时写入计数初值后并不立即开始计数,等 GATE 由低变高时启动计数),如图 8.24 所示。方式 2 一旦启动,计数器就可以自动重复地工作。

图 8.24　方式 2 的波形

写入控制字后,OUT 信号变为高电平。若计数初值 N=3,启动计数后,以 CLK 信号的频率进行减 1 计数。当减到 1 时,OUT 变为低电平,经过一个 CLK 周期,OUT 恢复成高电平后,计数器又重新开始计数。因此,它能够连续工作,输出固定频率的脉冲,OUT 输出信号的频率为 CLK 信号频率的 1/N,即 N 次分频。

GATE 信号要保持高电平,当 GATE 变为低电平时,停止计数。GATE 由低变高后,自动恢复重新开始计数。在计数过程中可以改变计数初值,对正在进行的计数没有影响。在本次计数结束后,才以新的计数初值开始新的分频工作方式。

4. 方式 3——方波发生器

工作于方式 3 时,在计数过程中其输出前一半时间为高电平,后一半时间为低电平。其输出是可以自动重复的周期性方波,输出的方波周期为 N*T$_{CLK}$,如图 8.25 所示。

在写入控制字后,计数器 OUT 端立即变高。若 GATE 信号为高,在写完计数初值 N 后,开始对 CLK 信号进行计数。计数到 N/2 时 OUT 端变低,计完余下的 N/2 后 OUT 又变回高。如此自动重复,OUT 端产生周期为 N*T$_{CLK}$ 的方波。实际上,电路中对半周期 N/2 的控制方法是每来一个 CLK 信号,让计数器减 2。因此来 N/2 个 CLK 信号后,计数器就已经减到零。OUT 端发生一次高低电位的变化,且又将初值置入计数器重新开始计数。若计数初值为奇数,计数的前半周期为(N+1)/2,计数的后半周期为(N−1)/2。

在写入计数初值时,如果 GATE 信号为低电平,计数器并不开始计数,待 GATE 变为高电平时，才启动计数过程。在计数过程中，应始终使 GATE=1。若 GATE=0，不仅中止计数，而且 OUT 端马上变高。待恢复 GATE=1 时产生硬件启动，计数器又从头开始计数。在计数过程中写入新的计数初值不影响当前的半个周期的计数，在当前的半个周期结束 (OUT 电位发生变化)时，启用新的计数初值开始新的计数过程。

图 8.25　方式 3 的波形

5. 方式 4——软件触发选通

方式 4 是软件启动、不自动重复的计数方式。其基本波形如图 8.26 所示。

图 8.26　方式 4 的波形

在写入控制字后，OUT 信号变为高电平。当写入计数初值后立即开始计数(相当于软件触发启动)。当计数到 0 时输出一个 CLK 脉冲周期的负脉冲，计数器停止计数。只有 CPU 再写入新的计数初值才开始另一次计数过程。方式 4 的计数形式属于一次性的。

若在计数过程中改变计数初值，则可按新的计数初值重新开始计数。若计数初值是两个字节，则置入第一个字节时停止计数，置入第二个字节后才按新的计数初值开始计数。

6. 方式 5——硬件触发选通

方式 5 是硬件启动、不自动重复的计数方式。其基本波形如图 8.27 所示。

图 8.27　方式 5 的波形

在写入控制字后，OUT 变为高电平，计数器并不立即开始计数，而是等待 GATE 信号出现一个正跳变，然后在下一个 CLK 信号到来后才开始计数。计数器减到 0 时，OUT 变低，经一个 CLK 信号后变高且一直保持。

由于方式 5 是由 GATE 的上升沿启动计数的，同方式 1 一样，计数启动后即使 GATE 变成低电平也不影响计数过程的进行。但若 GATE 信号产生了正跳变，则不论计数是否完成都将重新计数。8253 的 6 种工作方式的比较如表 8.4 所列。

表 8.4　8253 的 6 种工作方式的比较

比较	工作方式	方式 0	方式 1	方式 2	方式 3	方式 4	方式 5
OUT 的输出		写入控制字变 0，计数结束变 1，直至重新写入控制字或计数值	写入控制字变 1，GATE 上升沿触发变 0，计数结束变 1	写入控制字变 1，计数到 1 变 0，维持 1 个 CLK 变 1	写入控制字变 0，写入初值且 GATE 为 1 输出 1，计数到变 0，重新装入继续计数，输出反向	写入控制字变 1，计数结束变 0，维持 1 个 CLK 变 1	写入控制字变 1，GATE 上升沿触发计数，结束输出 1 个 CLK 的负脉冲
GATE 的作用	0	禁止计数	无影响	禁止计数	禁止计数	禁止计数	无影响
	下降沿	暂停计数	无影响	停止计数	停止计数	停止计数	无影响
	上升沿	继续计数	重新计数	重新计数	重新计数	重新计数	重新计数
	1	允许计数	无影响	允许计数	允许计数	允许计数	无影响
初始值	自动重新装入	不	不	计数到 0 时	据计数值奇偶分别重新装入	不	不
	计数过程改变计数初值	立即有效	GATE 触发生效	GATE 触发生效或计数到 1	GATE 触发生效或计数结束	立即有效	GATE 触发生效

8.2.5　8253 的应用

微机中的定时/计数器主要用于系统的功能实现，系统提供 1.1931816 MHz 的方波脉冲作为 CLK 输入。计数器 0 用于系统的计时器，系统利用计数器 0 实现系统时钟的计数功能，系统初始化为方式 3、16 位二进制最大计数 0(即 35536)，输出 OUT_0 产生 18.2 Hz 的方波，连接 IRQ_0，每隔 54.925 ms 定时产生一次 IRQ_0 的定时中断，结合软件完成日时钟的更新；计数器 1 专门用于动态内存的定时刷新控制，计数器工作于方式 2，初始值设为 0012H，产生一定周期的负脉冲，作为 DMAC8237 的通道 0 的请求信号 $DREQ_0$，实现定时对系统 DRAM 的一次刷新；计数器 2 用于系统机箱内扬声器的音频发声，系统利用扬声器发声提示和故障报警，用户也可以编程实现乐曲演奏。

【例 8.2】 用 8253 计数器 0 制作一频率为 1 kHz 的方波发生器，8253 的端口地址为 40H～43H，计数频率为 2 MHz。编写初始化程序。

分析： 根据设计要求，8253 的计数器 0 应选择工作方式 3，其计数初值=2 MHz/1 kHz= 2000。

初始化程序如下：

```
        MOV     AL，00110110B
        MOV     DX，0043H          ；写控制字，定义计数器 0 为工作方式 3，初值为二进制计数
        OUT     DX，AL
        MOV     AX，2000           ；送计数初值 2000，分 2 次传送
        MOV     DX，0040H
        OUT     DX，AL
        MOV     AL，AH
        OUT     DX，AL
```

【例 8.3】 用 8253 计数器 2 产生频率为 40 kHz 的方波，8253 的端口地址为 0040H～0043H，已知时钟端 CLK_2 输入信号的频率为 2 MHz。试设计 8253 与 8088 总线的接口电路，并编写产生方波的程序。8253 与 8088 的接口电路如图 8.28 所示。

图 8.28　8253 与 8088 的接口电路

分析：为了使计数器 2 产生方波，应使其工作于方式 3，输入的 2 MHz 的 CLK_2 时钟信号进行 50 次分频后可在 OUT_2 端输出频率为 40 kHz 的方波。因此，对应的控制字应为10010111B，计数初值为十进制数 50。

程序如下：

```
        MOV  AL，10010111B      ；对计数器 2 送控制字
        MOV  DX，0043H
        OUT  DX，AL
        MOV  AL，50H            ；送计数初值 50
        MOV  DX，0042H
        OUT  DX，AL
```

【例 8.4】 8086 系统中，计数频率为 1 MHz 的 8253 通道 2 接有一发光二极管，要使发光二极管以点亮 2 s、熄灭 2 s 的间隔工作，8253 的端口地址分别为 0360H、0362H、0364H 和 0366H。试编程完成以上工作。

分析：根据要求，8253 通道 2 输出一个周期为 4 s 的方波，其频率为 0.25 Hz，所需计数初值为 1 MHz/0.25 Hz=4000000，大于 1 个计数通道最大计数 65536。只使用一个计数器通道不能满足设计需要，可采用 2 个计数器通道级联，扩大计数范围。比如，把计数器 1 的输出作为计数器 2 的输入，都工作于方式 3，计数初值分配为 4000 和 1000。接口电路连接如图 8.29 所示。

图 8.29 8253 的定时应用

程序如下：

```
        …
MOV     DX,0366H
MOV     AL,01110111B
OUT     DX,AL           ；写控制字，定义计数器 1 工作于方式 3，16 位 BCD 计数
MOV     AX,4000H        ；写入初值
MOV     DX,0362H
OUT     DX,AL           ；先写计数器 1 的低 8 位初值，再写高 8 位初值
MOV     AL,AH
OUT     DX,AL
MOV     DX,0366H
MOV     AL,10110110B
OUT     DX,AL           ；写控制字，定义计数器 2 工作于方式 3，二进制计数
MOV     AX,1000         ；写入初值
MOV     DX,0364H
OUT     DX,AL           ；先写计数器 2 的低 8 位初值，再写高 8 位初值
MOV     AL,AH
OUT     DX,AL
        …
```

本例由于计数初值的低 8 位为 0，因此也可采用只读/写高 8 位的方法，即读/写格式选择位为 10。另外，请思考本例所使用的端口地址有什么特点，8086 CPU 如何与 8253 芯片连接。

习 题 八

1. 简述 DMA 技术主要用于什么场合。
2. 8237 只有 8 根数据线，为何能支持 16 位 RAM 和 16 位的 I/O 接口之间的 DMA 传输？
3. DMA 控制器选择存储器到存储器的传送操作必须具备哪些条件？
4. 简述 DMAC 有效地址的生成过程。

5. 试说明 DMAC 初始化编程需要注意哪些问题。

6. 利用 8237 的通道 2，由磁盘输入 32 KB 的数据块，传送至内存 68000H 开始的区域，采用增量、块连续的方式传送，磁盘的 DREQ 和 DACK 都是高电平有效。试编写初始化程序。

7. 如果 8253 接收到的控制字为 10010000B，那么应把它设置成何种配置？

8. 编写一个在计数操作进行过程中读取计数器 2 内容的指令序列，并把读取的数值装入 AX 寄存器。假定 8253 的端口地址从 40H 开始。

9. 8253 的通道 0 按方式 3 工作，时钟 CLK_0 的频率为 1 MHz，要求输出方波的重复频率为 40 kHz，此时应如何写入计数初值。

10. 编程实现 8253 通道 0 的方式 0，计数值为 0FH，手动逐个输入脉冲，从计算机显示器上显示对应的数。

11. 8253 通道 2 接有一个发光二极管，要使发光二极管以点亮 2 秒、熄灭 2 秒的间隔工作，当 CPU 的地址线 $A_9A_8A_7A_6A_5A_4A_3A_2 = 11000000$ 时，8253 的片选信号端变低，其硬件电路如图 8.30 所示。试编程完成以上工作。

图 8.30　习题 11 电路连接图

第 9 章　并行接口技术

【教学提示】

　　本章学习并行接口技术所涉及的概念、硬件连接技术和软件设计方法，通过可编程并行接口芯片 8255 丰富的功能学习并行接口的基本技术和设计。

【教学目标】

- 了解并行接口的概念及基本知识；
- 初步认识 8255A 的结构、引脚定义；
- 理解 8255A 的各种工作方式及特点；
- 掌握 8255A 的硬件设计和软件编程技术；
- 熟练运用 8255A 进行并口设计与应用。

　　CPU 与外部设备之间的信息交换、计算机与计算机之间的信息交换称为数据传输。数据传输是通过接口来实现的，最常用的两种基本接口是并行接口和串行接口。本章具体介绍并行接口的基本工作原理、接口电路的结构及应用等内容，涉及并行接口数据传输的概念、并行接口芯片的结构与功能、接口硬件连接、初始化编程、操作控制的编程与设计应用等内容。

9.1　并行接口技术概述

9.1.1　并行数据传输的概念

　　并行数据传输以计算机的一个字节或字为单位，同时在多条数据线上进行传送，如系统总线的数据传输、打印机数据传输、显示输出等。并行数据传输采用同步方式传输，具有传输速度快、传输距离近、控制复杂、硬件开销大等特点。支持无条件传送、查询传送、中断传送等传送方式。除了无条件传送外，一般需要设置并行数据线的同时，还需要设置传输联络的信号线(称为握手信号)和控制信号线。故一般并行数据传输需要数据信息、状态信息、控制信息，但传送的信息不需要固定的格式，无需数据格式转换的开销。CPU 通过并行数据传输可以很方便地扩展外围子系统以组成各种应用系统，所以使用非常广泛。它是 CPU 与外围子系统和外设重要的连接手段之一。

　　并行数据传输由并行接口电路完成，并行接口电路有不可编程接口和可编程接口之分。不可编程接口的基本电路包括数据锁存器、三态缓冲器等，电路简单、使用方便，传输时的工作方式和功能靠硬件连线设定，不能用软件方法改变，使用没有灵活性；可编程接口就较为灵活，芯片电路提供接口的硬件连接，通过编程可以灵活设置接口芯片的工作方式、传输控制方式和过程等，功能十分完善。

9.1.2　并行接口电路的基本知识

1. 并行接口电路的组成与连接

并行接口电路一般具备控制寄存器、状态寄存器、数据缓冲寄存器等关键构件，还需要地址译码电路、中断控制电路等。控制寄存器存放 CPU 发给接口电路的命令，接口电路按 CPU 的命令要求完成对电路工作的设置和控制等；状态寄存器用来存放外设的状态信息，CPU 可以通过这个寄存器得到外设工作的状态信息，以便控制数据传送过程；数据缓冲寄存器是 CPU 与外设间数据传递的通道，用来暂时存放数据，以弥补 CPU 传输处理数据速度与外设处理数据速度的巨大差异，保证数据可靠有序地传输。数据缓冲寄存器一般分为输入数据锁存寄存器和输出数据缓冲寄存器。

并行接口电路一侧与外设连接，一侧与 CPU 连接。与外设的连接通过多条数据线、联络的信号线(状态和应答握手，如数据准备好、I/O 应答等)等；与 CPU 一侧的连接需要系统的数据总线、地址总线和相关的控制信号线、电源线、地址总线等。图 9.1 是一个典型的并行接口结构及与 CPU、外设的连接图。

图 9.1　并行接口结构及与 CPU、外设的连接图

2. 并行接口的数据传输过程

1) 并行数据输入

并行数据输入是指外设通过并行接口向 CPU 传送数据。其一般过程是：外设将数据通过数据线送到接口的输入缓冲寄存器，并置"输入数据准备好"信号，接口收到数据后，发给外设一个"输入应答"信号；外设接收到"输入应答"信号后撤销"输入数据准备好"信号，接口收到数据后会在状态寄存器置位"数据准备好"，以供 CPU 读取查询；CPU 通过查询状态寄存器或接收接口发来的中断信号，读取接口的数据缓冲寄存器中的数据；CPU 读取数据后，状态寄存器的"数据准备好"状态位自动复位，准备下一个数据的输入；周而复始，直到所有数据输入完毕。

2) 并行数据输出

并行数据输出是指 CPU 通过并行接口向外设传送数据。其一般过程是：CPU 查询状态寄存器的"输出数据准备好"状态位有效，或由于输出缓冲寄存器为"空"，而向 CPU 发出中断请求信号，CPU 通过数据总线向接口的输出数据缓冲寄存器发送一个数据；接口把数据发送出去，并启动(选通信号)外设接收这个数据，外设收到数据，回送接口一个"输出应答"信号；接口收到这个"输出应答"信号，自动将状态寄存器的"输出数据准备好"状态位置位，继续发送下一个数据；周而复始，直到把所有数据输出到外设。

9.2 可编程并行接口芯片 8255A

各种型号的 CPU 都有与其配套的并行接口芯片，如 Intel 公司的 8255A、Zilog 公司的 Z-80PIO 等，它们的功能虽有差异，但工作原理基本相同。8255A 是目前应用非常广泛的可编程并行接口芯片，与 TTL 电平完全兼容，通用性强，通过编程设置，可工作在多种输入/输出方式，使用灵活方便。它的型号有 8255、8255A、8255A-5 几种，其差别在于时间参数的缩短、工作频率的提高，而芯片功能和使用没有差别，相互完全兼容，我们将学习其原理与应用，并将它们统称为 8255A。

9.2.1 8255A 的结构与引脚

1. 8255A 的基本结构

8255A 的基本结构如图 9.2 所示，它有四个功能部分，即三个数据端口、A 组控制和 B 组控制电路、数据总线缓冲器、读/写控制电路。

图 9.2 8255A 的基本结构框图

(1) 三个数据端口。

三个数据端口分别称为 A 端口、B 端口和 C 端口。在功能上这三个端口各有特点，均可被编程设置为输入端口或输出端口使用，可用来与外部设备相连，与外部设备之间进行数据信息、控制信息和状态信息的交换。

① A 端口：具有 8 位输入锁存和输出锁存/缓冲功能，能同时具有双向数据传输功能，具有三种工作方式。

② B 端口：具有 8 位输入锁存和输出锁存/缓冲功能，可用于数据输入/输出传输，具有两种工作方式。

③ C 端口：可单独用于基本的数据输入/输出传输，更多情况下可通过编程把 C 端口分为高 4 位和低 4 位端口，独立定义其输入/输出，分别与 A 端口和 B 端口配合，完成数据传输过程的控制和状态反映，形成 A 组和 B 组端口的应用。

(2) A 组控制和 B 组控制电路。

8255A 有三个端口，但不是每个端口都有自己独立的控制部件。实际上，它只有两个控制部件，这样 8255A 内部的三个端口就分为两组。A 组控制电路用于 8255A 内部控制 A 端口和 C 端口高 4 位($PC_7 \sim PC_4$)，B 组控制电路用于控制 B 端口和 C 端口低 4 位($PC_3 \sim PC_0$)。A 组、B 组都有自己的控制部件，可同时接收来自读/写控制电路的命令和 CPU 送来的控制字，并且根据它们来定义各个端口的操作方式。

(3) 数据总线缓冲器。

数据总线缓冲器是芯片和 CPU 数据总线连接的部件，是三态 8 位双向缓冲器。CPU 执行输出操作时，可将控制字或数据通过该缓冲器传送给 8255A 的控制端口或数据端口；CPU 执行输入操作时，8255A 可将数据端口的状态信息或数据通过它传输给 CPU。

(4) 读/写控制电路。

读/写控制电路用于实现和 CPU 控制信号与地址信号的连接，完成对三个数据端口的访问译码、控制读/写过程等操作。8255A 控制信号与端口操作的关系见表 9.1。

表 9.1　8255A 控制信号与端口操作的关系

A_1	A_0	$\overline{RD}$	$\overline{WR}$	$\overline{CS}$	操 作 功 能
0	0	0	1	0	PA→数据总线
0	1	0	1	0	PB→数据总线
1	0	0	1	0	PC→数据总线
0	0	1	0	0	数据总线→PA
0	1	1	0	0	数据总线→PB
1	0	1	0	0	数据总线→PC
1	1	1	0	0	数据总线→控制寄存器

2. 8255A 的外部引脚

8255A 的外部引脚如图 9.3 所示。引脚信号按连接对象分为两组，一组是和 CPU 连接的，一组是与外设连接的。

图 9.3　8255A 的外部引脚图

(1) 和 CPU 连接的信号。

$D_0 \sim D_7$——CPU 通过数据总线连接 8255A 的双向数据线，具有三态功能，负责传送控制字、状态字、数据信息。

$\overline{CS}$——片选信号，低电平有效，是 CPU 发出的地址信号经过译码后得到的，由它选择芯片进行工作。

A_1、A_0——芯片内寄存器(端口)选择信号，用于 8255A 的三个数据端口和一个控制端口的寻址，见表 9.1。

$\overline{RD}$ 和 $\overline{WR}$——读/写控制信号，用于 CPU 对寄存器的读/写操作。

RESET——复位信号，输入，高电平有效。这个信号出现时会把内部寄存器清除，数据端口被自动设置为输入状态。

(2) 与外设连接的信号。

8255A 有三个数据端口，每个端口 8 位，故与外设相连接的引脚共有 24 位。

$PA_0 \sim PA_7$——端口 A 的外设数据线。

$PB_0 \sim PB_7$——端口 B 的外设数据线。

$PC_0 \sim PC_7$——端口 C 的外设数据线。其中可有若干根复用线用于"联络"信号或状态信号，其具体定义与端口的工作方式有关。

9.2.2　8255A 的编程

8255A 是可编程的并行接口芯片，其三种工作方式及各端口的输入/输出状态可由编程设置。当 8255A 工作之前，首先应对其进行初始化，初始化后的 8255A 才能够正式进入输入/输出的工作状态，实现 CPU 与外设之间的数据传送。

1. 8255A 的控制字

CPU 通过给 8255A 发送控制字，实现对 8255A 的编程，设定其工作方式和 C 端口的按位控制操作，对应方式控制字、C 端口置位/复位控制字。

(1) 方式控制字。方式控制字由一个 8 位寄存器实现，其内容决定 8255A 的三个数据端口的工作方式，在对 8255A 使用时进行初始化，其格式如图 9.4 所示。

D_7	D_6	D_5	D_4	D_3	D_2	D_1	D_0
方式选择控制功能识别特征位： 1—有效； 0—C 端口按位控制器	A 端口方式选择控制位： 00—方式 0； 01—方式 1； 1X—方式 2		A 端口输入/输出方向： 1—输入； 0—输出	C 端口高位输入/输出方向： 1—输入； 0—输出	B 端口方式选择控制位： 1—方式 0； 0—方式 1	B 端口输入/输出方向： 1—输入； 0—输出	C 端口低位输入/输出方向： 1—输入； 0—输出
	A 组的控制				B 组的控制		

图 9.4　8255A 的方式控制字

【例 9.1】　要求把 8255A 的 A 端口作为输入，B 端口作为输出，C 端口任意，A 组工作在方式 0，B 组工作在方式 1，设置 8255A 的端口工作方式的程序段。

程序如下：

```
MOV    AL,10010100B      ；送方式控制字 94H 到 AL
MOV    DX,PortCtr        ；控制端口地址送 DX
OUT    DX,AL             ；方式控制字 AL 送控制端口 DX，完成方式控制字设置
```

(2) C 口置位/复位控制字。C 端口可以根据 C 端口置位/复位控制字实现任意位的置位/复位操作，用于控制应答信号。其格式如图 9.5 所示。

D_7	D_6	D_5	D_4	D_3	D_2	D_1	D_0
C 端口的按位控制字识别特征位： 0—有效； 1—8255A 方式控制字	不用，一般设为 000			C 端口的位选择： 000—PC_0； 001—PC_1； … 111—PC_7			所选位置位/复位： 1—置位； 0—复位

图 9.5　8255A 的 C 端口置位/复位控制字

【例 9.2】　要求把 8255A 的 C 端口的 PC_3 置 1，PC_7 置 0。
程序如下：

```
MOV    AL,00000111B    ；送 C 端口按位控制字 07H 到 AL
MOV    DX,PortCtr      ；控制口地址送 DX
OUT    DX,AL           ；C 端口按位控制字 AL 送控制端口 DX，完成 PC3 置 1 的操作设置
MOV    AL,00001110B    ；送 C 端口按位控制字 0EH 到 AL
OUT    DX,AL           ；C 端口按位控制字 AL 送控制端口 DX，完成 PC7 置 0 的操作设置
```

当 C 端口用于控制信号时，能方便地置位/复位，但仅对一位有效且针对输出，如用于开关的启/停、信号电平控制、中断信号的允许和屏蔽等；工作方式控制字是对端

口的初始化，一般放在程序段的开头，而 C 端口按位控制字位于初始化完成后，可出现在程序需要的位置；C 端口的按位控制字可以实现按位输出功能，A 端口和 B 端口也可以实现按位操作。

【例 9.3】 置位 PA_7。

程序如下：

```
MOV    DX,PortA      ；选择 A 端口
IN     AL,DX         ；读 A 端口原来的值
MOV    AH,AL         ；保存 A 端口原来的值
OR     AL,80H        ；置 PA7=1
OUT    DX,AL         ；输出 PA7
…
MOV    AL,AH         ；取回的保存值
OUT    DX,AL         ；恢复原值
```

【例 9.4】 复位 PA_7。

程序如下：

```
MOV    DX,PortA      ；选择 A 端口
IN     AL,DX         ；读 A 端口原来的值
MOV    AH,AL         ；保存 A 端口原来的值
AND    AL,7FH        ；置 PA7=0
OUT    DX,AL         ；输出 PA7
…
MOV    AL,AH         ；取回的保存值
OUT    DX,AL         ；恢复原值
```

A 端口和 B 端口不但可以实现按位操作，还可以通过改变 OR、AND 的值，实现按多位置位/复位。

2. 8255A 的三种工作方式

8255A 的三种工作方式分别是方式 0、方式 1 和方式 2。其中，A 端口具有三种方式；B 端口具有方式 0 和方式 1 两种方式；C 端口一般作为控制信号使用，配合 A 端口和 B 端口的数据传送，作为数据端口时只有基本的输入/输出功能。

1) 方式 0 ——基本的输入/输出方式

在这个方式下，A、B 和 C 三个数据传输端口只能提供简单的输入/输出操作，没有应答信号线，直接使用 IN 和 OUT 指令通过各端口进行数据 I/O。一般用于无条件传送的场合，即认为外设总是准备好的状态，也可以把 C 端口的高 4 位和低 4 位按需要定义成联络信号，配合 A 端口和 B 端口用作查询传送。

2) 方式 1 ——选通输入/输出方式

方式 1 下，数据传输必须在联络信号配合下进行。为此，A 端口和 B 端口选择使用方式 1 时，分别分配 C 端口的高位和低位作为选通应答信号。这种分配是固定的，由硬件系统本身决定，软件只有按定义使用而不能改变。

(1) A 端口和 B 端口的选通输入：信号定义与连接如图 9.6 所示。

图 9.6　8255A 的 A 端口和 B 端口选通输入信号定义与连接

$\overline{STB}$——输入选通信号，低电平有效，A 端口对应 PC_4，B 端口对应 PC_2。该信号负责把外设发来的数据输入到缓冲器，信号负脉冲宽度最小为 500 ns。

IBF——输入缓冲器满信号，高电平有效，A 端口对应 PC_5，B 端口对应 PC_1。它是连接外设的联络信号，当 8255A 接收到一个新数据时，输出 IBF。

INTR——中断请求信号，高电平有效，A 端口对应 PC_3，B 端口对应 PC_0。它是 8255A 向 CPU 发出的中断请求信号。

INTE——内部中断允许信号，高电平有效，为低时表示内部屏蔽中断请求。INTE 可通过软件设置 C 端口的相应位来实现中断的内部允许或屏蔽，A 端口对应 PC_4，B 端口对应 PC_2。

A 端口方式 1 下的输入对应控制字 1011XXXXB，其中 D_3 位用来定义 PC_7、PC_6 的输入/输出方向；B 端口方式 1 下的输入对应控制字 1XXXX11XB。

其选通输入过程是：当外设准备好数据并通过数据线送入数据端口 PA 或 PB 时，外设发出信号 $\overline{STB}$ （信号宽度至少为 500 ns），将数据通过 A、B 数据端口锁存在数据输入锁存器中。$\overline{STB}$ 变低有效最多 300 ns 时，输入缓冲器满信号 IBF 有效(变为高电平)，阻止外设发送新数据。$\overline{STB}$ 结束后，最多经过 300 ns 的时间，8255A 向 CPU 发出中断请求信号(内部中断允许时)，INTR 变高。CPU 响应中断后，发出读信号 $\overline{RD}$，将数据读入 CPU 的 AL。读信号 $\overline{RD}$ 持续最多 400 ns，$\overline{STB}$ 清除中断请求信号。读信号 $\overline{RD}$ 撤离后，IBF 信号变低，表示输入缓冲器变空，通知外设可以发送下一个数据。其工作时序图如图 9.7 所示。

图 9.7　工作方式 1 输入时序图

(2) A 端口和 B 端口的选通输出：信号定义与连接如图 9.8 所示。

$\overline{OBF}$——输出缓冲器满信号，低电平有效，A 端口对应 PC_7，B 端口对应 PC_1。CPU 把数据送到 8255A 后，该信号负责向外设发出指示信号，通知外设取数据。在输出数据的

指令执行时产生 $\overline{WR}$ 信号，其上升沿出现最多 650 ns 时，$\overline{OBF}$ 变成低电平。

图 9.8 8255A 的 A 口和 B 口选通输出信号定义与连接

$\overline{ACK}$——数据接收的应答信号，低电平有效，A 端口对应 PC_3，B 端口对应 PC_2，是外设响应信号，当 8255A 输出的数据已被外设接收后，回送给 8255A 的回答信息。

INTR——中断请求信号，高电平有效，A 端口对应 PC_3，B 端口对应 PC_0，是 8255A 确认外设收到数据后，向 CPU 发出的中断请求信号，请求 CPU 输出下一个数据。INTR 的有效需要 $\overline{OBF}$ 为高电平、$\overline{ACK}$ 为高电平、内部中断允许 INTE 也为高(有效)时，INTR 变高。当 $\overline{WR}$ 有效，其下降沿出现 850 ns 时，INTR 变为无效。

INTE——内部中断允许信号，高电平有效，为低时表示内部屏蔽中断请求。INTE 可通过软件设置 C 端口的相应位来实现中断的内部允许或屏蔽，A 端口对应 PC_6，B 端口对应 PC_2。

A 端口方式 1 下的输出对应控制字 1010XXXXB，其中 D_3 位用来定义 PC_5、PC_4 的输入/输出方向；B 端口方式 1 下的输入对应控制字 1XXXX10XB。

其选通输出一般采用中断方式。其过程是：CPU 响应 8255A 传送数据的请求后，就向 8255A 输出数据，写信号 $\overline{WR}$ 有效；当 $\overline{WR}$ 经过最多 850 ns 撤销时，其上升沿撤销中断请求信号 INTR，表示 CPU 对数据传输的请求已经响应，其上升沿经过最多 650ns 还使 $\overline{OBF}$ 信号变为有效，通知外设接收这个数据；外设收到数据后，会发出一个 $\overline{ACK}$ 信号，$\overline{ACK}$ 使 $\overline{OBF}$ 变成无效(高电平)，表示数据已经被取走，当前缓冲器为空；$\overline{ACK}$ 信号结束时会使 INTR 信号变高，向 CPU 发出中断请求信号，开始下一个数据的输出过程。其工作时序图如图 9.9 所示。

图 9.9 工作方式 1 输出时序图

(3) 状态字: 8255A 工作在方式 1 下, A 端口、B 端口进行输入和输出产生状态字, 供 CPU 查询使用, 通过读取 C 端口获得状态字。其各位的意义如图 9.10 所示。

方式 1	D_7	D_6	D_5	D_4	D_3	D_2	D_1	D_0
	A 组					B 组		
输入	I/O	I/O	IBF	INTE	INTR	INTE	IBF	INTR
输出	$\overline{OBF}$	INTE	I/O	I/O	INTR	INTE	$\overline{OBF}$	INTR

图 9.10 方式 1 的输入和输出状态字

3) 方式 2——双向选通输入/输出方式

方式 2 下, A 端口具有双向数据传输功能, 使用同样的 8 条数据线, 信号定义与连接如图 9.11 所示。从图可以看出, A 端口做双向数据传输线, C 端口的 $PC_7 \sim PC_3$ 做专用应答线。而 A 端口方式 2 的信号是方式 1 的输入和输出信号的叠加。各信号作用如下:

$\overline{STB}$——输入选通信号, 低电平有效, 对应 PC_4, 由外设提供给 8255A。该信号负责把外设发来的数据输入到输入锁存器。

IBF——输入缓冲器满信号, 高电平有效, 对应 PC_5, 是 8255A 输出给外设的状态联络信号。当 8255A 接收到外设的一个新数据时, 输出 IBF 表示 CPU 可以取数据了。

$\overline{OBF}$——输出缓冲器满信号, 低电平有效, 对应 PC_7。该信号是向外设发出的选通信号, 通知外设取数据。

$\overline{ACK}$——数据接收的应答信号, 低电平有效, 对应 PC_6。是外设对 $\overline{OBF}$ 的响应信号。当 $\overline{ACK}$ 有效时, 打开 A 端口的输出缓冲器, 把数据送到外设。

图 9.11 8255A 方式 2 的信号定义与连接

INTR——中断请求信号, 高电平有效, 对应 PC_3, 是 8255A 向 CPU 发出的中断请求信号。不论 A 端口是工作在输入方式还是输出方式, 当前数据操作完成后, 8255A 都会向 CPU 发出中断请求信号。其区分是由于输入还是输出引起了中断, 还须通过查询 PC_7(对应 $\overline{OBF}$)和 PC_5(对应 IBF)进一步判断。

$INTE_1$——内部输出中断允许信号, 高电平有效。$INTE_1$ 为 1 表示允许向 CPU 发出 A 端口方式 2 下的输出数据中断请求信号。$INTE_1$ 为 1 或 0 可通过软件设置 C 端口的 PC_6 位来实现。

$INTE_2$——内部输入中断允许信号, 高电平有效。$INTE_2$ 为 1 表示允许向 CPU 发出 A 端口方式 2 下的输入数据中断请求信号。$INTE_2$ 为 1 或 0 可通过软件设置 C 端口的 PC_4 位来实现。

A 端口方式 2 下的控制字是 11XXXXXXB, 只要定义了方式 2, 其联络信号的定义就是固定的，但 PC_1PC_0 的定义可以靠 D_0 位来进行。

因为 A 端口方式 2 的信号就是方式 1 的输入和输出信号的叠加，输入和输出过程等同于方式 1 下 A 端口的输入和输出过程。只是在中断发生时，需要依据是输入还是输出引起的中断决定进行输入或输出操作。

方式 2 下 A 端口的状态字也是方式 1 下 A 口输入和输出的状态字的组合，具体格式如图 9.12 所示。

方式 2	D_7	D_6	D_5	D_4	D_3	D_2	D_1	D_0
	A 组					B 组		
输入/输出	OBF	INTE$_1$	IBF	INTE$_2$	INTR	不用		

图 9.12　方式 2 的 A 端口双向传送的状态字

当 8255A 设置为方式 2 的双向数据传送，工作在查询数据传送方式时，可通过查询状态字的 D_7 和 D_5 位决定进行输入或输出。当进行中断方式的数据传送时，除了设置 D_6 和 D_4 位打开内部中断外，中断的识别需要 D_7 和 D_5 位判断是输出中断还是输入中断。其工作时序图如图 9.13 所示。

图 9.13　工作方式 2 的时序图

9.2.3　8255A 的应用

8255A 是一个多功能的并行接口芯片，在微型计算机外部通信中经常使用，下面举例介绍 8255A 的基本使用方法。

【例 9.5】 应用并行接口芯片 8255A 设计一个并行接口，控制 LED 显示，要求 8 位 LED 指示灯依次流水循环显示。设 8255A 的端口地址范围是 3340H～3343H。

分析： LED 显示器是一个简单的显示输出设备，可以设计 8255A 在方式 0 下，以无条件传送方式控制 LED 显示输出。选择 A 端口、B 端口或 C 端口中的任意一个均可。流水显示效果的实现比较简单，令 LED 显示器的 D_0～D_7 指示灯循环逐次点亮即可。

其硬件连接图如图 9.14 所示。

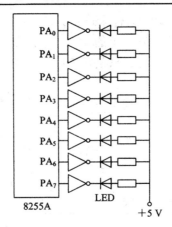

图 9.14　8255A 控制 LED 显示接口电路

8255A 控制程序如下：

```
        PORT_A      EQU 3340H
        PORT_B      EQU 3341H
        PORT_C      EQU 3342H
        PORT_MODE   EQU 3343H
        …
    ；8255A 初始化
        MOV     DX,PORT_MODE        ；8255A 控制端口
        MOV     AL,80H              ；工作方式控制字，A 端口方式 0 输出
        OUT     DX,AL
    ；控制 LED 显示主程序
        MOV     DX,PORT_A           ；由 A 端口输出控制指示灯显示的信号
        MOV     AL,01H              ；亮灯的指示位为 1，先从 LED 的 D0 亮起
LL：    OUT     DX,AL
        ROL     AL,1                ；亮灯的指示位左移，准备让邻位指示灯亮
        CALL    DALLY               ；调用延时子程序，延时
        JMP     LL
```

9.3　微机的并行打印功能

　　打印机是计算机系统中最常用的输出设备。打印机与微型计算机之间的接口可以采用并行接口或串行接口，实际应用中多采用并行接口。

9.3.1　打印机与微机并行接口标准

1. Centronic 标准

　　打印机本身是一种精密复杂的电子系统，把微处理器或微控制器应用于打印机的控制电路，可实现智能打印设备。智能打印机操作简便，功能强大，接口简单，可采用并行接口 Centronic 标准连接、串口连接、USB 连接等手段。Centronic 标准采用并口方式，利用计算机具有的打印机适配器，实现打印功能。这里在分析 Centronic 标准的打印机接口信号基础上，用 8255A 的方式 0 实现一个典型的打印机接口。

打印机接口的 Centronic 标准定义了 36 条信号线，用于并口打印机的连接，计算机一侧则用 25 针的 D 型插座实现打印接口信号的连接。25 针的 D 型打印口和打印机 36 线插座连接如图 9.15 所示，信号定义如表 9.2、表 9.3 所示。

图 9.15 25 针的 D 型打印口和打印机 36 线插座连接图

表 9.2 打印机接口 25 针的 D 型插座信号定义

引脚	信号	方向	信号作用	与打印机 36 线的信号连接
1	$\overline{\text{STORBE}}$	OUT	数据选通信号	1
2~9	DATA$_0$~DATA$_7$	OUT	8 位数据	2~9
10	$\overline{\text{ACK}}$	IN	数据应答	10
11	BUSY	IN	打印机忙	11
12	PE	IN	缺纸	12
13	SLCT	IN	联机状态	13
14	$\overline{\text{AUTOFEEDXT}}$	OUT	回车信号，自动走纸	14
15	$\overline{\text{ERROR}}$		出错指示	32
16	$\overline{\text{INIT}}$		复位打印机	31
17	$\overline{\text{SLCTIN}}$		打印机联机信号	36
18~25	GND	IN	+5 V 电源/不用	19~30,33

表 9.3　打印机 Centronic 标准接口 36 线连接器信号定义

引　　脚	信　　号	方　　向	信　号　作　用
1	$\overline{\text{STORBE}}$	IN	数据选通信号
2～9	$DATA_0$～$DATA_7$	IN	打印机接收的 8 位数据
10	$\overline{\text{ACK}}$	OUT	接收数据应答
11	BUSY	OUT	打印机忙
12	PE	OUT	缺纸
13	SLCT	OUT	联机状态
14	$\overline{\text{AUTOFEEDXT}}$	IN	回车信号，自动走纸
15	NC		不用
16	SG		信号逻辑地
17	GND		机壳地
18	DC/NC	OUT	+5 V 电源/不用
19～30	GND		信号返回地
31	$\overline{\text{INIT}}$	IN	打印机复位
32	$\overline{\text{ERROR}}$	OUT	出错指示
33	GND		地
34	NC		不用
35	DC/NC		+5 V 电源/不用
36	$\overline{\text{SLCTIN}}$	IN	打印机联机信号

　　打印机基本的信号连接是 8 条数据线及其选通信号线、2 条握手信号线。它们的工作时序图如图 9.16 所示。

图 9.16　打印机的基本工作时序图

　　当数据出现 1 μs 后，$\overline{\text{STROBE}}$ 选通信号控制数据进入打印机。此后的 0～0.5 μs 期间，打印机发回 BUSY 信号，表示打印机收到数据正在处理，打印机处于"忙"状态，阻止 PC 向打印机发送新的数据。直到数据处理完毕，BUSY 信号由 1 变为 0，同时发回 $\overline{\text{ACK}}$ 信号给 PC，表示数据处理完毕。PC 收到 $\overline{\text{ACK}}$ 信号后，继续发送下一个数据，重复这一过程，把数据打印完成。这里的 BUSY 信号和 $\overline{\text{ACK}}$ 信号可以作为中断请求信号或 CPU 查询打印机状态的信号，用中断或查询数据传输方式工作。

2．IEEE 1284 标准

关于并行端口的工作模式，随着应用的需要，IEEE 专委会发布了 IEEE 1284 标准，确定了数据传输的协议和物理、电气接口标准，形成了低级的物理层和数据链路层协议，定义了 5 种数据传输模式。并口也不仅兼容了早期的打印机基本接口，还可以实现高速双向数据传输。并口模式定义如表 9.4 所示。

表 9.4　并口模式定义

并口模式	数据方向	传输速率
半字节	反向	50 KB/s
字节	反向	150 KB/s
兼容 Centronic 方式	正向	150 KB/s
EPP	双向	500 KB/s～2 MB/s
ECP	双向	500 KB/s～2 MB/s

IEEE 1284 定义的 5 种并口数据传输模式组合形成 4 种不同的接口类型，如表 9.5 所示。

表 9.5　并 口 类 型

并口类型	输入模式	输出模式
标准并口 SPP	半字节	兼容 Centronic 方式
双向	字节	兼容 Centronic 方式
增强型并口 EPP	EPP	EPP
增强功能并口 ECP	ECP	ECP

标准并行接口 SPP，采用半字节正向方式，是打印的标准方式，反向数据通道的通信完全采用软件方法实现。具有 FIFO 缓冲方式的 SPP，称为"快速 Centronic"或"FIFO 并口"，写到 FIFO 的数据使用硬件产生选通信号，传输速度能达到或高于 500 KB/s，不必进行信号选通和握手检查，但此方式不是 IEEE 1284 推荐的标准。

双向并行接口是在标准并口上加了允许/禁止驱动程序驱动数据线路的功能，允许数据输出口变成输入口，可以允许外设向计算机在一个数据周期中传送一个字节的数据，而且反向数据通道的传输速率几乎与正向通道相同。这种方式采用软件控制的办法实现反向字节数据传输，数据传输速率一般为 50 KB/s～250 KB/s。

增强型并口 EPP 可提供高性能并口传输方式，兼容标准并行接口 SPP 方式。EPP 协议具有四种数据传输周期，即写数据周期、读数据周期、写地址周期和读地址周期。数据周期是主机和外设交换数据的周期，地址周期是主机和外设传输地址、通道、指令和控制信息的周期。这种并口标准的传输速率可达 ISA 总线的传输能力。

增强功能并口 ECP 方式比 EPP 定义了功能更强的协议，支持多个逻辑设备和传输数据实时的行程编码数据压缩(RLE)。这种并口标准的功能含 EPP 的标准，且具有 DMA 传输能力。这对需要大块数据传输的打印机、扫描仪、网络适配器、高速数据采集和可移动硬盘等设备有很重要的作用。

现代微机的并行输入/输出部件(SIO)集成了 SPP、EPP 和 ECP 并口，集成芯片配合微机芯片组提供并行接口的控制器，以 8255A 芯片为对象的基本并口技术是并口增强或扩展的知识和技术的基础。

9.3.2　微机并行打印接口设计

【例 9.6】　打印机接口用 8255A 的方式 0 设计实现把内存 200H 处的 256 个字节送微型打印机 μ80 打印。

分析： 采用 8255A 作接口芯片设计电路，可以选择 8255A 的工作方式 0，用 A 端口作数据口，C 端口的部分信号线作为联络信号。比如选择 PC_7 作 $\overline{STROBE}$ 信号，PC_4 连接 BUSY 信号作查询信号。依据 BUSY 信号的状态决定是否发送下一个数据，$\overline{ACK}$ 信号在这里可以不用。其硬件连线如图 9.17 所示。

图 9.17　8255A 方式 0 的并口打印机硬件连接图

假设 8255A 的 A 端口、B 端口、C 端口的 I/O 地址为 60H、61H、62H，控制端口地址为 63H。程序如下：

```
        ; 初始化和初始设置程序段
MOV     SI,200H          ; 传送数据的内存地址
MOV     CX,0FFH          ; 打印数据个数
MOV     DX,63H           ; 控制字寄存器地址
MOV     AL,81H           ; 控制字 10000001B，使 A 端口工作于方式 0 输出方向，
                         ; PC₇～PC₄为输出，PC₃～PC₀为输入
OUT     DX,AL
MOV     AL,0FH           ; 置位 PC₇，即 STROBE 信号初始时为高电平
OUT     DX,AL
MOV     DX,60H           ; A 端口地址
MOV     AL,[SI]
OUT     DX,AL            ; 通过 A 端口发送第一个数据

        ; 查询传送数据程序段
```

L:	MOV	DX,62H	; C 端口地址，状态端口
	IN	AL,DX	; 读状态端口
	AND	AL,01H	; 查询 PC$_0$
	JNZ	L	; 忙，则循环等待，并继续查询；否则输出数据
	MOV	DX,60H	; A 端口地址
	MOV	AL,[SI]	
	OUT	DX,AL	; 通过 A 端口发送数据
	MOV	DX,63H	
	MOV	AL,0EH	; 把 PC$_7$ 复位，产生数据选通信号 $\overline{STORBE}$
	OUT	DX,AL	
	NOP		; 选通信号保持一定时间的低电平
	NOP		
	MOV	AL,0FH	; 置位 PC$_7$，即撤离 $\overline{STORBE}$ 信号，恢复为高电平
	OUT	DX,AL	
	INC	SI	
	DEC	CX	
	JNZ	L	; 未完成则继续发送，否则停机
	HLT		

【例9.7】 用 8255A 设计打印机接口，采用中断方式把内存 200H 处的 256 个字节送打印机打印。

分析：打印机并行接口采用 8255A 的工作方式 1，可进行中断方式的数据传输。使用 A 端口作数据输出端口，则联络信号的定义是固定的。PC$_3$ 是 INTR 中断请求信号，连接中断控制器 8259A 的请求输入端 IR$_2$，PC$_6$ 和 PC$_7$ 分别是 $\overline{ACK}$ 和 $\overline{OBF}$ 信号，用于连接打印机。按照 Centronic 标准取用 $\overline{ACK}$ 作为打印机返回的应答信号，$\overline{STORBE}$ 的产生可以单独用 A 组的 PC$_4$，用来连接打印机的 $\overline{DATASTB}$ 信号。硬件连接电路如图 9.18 所示。

图 9.18 8255A 方式 1 的并口打印机硬件连接图

假设 8255A 的 A 端口、B 端口、C 端口的 I/O 地址为 60H、61H、62H，控制端口地址为 63H。使用的中断向量号为 09H，具体的软件编程如下。

主程序段：

MAIN:

```
        CLI                             ; 关中断
        …                               ; 8259A 初始化
        MOV     SI,200H                 ; 传送数据的内存缓冲区首地址
        MOV     CX,0FFH                 ; 打印数据个数
        MOV     DX,63H                  ; 控制字寄存器地址
        MOV     AL,A0H                  ; 控制字 10100000B，使 A 端口工作于方式 1 输出方向，
                                        ; PC₄ 为输出
        OUT     DX,AL
        MOV     AX,OFFSET PRINT_01      ; 为中断服务程序设置中断向量
        MOV     WORD PTR [09H*4],AX
        MOV     AX,SEG PRINT_01
        MOV     WORD PTR [09H*4+2],AX
        …                               ; 设置中断屏蔽寄存器，开放 IR₂ 中断
        STI                             ; 开中断
        …
```

中断服务程序：

```
    PRINT_01 PROC FAR
        PUSH    AX
        PUSH    DX
        MOV     DX,60H                  ; A 端口地址
        MOV     AL,[SI]
        OUT     DX,AL                   ; 通过 A 端口发送数据
        MOV     DX,63H
        MOV     AL,08H                  ; 把 PC₄ 复位，产生数据选通信号 STORBE
        OUT     DX,AL
        NOP                             ; 选通信号保持一定时间的低电平
        NOP
        MOV     AL,09H                  ; 置位 PC₄，即撤离 STORBE 信号，恢复为高电平
        OUT     DX,AL
        INC     SI
        DEC     CX
        POP     DX
        POP     AX
        IRET                            ; 中断返回
    PRINT_01 ENDP
```

【例 9.8】 用 8255A 设计双机通信的程序，甲乙两台计算机利用并口收发数据。甲机收发数据可采用 8255A 的方式 2 实现，中断方式传输；乙机 A 端口发送数据，B 端口接收数据，采用 8255A 的方式 0 设计实现，工作在查询方式。

分析： 假设两台机器的 8255A 三个数据端口地址分别是 60H、61H、62H，控制端口地址为 63H。甲机通信使用 8259A 的 IR_2 中断请求输入端。

硬件设计如图 9.19 所示。甲机 A 端口工作在方式 2，数据双向传输，联络信号按方式 2 下的定义连接。其中 PC_3 为 INTR 信号，送 8259A 的 IR_2，PC_4、PC_5 负责数据输入的选通和状态信号连接，分别连接乙机的 PC_7 和 PC_0，PC_6、PC_7 负责数据输出的状态和应答信号连接，分别连接乙机的 PC_6 和 PC_1。这里根据需要对乙机 C 端口信号线的定义为，把 C 端口高位定义为应答控制信号，低位定义为状态信号。

图 9.19　双机通信的硬件连接图

软件设计需要对两台机器分别编程，包括甲机双向数据传输的驱动程序和乙机接收与发送的程序。

甲机主程序：

```
                  …
            ；8259A 中断向量设置
            ；8259A 初始化
            ；开放 8259A 的 IR₂ 为非屏蔽状态
            MOV    DX,63H          ；控制字寄存器地址
            MOV    AL,C0H          ；控制字 11000000B，使 A 端口工作于方式 2
            OUT    DX,AL
            MOV    AL,09H          ；PC₄=1，允许输入中断
            OUT    DX,AL
            MOV    AL,0DH          ；PC₆=1，允许输出中断
            OUT    DX,AL
            MOV    SI,300H         ；发送数据的内存缓冲区首地址
            MOV    CX,0FFH         ；发送数据的个数
```

```
                MOV     DI,400H         ; 接收数据的内存缓冲区首地址
                MOV     BX,0FFH         ; 接收数据的个数
                STI
                ...
```

甲机中断服务程序：

```
                ...
                MOV     DX,63H          ; 控制字寄存器地址
                MOV     AL,08H          ; PC4=0，禁止输入中断
                OUT     DX,AL
                MOV     AL,0CH          ; PC6=0，禁止输出中断
                OUT     DX,AL
                CLI
                MOV     DX,62H
                IN      AL,DX           ; 读状态口
                MOV     AH,AL           ; 保存状态字
                AND     AL,20H          ; PC5=1? 输入中断
                JZ      OTHER
INPUT:          MOV     DX,60H          ; 接收输入的数据
                IN      AL,DX
                MOV     [DI],AL
                INC     DI
                DEC     BX
                JMP     NEXT1
OTHER:          MOV     AL,AH           ; 恢复状态字
                AND     AL,80H          ; PC7=1? 输出中断
                JZ      NEXT2           ; 不是则转 NEXT2
OUTPUT:         MOV     DX,60H          ; 发送数据
                MOV     AL,[SI]
                OUT     DX,AL
                INC     SI
                DEC     CX
NEXT:           MOV     DX,63H
                MOV     AL,09H          ; PC4=1，允许输入中断
                OUT     DX,AL
                MOV     AL,0DH          ; PC6=1，允许输出中断
                OUT     DX,AL
                STI
                MOV     DX,20H          ; OCW2，中断结束，指定 IR2 结束
                MOV     AL,62H
```

```
        OUT      DX,AL
        IRET
        …
```

乙机的 A 端口发送、B 端口接收数据驱动程序采用查询方式，读者可参照例 9.6 及相关内容自行设计。

9.3.3 微机并行打印接口的 I/O 功能调用

微机并行打印接口适配电路负责主机系统与并行打印机的连接。采用独立电路时，打印接口电路的端口是 378H～37AH/278H～27FH，基址 378H 和 278H 的选择通过 A_8 为 1 或 0 来实现；若打印接口电路与单色显示器接口组合成一块适配电路，打印端口的地址是 3BCH～3BEH。我们以基址为 378H 的打印口为例介绍。

当基址为 378H 时，偏移地址 +0 为数据口，+1 为状态口，+2 为控制口。程序通过端口地址进行数据的读/写、控制字的读/写、状态的读操作。其控制字格式如图 9.20 所示，状态字格式图 9.21 所示。

D_7	D_6	D_5	D_4	D_3	D_2	D_1	D_0
X	X	X	允许中断	联机	初始化	自动走纸	选通

图 9.20 并行打印接口的控制字格式

D_7	D_6	D_5	D_4	D_3	D_2	D_1	D_0
忙	应答	纸用完	联机状态	打印出错	X	X	X

图 9.21 并行打印接口的状态字格式

微机系统的 BIOS 提供了打印功能调用，用户通过 INT 17H 可以实现与打印机的通信功能。INT 17H 的三个子功能如下：

- AH = 0，打印 AL 中的字符。
- AH = 1，对打印机初始化。
- AH = 2，读取打印机当前的状态。

返回的参数通过读取 AH 的各个位获取，这与读取 379H 得到的状态字不同。INT 17H 返回的状态字 AH 的格式如图 9.22 所示。

D_7	D_6	D_5	D_4	D_3	D_2	D_1	D_0
1—忙； 0—不忙	1—有应答； 0—无应答	1—纸用完； 0—有纸	1—联机状态； 0—脱机状态	1—I/O 口有错； 0—I/O 口无错	X	X	1—超时出错； 0—正常

图 9.22 INT 17H 返回的状态字 AH 格式

习 题 九

1．并行接口有何特点，应用于什么样的场合？

2．如何实现 8255A 的 A 端口、B 端口的按位操作？

3．设计两种方法，用 8255A 的 C 端口的一条线对外输出连续的方波信号。

4．用一个 8255A 的 A 口和 B 口分别连接 8 个 LED 灯和 8 个开关，通过开关控制 LED 灯。设计其硬件电路和控制程序。

5．设 8255A 工作在方式 0 下，从 A 端口读入数据，将其高 4 位清 0，低 4 位保持不变，然后送 B 端口输出。试编写 8255A 初始化程序。

6．设在一个系统中，8255A 的端口地址为 184H～187H，A 端口工作于方式 1 输出，允许中断；B 端口工作于方式 1 输入，禁止中断；C 端口剩余的两根线 PC_5、PC_4 位输入。试编写初始化程序。

7．要求对图 9.23 所给电路编写有关程序段，使开关接至位置 1 到 7 时，数码管显示相应的数字 1 到 7；当开关接至位置 8 时，退出程序。

图 9.23　习题 7 电路图

8．有一个 1 μs 的脉冲信号送 8253 的计数器 1，利用软件方式扩大定时到 1 s，每秒从 8255A 的 PA 读入一组开关数据送 PB 的 LED 显示，假设以 10 条地址线用于端口译码。请完成：(1) 硬件连线；(2) 编写 8253 计数器 1 的初始化程序段(要求定时 50 ms)；(3) 编写 8255A 的初始化程序和 1 s 定时到时从 PA 读入一个字节开关数据并送 PB 显示的程序段。

9．用 8086、8255A、8259A 和 8253 设计系统实现对指示灯的控制。要求 8255A 的 PA_0、PA_1、PA_2 连接三位 DIP 开关，通过 DIP 开关的闭合决定连接 PB 的 8 个指示灯中的一个闪烁，闪烁频率为 10。假设时钟频率为 50 kHz，中断向量号使用 70H 和 71H。请设计硬件连接电路，编写所有芯片的初始化以及控制程序，并填写中断向量表。

第 10 章 串行接口技术

【教学提示】

串行通信不同于并行数据传输，它是将数据在信号通路上一位一位地顺序传送。本章讲述串行数据传输的概念和串行接口技术，并对串行通信 RS-232C 标准接口的信号线进行定义，对物理连接方式等进行详细描述。同时，围绕具体串行接口芯片 8251A 和 INS8250 的结构、功能及编程应用进行讲解。串行通信具有抗干扰能力强、接口相对简单、成本低等诸多优点，所以广泛应用于远程计算机通信系统中。

【教学目标】

- 了解串行数据传输的概念和串行接口技术；
- 掌握 RS-232C 标准接口的物理连接方式和具体应用；
- 掌握串行接口电路的设计和驱动编程；
- 掌握串行接口传输协议、通信速率、电平转换、硬件连接、初始化编程、数据传输方式等具体技术；
- 具备串行接口设计与应用开发的能力。

本章介绍微型计算机系统的串行数据传输方式，具体内容包括串行通信的基本概念、串行接口的基本工作原理、接口电路的结构及应用等内容。涉及串行通信的知识、接口芯片的结构与功能、接口硬件连接、初始化编程、操作控制的编程与设计应用等内容。

10.1 串行接口技术概述

10.1.1 串行通信的概念

串行数据传输也叫串行通信，数据和控制信息是一位接一位串行传输的。这样虽然速度会慢一些，但传输距离比并行通信长，硬件电路也相应简单一些。串行数据传输方式广泛应用于数据传输量不大、速度要求不高、设备距离远、价格经济等一些场合，如微机的键盘、鼠标、字符显示设备、微机间通信，以及开发板、医疗设备、终端设备、制造设备、采集设备等。

1. 串行通信接口基本结构

串行通信的接口电路具备接口的一般构件，如控制寄存器、状态寄存器、数据缓冲寄存器、地址译码电路、中断控制电路等，但还需要串行与并行数据的转换电路。串行接口电路一侧与外设连接，一侧与 CPU 连接。与 CPU 一侧的连接需要系统的数据总线、地址总线和相关的控制信号线、电源线、地址线等。与外设的连接则通过一条数据线进行输入和输出传输，没有联络的信号线，接口与外设的联络也通过这一条输入和输出传输线进行。这就需要对传送的一位一位的信息进行格式和速率的约定，形成串行通信的协议(又称通信规程)，双方按通信协议发送和接收。

图 10.1 是一个典型的串行接口的基本结构及与 CPU、外设的连接图。

图 10.1　串行接口的基本结构及与 CPU、外设的连接图

2. 串行通信相关技术术语

1) 串行通信的工作方式

串行通信的工作方式可分为三种，即单工通信方式、半双工通信方式、全双工通信方式，如图 10.2 所示。

图 10.2　串行通信的工作方式

单工通信方式是发送方与接收方通过一条线连接，数据只允许一个方向传送。

半双工通信方式也是通过一条线连接收发双方，允许相互发送和接收数据，但不能在这一条线上同时发送，即在某一时刻，某一方只能发送或只能接收。该方式下，双方通过切换各自的电路，可实现发送和接收的换向。这种方式能满足互相通信，而且比较经济。

全双工通信方式中，通信双方通过两条传输线连接，比如用双绞线或同轴电缆，能实现同时的发送和接收。

2) 串行通信的时钟

串行通信按二进制序列形式进行，传输线上的信号以数字信号出现，如高电平表示二进制数的 1、低电平表示二进制数的 0，并且用二进制序列中电平持续的时间表示一位，所以数据位的检测按时钟划分，发送方与接收方按发送时钟和接收时钟进行通信。

发送时钟下降沿控制串行二进制数据的发送，即接口电路把并行数据通过移位寄存器，在发送时钟作用下进行移位输出，发送到数据线路上。

接收时钟上升沿把数据线上的数据序列送入移位寄存器。

3) 串行通信的方式

串行通信可分为同步串行通信、异步串行通信两种方式。

同步串行通信是在统一时钟的控制下进行发送和接收，近距离通信需要增加一条时钟信号线，远距离通信可通过调制解调器从数据流提取同步信号，在接收方用锁相环电路得到和发送时钟完全相同的时钟信号。同步通信有面向字符的规程、面向比特的规程和面向字节计数的规程。其数据块由若干字符或位组成一块数据，数据内不设间隔，并在这块数据上加检验字符，形成数据帧，通信靠同步字符或专用控制线获得同步传输。典型的同步通信规程有 IBM 公司的二进制同步规程 BSC(面向字符型、半双工)、IBM 公司的同步数据链路控制规程 SDLC(面向比特型)、ISO 的高级数据链路控制规程 HDLC、ANSI 的先进数据通信规程 ADCCP 等。面向字符型的同步串行通信的基本格式如图 10.3 所示。

图 10.3　面向字符型的同步串行通信的基本格式

异步串行通信把一个字符按一定格式传送，收发双方的时钟频率可以不是同源的，允许收发时钟的频率有一定范围的差别，收发双方的传送靠起始位获得同步。这里的"异步"指两个字符的时间间隔不是固定的(空闲时用逻辑 1 电平表示空闲位)，但一个字符内的各个位的时间间隔固定。异步串行通信的基本格式如图 10.4 所示。

图 10.4　异步串行通信的基本格式

上述数据格式的起始位是持续一位时间的低电平，后跟 5～8 位的数据位(低位在前、高位在后)，1 位奇偶校验位和 1 位、1.5 位、2 位三种形式的停止位，之后是空闲位或下一个字符的传输开始。字符位数的设定、奇偶校验位的取舍和设定、停止位的设定，都由初始化完成。每个位的持续时间相同，是传输速率的倒数。

4) 数据终端设备、数据通信设备

数据终端设备和数据通信设备是联网设备和网络设备的统称。

数据终端设备(Data Terminal Equipment，DTE)是数据的源或目的，是用户的联网设备，如数据处理设备、计算机等。

数据通信设备(Data Communication Equipment，DCE)是供用户设备接入网络的设备，如调制解调器 MODEM、自动呼叫/应答设备及其他中间通信设备。

5) 串行通信的数据传输速率

数据传输速率指单位时间内传输的信息量，可用比特率和波特率来表示。比特率是指每秒钟传输的二进制数据位数，用 b/s(位/秒)为表示单位，通常表示并行通信的速率；波特率是指每秒钟传输的波特数，这里所说的波特是通信中的符号(也称离散状态)传输速率单位，每秒钟传输 1 个符号称为传输率为 1 波特，通常表示串行通信的速率。

为了提高抗干扰能力，一般可用多个时钟调制一个二进制位。比如采用 n 个时钟收发，则收发时钟频率=n×波特率，一般 n 取 1、16、32、64 等，但对于同步通信，n 必须取 1。异步串行通信的速率一般在 50～19200 波特之间，常取 110、300、600、1200、1800、2400、4800、7200、9600 和 19200 等数值。计算机串行传输的数据信息位速率的倒数称为位周期，比如传输速率是 2400 波特，其位周期为 1/2400=0.417 ms。

比特率是数字信号的传输速率，它用单位时间内传输的二进制代码的有效位(bit)数来表示。计算机中只有高电平和低电平表示的 1、0 两种离散信号，所以计算机中波特率和比特率正好吻合，两者是一致的但意义不同。在其他场合，数据信息的传输通道中，载波调制成携带数据信息的信号单元，称为码元。波特率是每秒钟通过信道传输的码元数，称为码元传输速率。通过不同的调制方法可以在一个信息符号上负载多个数据位信息，如采用 M 相调制时，单个调制状态对应 lg2M 个二进制位，即比特率=波特率×lg2M。两相调制下，单个调制状态对应 1 个二进制位，此时比特率等于波特率。

10.1.2　串行通信的标准 RS-232C

同步通信协议有面向比特的高级数据链路控制协议 HDLC、同步链路控制协议 SDLC 等。同步串行通信的数据传输效率高、速率高、对时钟要求高、硬件电路复杂。异步串行通信协议应用最广泛的是 EIA-RS-232C，是美国 EIA(电子工业联合会)与 BELL 等公司一起制定的。该标准提供了用公共电话网络进行数据通信的技术规范，规定了 MODEM、DTE、DCE 的信号功能、电气特性等内容。

1. RS-232C 信号线定义

RS-232C 信号线定义如表 10.1 所示。

微机常用的 RS-232C 接口信号中，可只采用 9 个信号完成串行通信功能，如表 10.2 所示。

表 10.1 RS-232C 信号线定义

引脚号	引脚功能
1*	保护地(GND)
2*	发送数据(TxD)
3*	接收数据(RxD)
4*	请求发送(RTS)
5*	允许发送(CTS)
6*	数据通信设备(DCE)准备好(DSR)
7*	信号地(SG)
8*	数据载波监测(DCD)
9	未定义
10	未定义
11	未定义
12	辅信道数据载波监测(DCD)
13	辅信道允许发送(CTS)
14	辅信道发送数据(TxD)
15	发送器定时时钟(DCE 为源)
16	辅信道接收数据(RxD)
17	接收器定时时钟(DCE 为源)
18	未定义
19	辅信道请求发送(RTS)
20	数据终端准备好(DTR)
21	信号质量检测
22	振铃指示(RI)
23	数据信号速率选择(DTE/DCE 为源)
24	发送信号单元定时(DTE 为源)
25	未定义

注：标有 * 的信号为主信道信号。

表 10.2 微机常用的 RS-232C 信号线定义

引脚号	引脚功能	方向	符号
2	发送数据	输出	TxD
3	接收数据	输入	RxD
4	请求发送	输出	RTS
5	允许发送	输入	CTS
6	数据通信设备(DCE)准备好	输入	DSR
7	信号地		SG
8	数据载波监测	输入	DCD
20	数据终端准备好	输出	DTR
22	振铃指示	输入	RI

微机常用的 RS-232C 信号线中，一类用于数据传送，如 TxD、RxD、GND；一类用于 MODEM 的状态和控制，如 RTS、CTS、DSR、DCD、DTR、RI。

2. RS-232C 的物理连接

RS-232C 的最高传输速率和最大传输线长度是两项基本性能，二者相互矛盾、相互制约，即可靠的传输速率随传输距离的增加而减小，反之亦然。一般情况下，RS-232C 传输速率为 0～20 kb/s，传输线长度为 0～30 m。

1) RS-232C 连接器

串行通信的实现方法是使用硬件电路，在驱动程序作用下，完成数据收发。目前微机常用的串行通信连接器有 UART(通用异步收/发器)、USRT(通用同步收/发器)、USART(通用同步/异步收/发器)，它们都有实现串并转换和位计数的基本功能。这些连接器接口把复杂的串行通信集成化了，使用非常方便。

2) 电气特性

RS-232C 的工作采用负逻辑 EIA 电平，其负载开路电压不超过 ±25 V。发送端规定，–5～–15 V 表示逻辑"1"(称为传号，MARK)，+5～+15 V 表示逻辑"0"(称为空号，SPACE)。接收端定义，–3～–15 V 表示逻辑"1"(MARK)，+3～+15 V 表示逻辑"0"(SPACE)。

3) 机械特性

RS-232C 的外形有 DB-25 和 DB-9 两种连接形式，其中 286 以上微机普遍采用的 DB-9 的信号定义如表 10.3 所示。DB-25 和 DB-9 的对外连接及 DB-9 与 DB-25 设备的连接如图 10.5 所示。

表 10.3　微机 DB-9 信号线定义及与 DB-25 的对应关系

DB-9 引脚信号	引 脚 功 能	符号	DB-25 引脚信号
1	数据载波监测	DCD	8
2	接收数据	RxD	3
3	发送数据	TxD	2
4	数据终端准备好	DTR	20
5	信号地	SG	7
6	数据通信设备(DCE)准备好	DSR	6
7	请求发送	RTS	4
8	允许发送	CTS	5
9	振铃指示	RI	22

4) RS-232C 的连接方式

计算机通过 RS-232C 连接器有几种连接方式。一种是通过 MODEM 或其他 DCE 设备使用一条专门电话线进行 15 m 以上的长距离通信；一种是直接通过 RS-232C 接口连接终端设备并带有反馈线的连接；还有一种是简单场合广泛应用的，只需 3 条最基本信号线的连接，如图 10.6 所示。

图 10.5 DB-25 和 DB-9 的对外连接及两者设备的连接

图 10.6 RS-232C 的三种常用的连接方式

5) 电平转换

TTL 电平的串行接口芯片与 RS-232C 串行通信采用的负逻辑 EIA 电平不能兼容，为实现连接，必须进行电平转换。一般可使用专门的集成电路芯片 MAX232、MC1488 或 SN75150/75188 在发送方把 TTL 电平转换成 EIA 电平，接收方可采用 MC1489 或 SN75154/75189 把 EIA 电平转换成 TTL 电平。目前新型的电平转换芯片 MAX232 能够完成 EIA 电平与 TTL 电平的双向转换，满足 RS-232C 发送/接收器 UART 的需要。MAX232 内部具有电压倍增电路和转换电路，仅用 +5 V 电源供电。MAX232 的引脚图如图 10.7 所示。

图 10.7 MAX232 的引脚图

MAX232 内部结构包括三个基本部分：

第一部分是电荷泵电路，由 1、2、3、4、5、6 脚和 4 只电容构成。其功能是产生 +12 V 和 −12 V 两个电源，满足 RS-232C 串口电平的需要。

第二部分是数据转换通道，由 7、8、9、10、11、12、13、14 脚构成两个数据通道。其中 13 脚(R_{1IN})、12 脚(R_{1OUT})、11 脚(T_{1IN})、14 脚(T_{1OUT})为第一数据通道。8 脚(R_{2IN})、9 脚(R_{2OUT})、10 脚(T_{2IN})、7 脚(T_{2OUT})为第二数据通道。

TTL/CMOS 数据从 T_{1IN}、T_{2IN} 输入转换成 RS-232C 数据，从 T_{1OUT}、T_{2OUT} 送到微机的 DB$_9$ 插头；DB$_9$ 插头的 RS-232C 数据从 R_{1IN}、R_{2IN} 输入转换成 TTL/CMOS 数据后，从 R_{1OUT}、R_{2OUT} 输出。

第三部分是供电部分，由 15 脚 GND、16 脚 V_{CC}(+5 V)构成。

6) 其他标准

目前应用最广泛的串行通信接口标准是 RS-232C，其前身是 RS-232B、RS-232A 接口标准。早期的 20 mA 电流环标准，因为具有良好的抗干扰能力，曾经流行于 286 以前的微机。针对 RS-232C 在速率、通信距离、不平衡收发产生的串扰、收发器连接数目等方面的不足，当前并存的标准有 RS-423、RS-422、RS-485 等串行通信接口标准，它们具有分布式、高性能连接和通信能力，并配有相关的电平转换芯片 MAX481/483/485/487~MAX491。在已有 RS-232C 计算机基础上，通过 MAX232 电平转换器先将计算机 RS-232C 的 EIA 电平转换成 TTL 电平，再通过 MAX485 电平转换器将此 TTL 电平转换成 RS-485 电平发送。接收时 MAX485 电平转换器将双绞线上的 RS-485 电平转换成 TTL 电平，MAX232 电平转换器再把 TTL 电平转换成计算机的 RS-232C 电平，完成 RS-232C/485 电气接口标准的转换。

10.2 可编程串行接口芯片 8251A

Intel 系列的串行接口芯片 8251A 是可编程接口芯片，具有多种同步/异步通信的接收/发送功能，应用非常广泛。该芯片采用双列直插式封装，28 个引脚，单一的 +5 V 电源供电，单相时钟，可工作在同步传送、异步传送方式，具有全双工、自动检测等功能。

10.2.1　8251A 的结构与引脚

8251A 的基本结构如图 10.8 所示。它有五个主要组成部分，分别是接收器、发送器、读/写控制逻辑、数据总线缓冲器、调制/解调控制电路，各个内部组成部件之间通过内部总线连接。

图 10.8　8251A 内部结构框图

1. 接收器

接收器在接收时钟作用下从 RxD 上接收串行数据，并进行并串转换、校验，最终存入接收数据缓冲器中，等待 CPU 读取。8251A 在异步方式下，检测接收线路上的数据信号，当没有数据时，线路维持高电平状态。8251A 把检测到的低电平作为起始位，并启动接收控制电路的内部计数器进行计数，其计数脉冲就是接收时钟。如果设定波特率是时钟脉冲的 16 倍分频，计数到 16 时发出 1 个接收时钟。当计数相当于半个位的时间时，再对接收线路检测(两次采样)，如果仍为低电平，则确认为收到起始位，于是 8251A 开始按每隔 1 个数位的时间间隔进行 1 次采样。在接收时钟 $\overline{RxC}$ 下送入移位寄存器，进行奇/偶校验、去掉停止位后，转换成并行数据，然后送入数据输入缓冲器，向 CPU 发出接收数据准备好 RxRDY 信号。

但是当接收的数据不足 8 位时，8251A 在高位填充 0。在起始位经过半位时间的第二次采样没有得到低电平时，8251A 会把这个信号当作干扰信号，从而不认为接收到了起始位，8251A 再重新检测接收线路上的低电平。

2. 发送器

CPU 发来的数据到 8251A 的发送器，并把数据转换成通信要求的帧格。加上起始位、校验位和停止位后，在发送时钟 $\overline{TxC}$ 的作用下一位一位地通过 TxD 发送出去。发送完成时，向 CPU 发出发送缓冲器准备好 TxRDY 信号，通知 CPU 发送下一个数据。

3. 读/写控制逻辑

8251A 的读/写控制逻辑根据 CPU 发出的信号实现读/写控制功能。其功能如表 10.4 所示。

表 10.4　8251A 读/写控制功能

C/$\overline{\text{D}}$	$\overline{\text{RD}}$	$\overline{\text{WR}}$	$\overline{\text{CS}}$	控 制 功 能
0	0	1	0	CPU 从 8251A 读数据
0	1	0	0	CPU 向 8251A 写数据
1	0	1	0	CPU 从 8251A 读状态
1	1	0	0	CPU 向 8251A 写控制字
X	1	1	0	高阻
X	X	X	1	

4. 调制/解调控制电路

调制/解调控制电路中，两对信号数据终端准备好 $\overline{\text{DTR}}$ 和数据通信设备(DCE)准备好 $\overline{\text{DSR}}$、请求发送 $\overline{\text{RTS}}$ 和允许发送 $\overline{\text{CTS}}$ 完成 8251A 与 MODEM 的通信握手。

8251A 的外部引脚如图 10.9 所示。引脚信号按连接对象分为两组，一组是和 CPU 连接的，一组是与外设连接的。

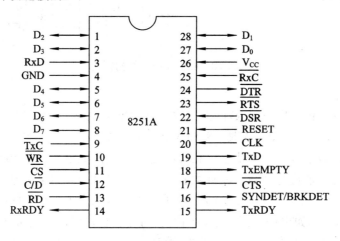

图 10.9　8251A 的引脚图

1) 与 CPU 连接的信号

$D_0 \sim D_7$——是 CPU 连接 8251A 的双向数据线，负责传送控制字、状态字、数据信息。

CLK——外部给 8251A 有关电路提供的工作时钟，与数据传输速率无直接关系。但为了使电路工作可靠，一般对其频率有一定的要求。同步方式下 CLK 必须大于收发时钟的 30 倍，异步方式下 CLK 必须大于输入时钟的 5.4 倍，而且规定 CLK 的时钟周期在 420~1350 ns 范围内。

$\overline{\text{CS}}$——片选信号，是 CPU 发出的地址信号经过译码后得到的对芯片的工作选择信号。

C/$\overline{\text{D}}$——控制/数据选择信号。如果输入为高电平，则代表 CPU 读/写的是控制信息或状态信息，否则，CPU 读/写的是数据信息。一般此信号连接地址线的 A_0，用来区分端口地址。一般收发数据的端口地址为偶地址，控制端口和状态端口地址为连续的奇地址。

$\overline{RD}$ 和 $\overline{WR}$——读/写控制信号，用于 CPU 对寄存器的读/写操作。

RESET——复位信号。这个引脚出现一个时钟 6 倍宽度的高电平时，芯片被复位，回到初始状态，直到芯片被重新编程，设定其工作状态。使用时，它与系统复位线相连，受系统加电或人工复位的控制。

TxEMPTY——发送缓冲器空信号，表示数据已经进入移位寄存器进行并串转换。

TxRDY——发送缓冲器准备好信号，用于通知 CPU 已经准备接收数据了，起到联络信号的作用，供 CPU 查询 8251A 状态，或作为中断请求信号给 CPU。当 8251A 接收数据后，此信号复位。

RxRDY——接收缓冲器准备好信号，用于通知 CPU 数据已经准备好了，起到联络信号的作用，供 CPU 查询 8251A 状态以便读取数据，或作为中断请求信号给 CPU。当 CPU 读取数据后，此信号复位。如果没有及时取走数据，新接收的数据就会覆盖它，造成数据丢失，出现溢出错，并反映到状态字中。

SYNDET——同步检测信号，用于同步方式，双向的。按同步检出信号来自于内部还是外部，分为内同步和外同步两种方式。

2) 与外设连接的信号

RxD——接收数据信号。信号来自外设，串行数据在 $\overline{RxC}$ 上升沿采用输入。

TxD——发送数据信号。信号向外设发送，串行数据在 $\overline{TxC}$ 下降沿按位经 TxD 输出。

$\overline{RxC}$——接收数据的时钟信号，每个数据的移位接收在它的上升沿进行。异步方式下，其频率可以是数据速率的 1、16 或 64 倍，同步方式下，其频率与数据速率相同。

$\overline{TxC}$——发送数据的时钟信号。每个数据的移位发送在 $\overline{TxC}$ 下降沿按位经 TxD 输出，其作用与 $\overline{RxC}$ 相同。实践使用时 $\overline{TxC}$ 和 $\overline{RxC}$ 相互连接，用同一个时钟源。

$\overline{DTR}$——数据终端准备好信号，用于通知 MODEM 计算机准备就绪，可由命令字设置其为有效。

$\overline{DSR}$——数据通信设备(DCE)信号，用于表示 MODEM 或外设数据准备就绪，CPU 通过读取状态寄存器检测此信号。

$\overline{RTS}$——请求发送信号，用于通知 MODEM，计算机已经准备好发送了，由命令字设置其为有效。

$\overline{CTS}$——允许发送(清除发送)信号，用于表示 MODEM 或外设状态准备好，通知计算机可以发送数据。

10.2.2 8251A 的编程

8251A 是一个可编程的多功能串行通信接口芯片，在使用前必须对它进行初始化，以确定它的工作方式、传输速率、字符格式以及停止位长度等。

1. 8251A 的控制字

8251A 的各种工作方式及工作过程的实际控制需要设置其方式控制字和命令控制字。在写入方式控制字后，完成芯片初始化，接着根据需要写入同步字符或命令字。

1) 方式控制字

方式控制字由一个 8 位寄存器实现，其内容决定 8251A 的同步或异步方式、通信的数据帧格式和速率等。在对 8251A 使用时进行初始化设置，格式如图 10.10 所示。

D_7	D_6	D_5	D_4	D_3	D_2	D_1	D_0
同步/停止位		奇偶校验		字符长度		波特率系数	
同步(D_1D_0=00)： X0—内同步； X1—外同步； 0X—双同步； 1X—单同步	异步($D_1D_0\neq0$)： 00—不用； 01—1位； 10—1.5位； 11—2位	X0—无校验； 01—奇校验； 11—偶校验		00—5位； 01—6位； 10—7位； 11—8位		异步： 00—不用； 01—1； 10—16； 11—64	同步： 00—同步方式标志

图 10.10　8251A 的工作方式控制字

2) 命令控制字

命令控制字是在 8251A 进行发送、接收、内部复位、检测同步字符或设置某种工作状态时设置的命令。其格式如图 10.11 所示。

D_7	D_6	D_5	D_4	D_3	D_2	D_1	D_0
外部搜索方式 1—启动搜索同步字符	内部复位： 1—使8251A复位	请求发送： 1—强制 $\overline{RTS}$ 输出0	错误标志复位： 1—使全部错误标志位复位	发送中止字符： 1—使TxD为低； 0—正常工作	接收允许： 1—允许； 0—禁止	数据终端准备好： 1—强制 $\overline{DTR}$ 输出0	发送允许： 1—允许； 0—禁止

图 10.11　8251A 的命令控制字

其中，D_7 为进入搜索方式。此时将接收到的数据组合形成字符，做同步比较。找到同步码后，信号 SYNDET 同步检测信号输出 1，然后复位此控制位为 0，做正常接收。D_6 为内部复位位。D_6=1 的命令字是软复位方式，它使 8251A 回到初始状态进行初始化，即初始化前必须复位。而命令字的设置又需要在方式字之后，这就需要发此命令字前有方式字设置，一般可发一个假的方式字再发内部复位命令。即，发一个假的方式字→发内部复位命令→写入方式字初始化→…，进入初始化编程。初始化过程详见图 11.13。

3) 状态字

CPU 向 8251A 发送命令字进行各种操作前，需要根据 8251A 当前的状态决定下一步的操作，如发送、接收或处理错误等。其状态字格式如图 10.12 所示。

D_7	D_6	D_5	D_4	D_3	D_2	D_1	D_0
数据装置就绪	同步检出	帧格式错	溢出错	奇偶错	发送器空	接收就绪	发送就绪

图 10.12　8251A 的状态字

如果 8251A 的状态具备其状态字格式所表示的含义，则相应位置 1。CPU 通过检测相应的状态位，得到通信需要的信息；从而决定所要进行的操作。

2. 8251A 编程的三点要求

(1) 两个控制字和一个状态字的使用关系。由于方式选择控制字只是约定了双方通信方式(同步方式/异步方式)、数据格式(字符长度、停止位长度、校验特性、同步字符特性)、传输速度(波特率系数)等，并没有规定数据传送方向(发送/接收)，所以还不能进行数据传送，而需要操作命令控制字来控制数据的发送/接收。何时才能发送/接收，取决于 8251A 的状态字，只有在 8251A 进入发送/接收准备好状态后，才能开始数据的传送。

(2) 编程顺序。因为 8251A 的两个控制字都要送入同一个控制端口，而控制字本身并无特征标志位，所以向 8251A 写入两个控制字时，必须按照一定的顺序，且这种顺序不能改变。正确顺序如图 10.13 所示,先向 8251A 控制口写入方式选择控制字，规定了 8251A 的工作方式后，再根据 8251A 的工作状态向控制口写入操作命令控制字。

(3) 初始化程序必须在系统复位(内部复位或外部复位)之后，8251A 工作之前进行。若要在使用过程中改变 8251A 的工作方式，也必须先使 8251A 芯片复位(内部复位命令字为 40H)，然后才可重新向 8251A 输出方式选择控制字。

图 10.13 8251A 初始化流程图

10.2.3 8251A 的应用

【例 10.1】 异步模式的初始化编程。

分析：假设控制口地址为 PORT1，数据口地址为 PORT0，设定异步模式下的数据格式为字符采用 7 位二进制表示，1 位偶校验，2 个停止位，波特率因子为 16，初始化完成后进入收发状态。

程序如下：

```
        MOV     DX,PORT1            ;控制口地址
        MOV     AL,0FAH            ;方式字，使 8251A 初始化成异步模式，
                                    ;波特率因子为 16 及相关数据格式
        OUT     DX,AL
        MOV     AL,37H             ;命令字，使发送、接收都允许
        OUT     DX,AL
```

【例 10.2】 同步模式的初始化编程。

分析：假设控制口地址为 PORT1，数据口地址为 PORT0，设定同步模式下的协议为内同步、2 个同步字符、7 个数据位、偶校验，按照方式字、同步字符、命令字的顺序对控制口设置。

程序如下：

```
        MOV     DX,PORT1        ; 控制口地址
        MOV     AL,38H          ; 方式字，使 8251A 初始化成内同步模式，2 个同步字
                                ; 符，7 个数据位、偶校验
        OUT     DX,AL
        MOV     AL,16H          ; 同步字符规定为 16H，方式字后连续发送 2 个
        OUT     DX,AL
        OUT     DX,AL
        MOV     AL,97H          ; 命令字，使发送、接收都允许
        OUT     DX,AL
```

【例 10.3】 查询方式的异步通信编程。

程序如下：

```
        MOV     DX,PORT1        ; 控制口地址
        MOV     AL,0FAH         ; 方式字，使 8251A 初始化成异步模式，
                                ; 波特率因子为 16 及相关数据格式
        OUT     DX,AL
        MOV     AL,35H          ; 命令字，使发送、接收都允许并清除错误指示位
        OUT     DX,AL
        MOV     DI,0            ; 接收区首地址
        MOV     SI,100          ; 发送区首地址
L:      IN      AL, PORT1       ; 读状态口
        TEST    AL,02H          ; 测试是否接收准备好，即 RxRDY=1
        JNZ     RECE
        TEST    AL,01H          ; 测试是否发送准备好，即 TxRDY=1
        JNZ     TRAN
        JMP L
RECE:   IN      AL, PORT1       ; 测试接收的数据有无错误
        TEST    AL,38H
        JNZ     ERROR
        IN      AL, PORT0       ; 读数据
        MOV     [DI],AL
        INC     DI
        JMP     L
TRAN:   MOV     AL,[SI]
        OUT     PORT0,AL        ; 发送数据
```

```
        INC     SI
        JMP  L
   ERROR:...                         ；错误处理
```

【例 10.4】 双机异步串行通信，采用 8251A 构成接口电路，完成查询方式的收发。

分析：接口的硬件设计采用 8251A、电平转换电路，加上译码电路形成片选、三态 8 位数据缓冲器等。双机采用标准的 3 线 RS-232C 串行通信电缆连接。其硬件连线如图 10.14 所示。

图 10.14　双机异步串行通信的硬件连线

软件驱动程序包括甲机发送程序和乙机接收程序。

甲机发送程序：

```
        CODE SEGMENT
            ASSUME CS:CODE
        TRA     PROC   FAR
START:  MOV     DX,PORT1        ；控制口
        MOV     AL,00H          ；空操作，假的方式字
        OUT     DX,AL
        MOV     AL,40H          ；复位命令
        OUT     DX,AL
        NOP
        MOV     AL,0CFH         ；方式字
        OUT     DX,AL
        MOV     AL,37H          ；命令字
        OUT     DX,AL
        MOV     CX,3DH          ；传送字数
        MOV     SI,300H         ；发送区首地址
L1:     MOV     DX,PORT1        ；读状态口
        IN      AL,DX
        AND     AL,01           ；查 TxRDY=1？
        JZ      L1
```

```
        MOV     DX,PORT0            ; 数据口
        MOV     AL,[SI]
        OUT     DX,AL
        INC     SI
        DEC     CX
        JNZ     L1
        MOV     AX,4C00H           ; 返回系统
        INT     21H
TRA     ENDP
CODE    ENDS
```

乙机接收程序与发送类似，略。

【例 10.5】用 8251A 构成异步串行通信接口，中断方式收发数据，硬件连线如图 10.15 所示。

图 10.15　8251A 构成的串行接口的硬件连线图

设计以 8251A 为核心构成的异步串行通信接口电路。8253 形成波特率发生器，给 TxC、RxC 提供收发时钟。用 MAX232 或 1488/9 完成 TTL 电平与 EIA 电平的转换，接口电路的译码器按系统需要连接，中断控制器使用系统的 8259。

软件设计包括主程序和中断服务程序。

主程序：

```
        CLI
        MOV     SI,200             ; 设置收发的数据区和字节数
        MOV     CX,100
```

```
        MOV      DI,500
        MOV      BX,100
        …                           ；初始化 8259A
        MOV      AX,00H              ；加载中断向量
        MOV      ES,AX
        MOV      BX,0CH*4
        MOV      AX,OFFSET RECV-TRAN
        MOV      ES:[BX],AX
        PUSH     CS
        POP      AX
        MOV      ES:[BX+2],AX
        MOV      AL,76               ；初始化 8253 并设置初值
        OUT      43H,AL
        MOV      AL,30
        OUT      41H,AL
        MOV      AL,00
        OUT      41H,AL
        MOV      DX,301H             ；复位 8251A
        MOV      AL,00
        OUT      DX,AL
        MOV      AL,40H
        OUT      DX,AL
        MOV      AL,6AH              ；初始化 8251A，设定工作方式和数据格式、波特率
        OUT      DX,AL
        MOV      AL,27               ；设置 8251A 允许收发
        OUT      DX,AL
        IN       AL,21H
        AND      AL,11101111B        ；设置 8259A 开放 IR$_4$
        OUT      21H,AL
L:      CMP      CX,0
        JE       TRAN-ST
        CMP      BX,0
        JE       RECV-ST
        JMP      L
TRAN-ST:
        MOV      AL,26               ；设置 8251A 停止发送
        OUT      DX,AL
        JMP      L
RECV-ST:
```

```
        MOV     AL,23               ; 设置 8251A 停止接收
        OUT     DX,AL
        JMP     L
        …
```

中断服务程序：

```
RECV-TRAN PROC FAR
        PUSH    DX
        PUSH    AX
        MOV     DX,301H             ; 查询状态字，判断是接收还是发送
        IN      AL,DX
        TEST    AL,01               ; 发送准备好？
        JNZ     TRAN
        TEST    AL,02H              ; 接收准备好？
        JNZ     RECV
        JMP     EXIT
TRAN:   MOV     DX,300H             ; 发送
        MOV     AL,[SI]
        OUT     DX,AL
        INC     SI
        DEC     CX
        JMP     EXIT
RECV:   MOV     DX,300H             ; 接收
        IN      AL,DX
        MOV     [DI],AL
        INC     DI
        DEC     BX
EXIT:   MOV     AL,20H              ; 中断结束
        OUT     0H,AL
        POP     AX
        POP     DX
        IRET                        ; 中断返回
RECV-TRAN ENDP
```

10.3　可编程串行接口芯片 INS8250

　　IBM PC/XT 早期采用 INS8250(AT 机使用 Ns16450)UART 芯片，最近则采用 PC16450 和 PC16550 芯片，这些芯片在功能上都和 INS8250 相同，但提供了更高的传输效率和速度。INS8250 使用 +5 V 单一电源供电，40 引脚双列直插式封装。与 8251A 比较，其优越性在于可编程能力很强，内部提供 10 多个可访问的寄存器，使用十分灵活。

10.3.1 INS8250 的结构与引脚

INS8250 的基本结构如图 10.16 所示。它有数据总线缓冲器、选择和控制逻辑、接收器、发送器、收发同步控制电路、调制解调控制逻辑、中断控制逻辑以及用户可以编程使用的各种功能的寄存器等，各个内部组成部件之间通过内部总线连接。

图 10.16 INS8250 的基本结构框图

INS8250 的内部寄存器有接收移位寄存器 RSR、接收缓冲寄存器 RBR、发送保持寄存器 THR、发送移位寄存器 TSR、线路控制寄存器 LCR、线路状态寄存器 LSR、除数寄存器 DLH 和 DLL、MODEM 控制寄存器 MCR、MODEM 状态寄存器 MSR、中断允许寄存器 IER、中断识别寄存器 IIR 等。INS8250 内部寄存器及其寻址如表 10.5 所示。

发送数据时，INS8250 把 CPU 发来的并行数据存入发送保持寄存器 THR 中，如果发送移位寄存器 TSR 空，数据就进入移位寄存器，并按协议编程的数据格式和波特率，加上起始位、校验位和停止位，从串行输出端 SOUT 在内部同步时钟作用下逐位发送出去。串行输出端 SOUT 在没有数据发送时，发送连续的低电平表示中止符。

接收数据时，INS8250 通过接收移位寄存器 RSR 把数据输入端 SIN 的串行数据按位移位接收，并搜索起始位。INS8250 按协议的数据格式去掉起始位、校验位和停止位，把接收的串行数据送入接收缓冲寄存器 RBR 中。如果发现数据错误(校验错 PE、帧格式错 FE、溢出错 OE)或接收了中止符，就把状态寄存器相应位置位。如果允许中断，还可以请求中断，由 CPU 处理。

表 10.5　　INS8250 内部寄存器及其寻址

$A_2A_1A_0$	DLAB	寄存器名称	COM₁ 地址	COM₂ 地址
000	0	接收缓冲寄存器 RBR	3F8H	2F8H
000	0	发送保持寄存器 THR	3F8H	2F8H
001	0	中断允许寄存器 IER	3F9H	2F9H
010	X	中断识别寄存器 IIR	3FAH	2FAH
011	X	线路控制寄存器 LCR	3FBH	2FBH
100	X	MODEM 控制寄存器 MCR	3FCH	2FCH
101	X	线路状态寄存器 LSR	3FDH	2FDH
110	X	MODEM 状态寄存器 MSR	3FEH	2FEH
111	X	不用	3FFH	2FFH
000	1	除数寄存器低 8 位 DLL	3F8H	2F8H
001	1	除数寄存器高 8 位 DLH	3F9H	2F9H

　　注：DLAB 为线路控制寄存器 LCR 的 D_7 位。

　　INS8250 的外部引脚有 40 条。40 条引脚信号线包括数据线、系统控制信号线、通信数据线和控制线、中断以及电源、地线等。其连接如图 10.17 所示，可分为系统一侧和外设一侧的连接信号两组。

图 10.17　INS8250 的引脚连接图

1) 与计算机系统连接的信号

$D_0 \sim D_7$——8 位双向数据总线，是 CPU 通过数据总线向 INS8250 写入数据或命令、读取数据或状态的数据线引脚，具有三态功能。

CS_0、CS_1 和 $\overline{CS_2}$——片选信号，输入线。当 CS_0、CS_1 为高电平，$\overline{CS_2}$ 为低电平时，芯片被选中工作。

$A_2 \sim A_0$——芯片内部寄存器(端口)选择信号，输入线，用于 INS8250 内部 10 个寄存器的寻址。$A_2 \sim A_0$ 与线路控制寄存器 LCR 的 D_7 位 DLAB 共同寻址编程寄存器，详见表 10.5。

$\overline{ADS}$——地址选通信号，输入线，用于锁存地址线信号和片选信号。X86 系统使用时不需要连接，直接接地。

MR——主复位信号，输入线，高电平有效，连接系统的 RESET 信号。其作用是对 INS8250 初始化。

DISTR 和 $\overline{DISTR}$——读选通信号，输入线。其中一个有效，可读取内部寄存器的数据或状态。

DOSTR 和 $\overline{DOSTR}$——写选通信号，输入线。其中一个有效，可写数据或控制字到内部寄存器。

DDIS——驱动器禁止信号，输出线，用于禁止 CPU 对内部寄存器的读取操作。

CSOUT——片选输出指示信号，输出线，用来指示 CS_0、CS_1 和 $\overline{CS_2}$ 三个信号同时有效，芯片被选中工作，可进行数据传输。

$XTAL_1$——外部时钟输入信号，输入线。外部频率振荡器产生的 18.432 MHz，经过 10 倍分频，通过此引脚输入，作为芯片内部电路工作的基准时钟信号。

$XTAL_2$——基准时钟输出信号，输出线，用于芯片外其他电路的工作时钟。

INTRPT——中断请求信号，输出线。当因接收缓冲器满、发送保持寄存器空、接收数据错等情况产生中断并且芯片内部中断允许时，该信号有效，向系统发出中断请求。

$\overline{OUT_1}$——对应 MODEM 控制寄存器 MCR 的 D_2 位，可编程设定，用于用户指定的输出用途，如控制中断信号的输出。主复位信号 MR 有效时，被置为高电平。

$\overline{OUT_2}$——对应 MODEM 控制寄存器 MCR 的 D_3 位，可编程设定，用于用户指定的输出用途，如控制中断信号的输出。主复位信号 MR 有效时，被置为高电平。

V_{CC}、GND 和 NC——芯片的电源线、地线和备用线。

2) 与外设有关的信号

SIN——串行接收数据信号，输入线，是外设发来的串行数据的输入引脚。

SOUT——串行发送数据信号，输出线，是芯片发给外设的串行数据的输出引脚。

RCLK——接收数据的时钟信号，输入线，控制接收数据的传输速率，连接 16 倍波特率的时钟信号。此信号可单独使用外部专门的时钟信号，也可以把芯片内部的工作时钟作为接收时钟。

$\overline{BOUDOUT}$——工作时钟信号，输出线，控制发送数据的传输速率，连接 16 倍波特率的时钟信号。通常与 RCLK 互连。其频率=传送波特率×16。

$\overline{DTR}$——数据终端准备好信号，输出线，用于通知 MODEM 计算机准备就绪，INS8250 进入通信状态。

$\overline{\text{DSR}}$——数据通信设备(DCE)准备好信号，输入线，用于表示 MODEM 或外设数据准备就绪，通知 INS8250 可以通信了，是对 $\overline{\text{DTR}}$ 的应答信号。

$\overline{\text{RTS}}$——请求发送信号，输出线，用于通知 MODEM，计算机已经准备好发送数据了。

$\overline{\text{CTS}}$——允许发送(清除发送)信号，输入线，用于表示 MODEM 或外设状态准备好，通知计算机可以发送数据了，是对 $\overline{\text{RTS}}$ 的应答信号。

$\overline{\text{RLSD}}$——载波检测信号，输入线，用于 MODEM 检测到载波信号后发给 INS8250。

$\overline{\text{RI}}$——振铃指示信号，输入线，用于 MODEM 收到振铃信号，请求 INS8250 应答。

10.3.2　INS8250 的编程

在利用 INS8250 通信前，需要对其进行初始化。然后，处理机以程序查询方式或中断请求方式通过 INS8250 与外界进行异步通信。

INS8250 内部有 10 个可以编程使用的寄存器，用 $A_2 \sim A_0$ 来进行寻址，寄存器及其寻址见表 10.5。有的地址由多个寄存器共用，由线路控制寄存器 LCR 的 D_7 位 DLAB 区分或由读写方向区分。10 个寄存器按照编程时的用途可以分为两大类，一类是初始化设置的寄存器，一类是通信过程及控制的寄存器。

1. 初始化设置的寄存器

1) 线路控制寄存器 LCR

该寄存器用于指定异步串行通信的数据格式，可读可写，其格式与各位的含义如图10.18 所示。

D_7	D_6	D_5	D_4	D_3	D_2	D_1	D_0
DLAB	SB	SP	EPS	PEN	STB	WLS$_1$	WLS$_0$
除数寄存器访问允许： 1—允许； 0—禁止	中止字符： 1—发送中止字符； 0—正常	强制校验位： 1—恒为1(D_4D_3=01)； 1—恒为0(D_4D_3=11)； 1—无校验位(D_3=0)； 0—不强制附加	校验类型： 1—偶校验； 0—奇校验	校验允许： 1—有校验位； 0—无校验位	停止位个数： 1—2位($D_1D_0 \neq$00)； 1—1.5位(D_1D_0=00)； 0—1位	数据位个数： 00—5位； 01—6位； 10—7位； 11—8位	

图 10.18　线路控制寄存器 LCR 的格式

这里的 D_7=1，表示对除数寄存器访问，否则为正常使用，如访问数据寄存器、中断允许寄存器等。

2) 除数寄存器

除数寄存器存放分频系数，分为低 8 位 DLL 和高 8 位 DLH，用于把时钟引脚输入的基准时钟 $XTAL_1$ 分频，得到收发数据的时钟信号。收发数据的时钟信号是传输波特率的 16倍，所以分频系数、基准时钟频率、波特率的关系如下：

$$分频系数 = \frac{基准时钟频率}{16 \times 波特率}$$

其中，数据收发工作时钟=16×波特率；基准时钟频率=数据收发工作时钟×分频系数。

INS8250 的最高速率可达 9600 b/s 和 19 200 b/s，新型集成芯片如 PC16650 一般可用基准时钟频率 18.432 MHz，其设置速率更高。现假如 INS8250 的基准时钟频率为 1.8432 MHz，若设置的波特率为 4800 b/s，通过计算，分频系数为 0018H，即 DLH＝00H，DLL＝18H。常用分频系数可以查表获得，如表 10.6 所示。

表 10.6　INS8250 常用的分频系数

速率(b/s)	波特率系数高 8 位	波特率系数低 8 位
50	09H	00H
300	01H	80H
600	00H	C0H
2400	00H	30H
4800	00H	18H
9600	00H	0CH
19200	00H	06H
38400	00H	03H
57600	00H	02H
115200	00H	01H

设置波特率系数的高位、低位顺序任意，但要求线路控制寄存器 LCR 的 D_7＝1。

3) MODEM 控制寄存器 MCR

该寄存器用于设置 INS8250 与 MODEM 之间的联络信号，其格式如图 10.19 所示。

D_7 D_6 D_5	D_4	D_3	D_2	D_1	D_0
不同	LOOP	OUT_2	OUT_1	RTS	DTR
000	1—INS8250 内部循环方式；0—正常	1—使 $\overline{OUT_2}$ 为低；0—使 $\overline{OUT_2}$ 为高	1—使 $\overline{OUT_1}$ 为低；0—使 $\overline{OUT_1}$ 为高	1—使 $\overline{RTS}$ 为低；0—使 $\overline{RTS}$ 为高	1—使 $\overline{DTR}$ 为低；0—使 $\overline{DTR}$ 为高

图 10.19　MODEM 控制寄存器 MCR 的格式

4) 中断允许寄存器 IER

　　INS8250 内部具有很强的中断控制与优先级判决能力，此寄存器可控制 4 级中断。级别从高到低依次是接收线路状态中断(奇偶错、溢出错、帧格式错、中止字符)、接收数据准备好中断、发送保持寄存器空中断和调制解调器状态改变中断(清除发送 $\overline{CTS}$ 状态改变、数据终端准备好 $\overline{DSR}$ 状态改变、振铃 $\overline{RI}$ 变为断开、接收线路信号检测 $\overline{RSLD}$ 状态改变)。相应位置 1 则允许对应中断，否则屏蔽。其格式如图 10.20 所示。

D_7 D_6 D_5 D_4	D_3	D_2	D_1	D_0
0000	调制解调器状态改变中断	接收线路状态中断	发送保持寄存器空中断	接收数据准备好中断

图 10.20　中断允许寄存器 IER 的格式

INS8250 初始化程序如下：

```
; 设置波特率，1200 Baud
        MOV     DX,3FBH              ; LCR 地址
        MOV     AL,80H               ; 使 DLAB=1
        OUT     DX,AL
        MOV     DX,3F8H              ; 除数寄存器低位
        MOV     AL,60H               ; 1.8432 MHz/16*1200=96=0060H
        OUT     DX,AL
        MOV     DX,3F9H              ; 除数寄存器高位
        MOV     AL,0                 ; 为 0
        OUT     DX,AL
; 设置数据格式，7 位数据位、1 位停止位、校验位恒置 1
        MOV     DX,3FBH              ; LCR 地址
        MOV     AL,00101010B         ; LCR 控制字，设置数据格式
        OUT     DX,AL
; 设置 MCR，开启中断信号输出，循环测试收发
        MOV     DX,3FCH              ; MCR 地址
        MOV     AL,1BH               ; 置位循环测试位，控制 OUT₂ 为低，开启中断输出
        OUT     DX,AL

; 设置 IER，屏蔽或允许中断
        MOV     DX,3F9H              ; IER 地址
        MOV     AL,0                 ; 屏蔽所有中断(此时要求 DLAB=0)
        OUT     DX,AL
```

2. 通信过程及控制的寄存器

1) 接收缓冲寄存器 RBR

该寄存器存放接收的串行数据并转换成并行数据。

2) 发送保持寄存器 THR

该寄存器存放发送的并行数据并转换成串行数据。

3) 线路状态寄存器 LSR

该寄存器提供通信过程的状态，被 CPU 读取并作相应处理，其格式如图 10.21 所示。

D_7	D_6	D_5	D_4	D_3	D_2	D_1	D_0
0	TSRE	THRE	BI	FE	PE	OE	DR
	1—发送移位寄存器空，发送保持寄存器数据送入后变为0	1—发送保持寄存器空，CPU写入字符后变为0	1—正在传输中止字符	1—帧格式错	1—奇偶错	1—溢出错	1—接收数据缓冲器收到1个数据，CPU读取数据后变为0

图 10.21　线路状态寄存器 LSR 的格式

4) MODEM 状态寄存器 MSR

该寄存器反映 MODEM 的 4 个控制信号的当前状态及其变化，高 4 位为 1 表示相应信号为低，低 4 位为 1 表示相应信号上次被 CPU 读取后已发生改变，且会引起 MODEM 状态改变中断，该寄存器的低 4 位在复位或 CPU 读取后清 0。其格式如图 10.22 所示。

D_7	D_6	D_5	D_4	D_3	D_2	D_1	D_0
RLSD	RI	DSR	CTS	ΔRLSD	ΔRI	ΔDSR	ΔCTS
1—$\overline{\text{RLSD}}$ 引脚为低	1—$\overline{\text{RI}}$ 引脚为低	1—$\overline{\text{DSR}}$ 引脚为低	1—$\overline{\text{CTS}}$ 引脚为低	1—$\overline{\text{RLSD}}$ 改变	1—$\overline{\text{RI}}$ 改变	1—$\overline{\text{DSR}}$ 改变	1—$\overline{\text{CTS}}$ 改变

图 10.22　MODEM 状态寄存器 MSR 的格式

5) 中断识别寄存器 IIR

当 INS8250 的 4 级中断有任何一级发生时，INS8250 的 INTRPT 输出高电平的中断请求信号，IIR 用于识别哪一级中断发生了并存放级别最高的中断级别编码。INS8250 的中断优先级是按事件的紧急程度固定安排的，用户通过设置 IER 进行屏蔽或开放。相应中断发生并被完成相关操作后复位。IIR 的格式如图 10.23 所示。

D_7	D_6	D_5	D_4	D_3	D_2	D_1	D_0
					ID_1	ID_0	IP
		00000			11—接收线路状态中断(高)；10—接收数据准备好中断；01—发送保持寄存器空中断；00—调制解调器状态改变中断(低)		1—无中断；0—有中断

图 10.23　中断识别寄存器 IIR 的格式

查询方式的通信程序：

```
    L:  MOV   DX,3FDH     ; 读 LSR
        IN    AL,DX
        TEST  AL,1EH      ; 接收错？
        JNZ   ERROR
        TEST  AL,01H      ; 接收到数据？
        JNZ   RECE
        TEST  AL,20H      ; 能输出吗？
        JZ    L
    ; 发送保持寄存器空，发送数据
        MOV   AH,1        ; 监测键盘输入
        INT   16H
        JZ    L
        MOV   AH,0        ; 读键盘的输入
        INT   16H
        MOV   DX,3F8H     ; 通过保持寄存器发送数据
```

```
        OUT     DX,AL
        JMP     L
RECE:
        MOV     DX,3F8H
        IN      AL,DX            ; 读输入数据缓冲器数据
        AND     AL,7FH           ; 去掉最高 1 位，保留低 7 位数据
        PUSH    AX
        MOV     BX,0
        MOV     AH,0EH
        INT     10H              ; 屏幕显示数据
        POP     AX
        CMP     AL,0DH           ; 是回车吗？
        JNZ     L
        MOV     AL,0AH
        MOV     BX,0
        MOV     AH,0EH
        INT     10H
        JMP     L
    ; 错误处理
        ERROR: …
```

10.3.3 INS8250 的应用

【例 10.6】 设计两台 PC 的收发通信程序，采用中断方式接收和发送。

发送程序：

```
        …
        CLI                      ; 关中断
        …                        ; 8259A 初始化
        MOV     AX,0             ; 设置 IRQ4 中断向量
        MOV     ES,AX
        CLD
        MOV     DI,0CH*4         ; 使用 COM1、IRQ4
        MOV     AX,OFFSET SEND-INT
        STOSW
        MOV     AX,SEG   SEND-INT
        STOSW
        MOV     AL,0FFH          ; 屏蔽 8259A 所有中断
        OUT     21H,AL
        MOV     DX,3FBH          ; 置 DLAB=1
        MOV     AL,80H
```

```
        OUT      DX,AL
        MOV      DX,3F8H         ; 设置通信波特率
        MOV      AL,30H          ; 波特率因子低字节
        OUT      DX,AL
        MOV      DX,3F9H
        MOV      AL,0            ; 波特率因子高字节
        OUT      DX,AL
        MOV      DX,3FBH         ; 设置通信线路控制寄存器
        MOV      AL,0AH          ; 数据格式设置
        OUT      DX,AL
        MOV      DX,3FCH         ; 设置 MODEM 控制寄存器
        MOV      AL,0BH          ; 允许 INS8250 发送中断
        OUT      DX,AL
        MOV      AL,0            ; 置 8259A 中断屏蔽寄存器
        OUT      21H,AL          ; 开放 8259A 所有中断
        MOV      DX,3F9H         ; 设置中断允许寄存器
        MOV      AL,2            ; 允许发送保持寄存器空中断
        OUT      DX,AL
        STI                      ; CPU 开中断
        HLT                      ; 等待中断
        …
SEND-INT    PROC NEAR           ; 中断方式发送子程序
        PUSH     AX              ; 寄存器保护
        PUSH     DX
        MOV      AL,[SI]         ; 发送字符
        MOV      DX,3F8H
        OUT      DX,AL
        INC      SI              ; 修改发送数据的指针
        MOV      AL,20H          ; 结束中断(EOI)
        OUT      20H,AL
        POP      DX              ; 恢复寄存器
        POP      AX
        IRET
    SEND-INTENDP
接收程序:
        …
        CLI                      ; CPU 关中断
        …                        ; 8259A 初始化
        MOV      AX,0            ; 设置 IRQ₃ 中断向量
```

```
        MOV      ES,AX
        CLD
        MOV      DI,0CH*4
        MOV      AX,OFFSET RECIV-INT
        STOSW
        MOV      AX,SEG RECIV-INT
        STOSW
        MOV      AL,0FFH            ；屏蔽 8259A 所有中断
        OUT      21H,AL
        MOV      DX,3FBH            ；置 DLAB=1
        MOV      AL,80H
        OUT      DX,AL
        MOV      DX,3F8H            ；设置通信波特率
        MOV      AL,30H             ；波特率因子低字节
        OUT      DX,AL
        MOV      DX,3F9H
        MOV      AL,0               ；波特率因子高字节
        OUT      DX,AL
        MOV      DX,3FBH            ；设置通信线路控制寄存器
        MOV      AL,0AH             ；数据格式设置
        OUT      DX,AL
        MOV      DX,3FCH            ；设置 MODEM 控制寄存器
        MOV      AL,0BH             ；允许 INS8250 接收中断
        OUT      DX,AL
        MOV      DX,3F9H            ；设置中断允许寄存器
        MOV      AL,1               ；允许数据接收准备好中断
        OUT      DX,AL
        MOV      AL,0               ；打开 8259A 所有中断
        OUT      21H,AL
        STI                         ；CPU 开中断
        HLT
        …
RECIV-INT   PROC NEAR              ；接收字符中断处理子程序
        PUSH     DI                 ；保护用到的寄存器
        PUSH     AX
        PUSH     DX
        MOV      DX,3F8H            ；接收字符
        IN       AL,DX
        MOV      [DI],AL            ；字符存入接收缓冲区
```

```
    INC         DI
    MOV         AL,20H              ; 发中断结束命令
    OUT         20H,AL
    POP         DX                  ; 恢复寄存器
    POP         AX
    POP         DI
    IRET
RECIV-INT       ENDP
```

10.4　微机的异步串行通信功能

微机的异步串行通信适配器以 INS8250 为核心构成的 UART 提供了 2 个串口，分别叫做 COM$_1$、COM$_2$，基地址为 3F8H、2F8H，占用 IRQ$_4$、IRQ$_3$ 进行中断请求，通过改变跳线，使 A$_8$=1 或 0 选择适配器地址和中断资源，连接器采用 RS-232C 标准的 25 针 D 型插座或 9 针插座。

10.4.1　异步串行通信适配器的接口电路

以 INS8250 为核心的接口电路，其外围电路包括数据缓冲部件、译码部件、地址选择部件、时钟分频部件和电压转换部件等，按需要连接系统总线的信号。INS8250 引脚中功能重叠的信号和不用的信号按要求接地或接 +5 V 电源。INS8250 中用于收发的时钟信号短接。PC 的异步串行通信适配器电路结构见图 10.17。

10.4.2　异步串行通信的 I/O 功能调用

异步串行通信的 I/O 功能可用 BIOS 软件中断指令 INT 14H 调用。它支持 COM$_1$、COM$_2$ 两个通信口，其入口参数 DX=0 选择 COM$_1$(基地址为 3F8H)，DX=1 选择 COM$_2$(基地址为 2F8H)。INT 14H 调用的 4 个功能号分别为 0 号、1 号、2 号和 3 号，提供 INS8250 初始化设置、发送字符、接收字符以及读串口状态的功能。

1．0 号功能(INS8250 初始化设置)

入口参数：AH=00H，AL=初始化参数，其格式如图 10.24 所示。

D$_7$	D$_6$	D$_5$	D$_4$	D$_3$	D$_2$	D$_1$	D$_0$
设置波特率： 000～111—110 /150/300/600/ 1200/2400/4800/9600 Baud			设置奇偶校验位： X0—无校验； 01—奇校验； 11—偶校验		设置停止位： 0—1位； 1—2位	设置数据位： 10—7位； 11—8位	

图 10.24　异步串行通信适配器接口的初始化参数

出口参数：AH=通信线路状态，AL=调制解调器状态，其格式如图 10.25 所示。

0 号功能实际操作对应 INS8250 内部寄存器的操作，但功能比较简单。

D_7	D_6	D_5	D_4	D_3	D_2	D_1	D_0
超时	发送移位寄存器空	发送保持寄存器空	中止字符	帧格式错	奇偶错	溢出错	数据准备好

(a) 通信线路状态

D_7	D_6	D_5	D_4	D_3	D_2	D_1	D_0
载波检测到	振铃指示	DSR有效	CTS有效	载波改变	振铃指示断开	DSR改变	CTS改变

(b) 调制解调器状态

图 10.25　INS8250 初始化设置的出口参数

2．1 号功能(发送字符)

入口参数：AH=01H，AL=需要发送的字符。

出口参数：AH=通信线路状态，其格式与 0 号功能相同，其中 D_7=1 表示发送不成功。

3．2 号功能(接收字符)

入口参数：AH=02H。

出口参数：AL=接收的字符，AH=通信线路状态，其格式与 0 号功能相同，其中 D_7=1 表示接收不成功。

4．3 号功能(读串口状态)

入口参数：AH=03H。

出口参数：AH=通信线路状态，AL=调制解调器状态，其格式与 0 号功能相同。

习　题　十

1．对比串行同步通信与串行异步通信，二者在哪些方面不同？

2．计算在 18.432 MHz 基准时钟频率下，RS-232C 的 UART 分别在 9600 Baud、19200 Baud 速率下，其波特率除数应该为多少？

3．使用 INS8250 芯片做异步串行接口适配器，若传送的波特率为 2400 Baud，则收发器的时钟频率是多少？

4．串行异步通信传送数据的格式为：起始位、8 位数据、奇校验、2 位停止位。试画出 ASCII 码 42H"B"的波形。

5．INS8250 内部管理的中断是如何分级并实现优先权判断的？

6．异步串行通信是如何解决收发同步问题和正确采样的？

7．如何理解异步串行通信中定义的数据位数是 5～8 位？

8．编写 8251A 接收数据的查询驱动程序。假设 8251A 工作于异步方式、奇校验、2 位停止位、7 位数据位，波特率因子为 64。

9．某远程数据测量站点，把测得的数据以 300 Baud、600 Baud、1200 Baud、2400 Baud、4800 Baud 和 9600 Baud 中的一种发送给上位计算机的 INS8250，请设计其硬件连线和初始化程序。

10．编制一个在 PC 上实现自收发的异步串行通信程序，完成其初始化程序和应用程序设计。

第 11 章 人机交互接口及其技术

【教学提示】

人机交互接口是计算机与外设之间建立联系和交互信息的接口电路。常见的外部设备主要有键盘、鼠标、显示器、打印机、扫描仪、数码相机等。本章主要介绍键盘、显示器等设备的基本工作原理及接口电路，对于掌握计算机应用系统的开发打下必要的基础。

【教学目标】

- 了解各种常见的人机交互设备的工作原理及其接口电路；
- 掌握键盘基本结构及非编码键盘按键识别方法；
- 掌握显示器基本工作原理及编程方法；
- 掌握 LCD 显示原理、接口电路及编程方法。

人机交互接口是人与计算机之间传递和交换信息的媒介，是计算机系统的重要组成部分。微机系统的人机交互功能是决定计算机系统"友善性"的一个重要因素。人机交互接口又称输入/输出接口(I/O 接口)，是计算机和人机交互设备之间的交接界面，通过接口可以实现计算机与外设之间的信息交换。

人机交互设备是计算机系统中最基本的设备之一，是人和计算机之间建立联系、交换信息的外部设备，常见的人机交互设备可分为输入设备和输出设备两类。目前常见的人机交互接口设备主要有键盘、显示器、鼠标、打印机以及各种模式识别设备(如话筒、扫描仪、摄像机)等。

11.1 键盘与键盘接口

键盘是最常见的计算机输入设备之一，一个标准的通用键盘由按键、编码器和接口电路等主要部件组成，其基本功能就是及时发现被按下的键，并将该按键对应的代码送入计算机。操作人员通过键盘可以进行数据输入、程序编写、程序查错及程序执行等操作。它是人机交互的一个重要输入工具。

1. 键盘的分类

PC 系列微机的键盘主要包括 26 个大小写字母键、0～9 数字键、功能键、组合控制键、光标控制键、标点符号及特殊符号键。根据按键本身的结构方式，键盘可分为接触式和电容式两种；根据键盘控制形态的不同，键盘可分为编码式键盘和非编码式键盘两种。

(1) 接触式键盘。接触式键盘就是通常所说的机械式键盘，这类键盘的每个按键下有两个触点。平时这两个触点不接触，相当于断路，当该按键被按下时，两个触点直接接触，使电路闭合导通，产生信号。这类键盘手感差，易磨损，故障率较高，寿命短。

(2) 电容式键盘。电容式键盘触点之间并非直接接触，而是当按键被按下时，通过改变电容器电极之间的距离，在触点之间形成两个串联的平板电容，从而使脉冲信号通过。

电容式键盘击键时无噪声，响应速度快，接触好，手感好，不易磨损，寿命长，灵敏度和稳定性也较好。为了避免电极间进入灰尘，按键采用密封组装，不可拆卸，不易维修。

(3) 编码式键盘。编码式键盘带有硬件电路，有专门的控制电路对键盘进行扫描。当某个按键被按下时，系统能自动检测到该按键所在的位置并能产生相应的代码。这种键盘响应速度快，但硬件电路复杂，而且按键代码固定，不易修改和扩充。

(4) 非编码式键盘。非编码式键盘没有独立的硬件电路，主要采用软件来识别被按下的按键并产生代码，即代码的生成是由键盘和 PC 软件共同完成的。键盘本身只使用较为简单的硬件来识别被按下的按键的位置，向 PC 提供按键的位置代码，然后由软件把这些位置代码转换为规定的编码。这种键盘的响应速度不如编码式键盘快，但它可以通过软件为按键重新定义编码，扩充键盘功能方便，应用广。

2. 键盘的基本结构

1) 独立式键盘

独立式键盘的结构如图 11.1 所示。这是最简单的键盘结构形式，每个按键的电路是独立的，都有单独一根数据线输出键的通断状态。每个按键对应 I/O 端口的一位，没有按键闭合时，各位均处于高电位；当某键被按下时，对应位与地接通，则为低电位，而其他仍为高电位。该键盘的软、硬件简单，但只适用于按键不多的情况。

图 11.1　独立式键盘的结构

2) 矩阵式键盘

当较多的按键需要识别时，常将按键设计成阵列形式。把若干个按键排列成矩阵形式，每一行和每一列都各占用 I/O 端口的一位。其按键排列为矩阵式。采用矩阵式结构的最大优点是键盘对外的引线少，如键盘有 M×N 个键，则送往计算机的输入线为 M+N 条，如图 11.2 所示。

图 11.2　矩阵式键盘的结构

目前，使用的 PC 键盘大多采用的是电容式非编码键盘，本节以非编码式键盘为例来介绍键盘的软硬件接口。

3. 非编码键盘按键的识别方法

一般来说，对非编码键盘应主要考虑如何识别键盘矩阵中的闭合键，通常用硬件或软硬件结合的方法来识别键盘中的闭合键。常用的按键识别方法有扫描法、反转法。

1) 扫描法

把 PC 系列键盘视为二维矩阵的行列结构，如图 11.3 所示。以 8 行×8 列的键盘为例，当采用扫描法来识别按键时，键盘扫描程序周期性地对按键进行扫描，然后根据回收的信息来确定按键的行和列的位置码。

图 11.3　扫描法原理图

例如，先使第 1 行接地，其他行为高电平，然后通过各列来查看第 1 行是否有按键闭合。如果有按键闭合，则该按键所在的列就会变为低电平；如果所有的列都没有变为低电平，则表示第 1 行没有按键被按下。同理，再将第 2 行，第 3 行，……逐个接地，然后检测各列是否有变为低电平的，直到最后一行、最后一列。在扫描过程中，若扫描到有按键闭合，则立即退出扫描。因此，可用行号和列号的组合给每个按键编一个唯一的编码。根据编码的不同，可以识别是哪个键被按下。

2) 反转法

反转法是利用可编程并行接口(如 8255A)来实现的，在硬件上要求键盘的行和列分别连接到并行接口中。以 4×4 键盘为例，如图 11.4 和图 11.5 所示，先让列工作在输出方式，而行工作在输入方式。首先进行列扫描、行检测，即经过初始化编程，使 CPU 通过输出端口向各列全部传送低电平，随后输入端口读入行的值。若读入的数据全为"1"，表示没有按键被按下，如果有某个键被按下，则必有一条行线为低电平。然后通过编程对两个并行端口重新进行方式设置，使连接行的端口工作在输出方式，而连接列的端口工作在输入方式，并将刚才读到的行值通过所连接的并行口再输出到行线上，然后读取列的值，那么闭合键所对应的列必为低电平。这样，当一个键被按下时就可以读到一对唯一的行值和列值。

图 11.4　行反转法原理图(列线输出)

图 11.5　行反转法原理图(行线输出)

例如，如果标号为"0"的按键被按下，则第一次向列输出低电平后读入的行值为 1011B，第二次向行输出 1011B 后，会从列上读到 1011B。这样行值和列值合并在一起为 10111011B，即 BBH，这个值对应着唯一的 0 号键。

在键盘设计时，除了对按键码识别外，还需要解决抖动和重键问题。

当按下或抬起按键时，按键会产生机械抖动，抖动时间一般会维持几毫秒到几十毫秒。在抖动时检测键盘状态是不可靠的，因此要进行除抖动处理，否则会引起误操作。消除抖动的方法有两种：硬件消抖和软件消抖。硬件消除抖动的方法主要是利用触发器来锁定按键状态，以消除抖动的影响，也可以利用现成的专用消抖电路，如 MC14490 就是六路消抖电路。软件消抖就是利用延时的方法来消除抖动，即在发现按键按下时，就延时 20 ms 以后再检测其他按键的状态。这也就避开了按键抖动的时间，使 CPU 能可靠地读取按键状态。

重键是指在同一时刻有两个或多个键同时按下的情况，此时存在着是否给予识别或识别哪一个键的问题。为避免这种误操作，应保证按一次键 CPU 只对该键做一次处理(只有按下键超过一定时间，如 300 ms 时才认为该键是连续输入，同时也应保证 1 秒钟只能输入几个键值)。为此，在扫描到有键按下时应只做一次键处理，而且在键处理完毕后，还应检测按下的键是否抬起，只有当按下的键抬起以后程序才继续往下执行。

4. 键盘接口

目前 PC 常用的键盘接口有 3 种。

1) 标准接口

这种接口一般用于早期的 AT 主板上，所以也称做 AT 接口。标准接口为圆形，比 PS/2 接口要大，习惯上称之为大口。

2) PS/2 接口

PS/2 接口为具有 6 针的圆形插座，目前 PC 上一般都具有连接键盘的 PS/2 接口。

3) USB 接口

由于 USB 设备具有即插即用、支持热插拔等优点，故很多设备都采用了 USB 接口，键盘也不例外。选择 USB 接口的键盘主要考虑主机上是否具有空余的 USB 接口。

5. 非编码矩阵键盘接口的实现

非编码矩阵键盘接口的实现可分三步来进行：

1) 设计硬件接口电路

硬件设计之前应先确定按键个数、工作方式以及接口地址等。硬件接口可以采用接口芯片 8255A 来实现，也可以采用锁存器行输出、三态门列输入。

2) 建立键值表

键值即每个按键具体代表的数值或功能。当按键的键值确定后可以通过查表值建立与键值的关系。某行某列上的按键对应的查表值可以用下面的公式来计算：

$$查表值 = (FFH - 行号) \times 16 + 列值$$

例如，在图 11.1 中规定第 0 行、第 4 列的按键键值为数字"0"，当该键按下时，该行一定为低电平而其余各行均为高电平，所以此时的列值为 0FH(01111)，利用上面的公式可以计算出查表值为 FFH。同理可以计算出各按键对应的查表值，如表 11.1 所示。

表 11.1 键 值 表

查表值	键值	查表值	键值
FF	0	D7	8
EF	1	DB	9
F7	2	DD	A
FB	3	ED	B
DF	4	FD	C
E7	5	0D	D
EB	6	0B	E
CF	7	07	F

3) 编写键盘扫描程序

键盘查询扫描过程的基本思想是：CPU 进入键盘扫描程序，使所有各行赋值为低电平。判断是否有键按下，若有，则列值肯定不是 1FH；若没有，则本次扫描结束。若有键按下，则进一步判断是哪一个键按下。首先延时 20 ms 消除抖动，然后使各行依次变为低电平进行逐行扫描，确定按下的键是在哪一行上并读出此时的列值，计算查表值，查键值表即可获得按下键的键值。

键盘扫描及译码的流程图如图11.6所示。首先向行寄存器送3FH，由于8D锁存器输出加有反相器，故使所有行线置为低电平。然后读取列输入端口，只要有键按下，总会有一条列线为低电平，即列输入口的$B_0 \sim B_4$位中必然有一位为0。如果有键按下，则进行键盘扫描；否则跳过键盘扫描程序。

图11.6　键盘扫描及译码的流程图

　　进行逐行扫描时首先使L_0行线置成低电平（B_0位置1），其余各行均为高电平（$B_1 \sim B_5$位置0）。然后读取列输入口，若有键按下，则对应该列为低电平，此时可根据该行列号从键值表中查对应的键值。如果所有列线均为高电平，说明该行没有键按下，继续扫描下一行，如此循环，最终可对所有键扫描一遍。为了消除抖动，当判断有键按下后，应先延时20 ms，然后再进行键盘扫描。

　　键盘扫描程序如下：

```
DECKY:  MOV     AL,     3FH
        MOV     DX,     DIGLH
        OUT     DX,     AL          ；行线全部置低电平
        MOV     DX,     KBSEL
        IN      AL,     DX
        AND     AL,     DX
```

```
                CMP      AL,     1FH         ; 判断有无键闭合
                JZ       DISUP               ; 无键闭合则转出
                CALL     D20MS               ; 消除键抖动
                MOV      BL,     01H         ; 初始化行扫描值
KEYDN1:         MOV      DX,     DIGLH
                MOV      AL,     BL
                OUT      DX,     AL          ; 行扫描
                MOV      DX,     KBSEL
                IN       AL,     DX          ; 该行是否有键闭合
                AND      AL,     1FH         ; 有则转译码程序
                CMP      AL,     1FH
                JNZ      KEYDN2
                SHL      BL,     1
                MOV      AL,     40H
                CMP      AL,     BL          ; 所有行都扫描完否
                JNZ      KEYDN1              ; 未完
                JMP      DISUP               ; 完，转显示
KEYDN2:         MOV      CH,     00H         ; 键盘译码程序
KEYDN3:         DEC      CH
                SHR      BL,     1
                JNZ      KEYDN3
                SHL      CH,     1
                SHL      CH,     1
                SHL      CH,     1
                SHL      CH,     1
                ADD      AL,     CH          ; 实现(FFH-行号)×16+列
                MOV      DI,     KYTBL       ; 端口值
KEYDN4:         CMP AL,  [DI]                ; 寻找键值
                JZ       KEYDN5
                INC      DI
                INC      BL                  ; 表序号加 1
                JMP      KEYDN4
KEYDN5:         MOV      DX,     KBSEL
KEYDN6:         IN       AL,     DX
                AND      AL,     1FH
                CMP      AL,     1FH         ; 检测键是否释放
                JNZ      KEYDN6              ; 未释放继续检测
                CALL     D20MS               ; 消除键抖动
                MOV      AL,     BL          ; 键值送 AL
                ...
```

上述程序是利用一个公式实现查表值与键值的对应关系的，实际上还有许多方法都可以实现。例如，可以用一个字节(8 位二进制数)的高 4 位表示行号，低 4 位表示列号，则一个字节的值最多可以用来描述 16×16 的矩阵键盘。

上面采用的是每循环一次即查询有没有按键按下的查询方法，有时为了能加快响应速度可采用中断方式来实现。如图 11.7 所示为中断请求逻辑图。图中将列线 $R_0 \sim R_4$ 接到列接口(三态门)上的同时，再接到图中所示电路。无论哪一列按键按下，必产生低电平，该低电平利用 MC14490 消抖后经与非门产生中断请求。中断响应后，利用中断服务程序对键盘进行扫描，扫描程序与前面相同。

图 11.7　键盘中断请求逻辑图

上面的编程方法使得 CPU 开销很大，降低了其工作效率。为此，有关厂家生产了专门用于键盘接口的大规模集成电路芯片，例如 8279、SSK814 等，这两种芯片都适用于矩阵键盘的接口。它们的共同特点是：键盘扫描及键码读取都是由这些接口硬件自动完成的，无需 CPU 干预。只有当有键按下时，接口才向 CPU 发出中断请求，要求 CPU 将键值码读入。这样，CPU 的工作效率就可以大大提高了。

11.2　显　示　技　术

在计算机系统中，计算机通过显示设备向外部输出如字符、图形、图像和表格等计算机处理的各种信息。其中，显示器是最常使用的显示设备，它可以作为计算机内部信息的输出设备，又可以与键盘配合作为输入设备。大多数计算机系统主要采用的是阴极射线管显示器(CRT)和液晶显示器(LCD)，但在一些简单或专用的微机系统中，往往只需要显示数字，因此一般使用简单的数码管(LED)来构成系统的显示设备。

11.2.1　CRT 显示器

CRT 显示器是计算机系统的标准输出设备，它的结构及原理与电视机相似，由阴极射线管、视频放大电路和同步控制电路组成。随着大规模集成电路技术的发展，CRT 接口采用了单片机的智能控制，并且有了大容量屏幕缓冲存储器。近年来，在显示器的亮度、对比度、行场中心调整等方面均由原来的模拟量控制方法改为数字量控制方法，使得彩色显示器性能有了很大提高。

CRT 显示器如果按照显像管的颜色来分，可分为单色显示器和彩色显示器。彩色显示器通常是由红、绿、蓝三种颜色扫描叠加而成的。在实际使用中，人们习惯于以显示器所连接主机的显卡来区分，如 MDA 单色显示器、CGA 彩色显示器、EGA 彩色显示器、VGA 彩色显示器、TVGA 彩色显示器等。

近年来微机系统中使用 CRT 显示器的越来越少，逐渐被 LCD 或 LED 显示器所代替。因此对 CRT 相关原理不详细介绍，感兴趣的读者可以查阅相关资料。

11.2.2　LCD 显示器

LCD 显示器也称液晶显示器，采用的技术主要分为有源和无源两种。有源液晶显示器又称为薄膜晶体管液晶显示器，其每一个像素点都用一个薄膜晶体管来控制液晶的透光率。它的优点是色彩鲜艳，视角宽，图像质量高，响应速度快，但其成品率低，导致价格昂贵。无源液晶显示器是用电阻代替有源晶体管，成本低，制造较为容易。其缺点是色彩饱和度差，图像不够清晰，对比度也较低，视角窄，响应速度慢。

LCD 显示器具有低炫目的全平面屏幕。有源的 LCD 面板的色彩质量实际上超过了大多数 CRT 显示器。LCD 显示器提供比同尺寸 CRT 显示器更大的可视图像，有 4 种基本的 LCD 选择，即无源单色、无源彩色、有源模拟彩色和最新的有源数字彩色。与 CRT 显示器相比，LCD 显示器的体积小、外形薄、重量轻、功耗小、低发热、工作电压低、无污染、无辐射、无静电感应、显示信息量大、无闪烁，并能直接与 CMOS 集成电路相匹配。同时，它还是真正的"平板式"显示设备，但价格高，分辨率稍低。液晶显示器，特别是点阵式液晶显示器，已经成为现代仪器仪表用户界面的主要发展方向。

LCD 显示器的成像原理与 CRT 显示器完全不同。LCD 显示器不是用体积较大的显像管进行成像，而是利用液晶的物理特性成像，如图 11.8 所示。

图 11.8　LCD 显示器结构图

LCD 显示器将液晶放置在两片可以导电的无钠玻璃之间。当导电玻璃加电时，中间的液晶分子会按照与导电玻璃垂直的方向顺序排列，使得光线不发生偏移和折射，而穿过液晶直射到对面的玻璃板上成像；当导电玻璃不加电时，中间的液晶分子是无规则分布的，会使光线发生偏移和折射，不能直射到对面的玻璃板上，所以不能成像。

近几年液晶显示技术迅速发展，LED 背光技术愈加成熟，3D 液晶以及节能环保等新技术不断涌现。各家厂商竞相推出各种专用的控制和驱动大规模集成电路，使得液晶显示的控制和驱动极为方便，而且可由 CPU 直接控制，因此越来越多的用户都把 CRT 显示器换成了 LCD 显示器。

11.2.3　LED 显示器

1. LED 显示原理

LED 显示的原理是，通过控制不同段的亮灭，即可显示一系列数字或符号。LED 是一种由半导体组成的固态发光器件，在正向导电时能发出可见光，常用的 LED 有红色、绿色、黄色和蓝色。LED 的发光颜色与发光效率取决于制造材料与工艺，发光强度与其工作电流有关。它的工作寿命可长达十万小时以上，可靠性高。它具有类似于普通半导体二极管的特性，在正向导电时端电压近于恒定，通常约为 $1.6\sim2.4$ V，工作电流一般约为 $10\sim200$ mA。它适合于与低电压的数字集成电路器件匹配工作。

　　LED 显示器通常用七段发光二极管组成，按"日"字形排列。七段数码管原理如图 11.9 所示。当发光二极管流过一定电流($5\sim10$ mA)时，该段就会发光。这七段发光二极管为 a、b、c、d、e、f、g，有的还带有小数点，用 dp 表示，如图 11.9(a)所示。通过七段发光二极管的不同组合，可以显示 $0\sim9$ 和 $A\sim F$ 等 16 个字符，见表 11.2。

　　各个 LED 可以按照共阴极和共阳极连接。共阴极 LED 的发光二极管阴极共地，当某个二极管的阳极为高电平时，该发光二极管点亮，如图 11.9(c)所示；共阳极 LED 的发光二极管的阳极相连并接于电源 +5 V，如图 11.9(b)所示。

表 11.2　LED 显示器字符段码表

显示字符	共阴极段码	共阳极段码	显示字符	共阴极段码	共阳极段码
0	3FH	C0H	8	7FH	80H
1	06H	F9H	9	6FH	90H
2	5BH	A4H	A	77H	88H
3	4FH	B0H	B	7CH	83H
4	66H	99H	C	39H	C6H
5	6DH	92H	D	5EH	A1H
6	7DH	82H	E	79H	86H
7	07H	F8H	F	71H	8EH

(a) 七段数码管外形图　　(b) 共阴极 LED　　(c) 共阳极 LED

图 11.9　七段数码管

2. 静态显示

　　静态驱动显示也称直流驱动显示。在静态显示方式下，每一位显示器的字段控制线是独立的。当显示某一字时，该位的各字段线和字位线的电平不变，也就是各字段的亮灭状态不变。静态显示方式下，LED 显示器的电路连接方法是：每位 LED 的字位控制线门共阴极点或共阳极点连在一起，接地或接 +5 V；其字段控制线(a～dp)分别接到一个 8 位口。静态驱动的优点是编程简单，显示亮度高；缺点是占用 I/O 口多，如驱动 5 个数码管静态显示则需要 5×8=40 根 I/O 口信号线来驱动。

静态显示可以使用锁存器连接，也可以使用译码器来连接。

1) 锁存器接口

如图 11.10 所示，锁存器 LED 接口电路比较简单。由图可以看到，只需在锁存器上锁存一个特定的代码，即可显示想要的数字或字符。如锁存器锁存 6DH，则使数码管 a、c、d、f、g 点亮而其他各段熄灭，这时将显示数字 "5"。程序如下：

```
MOV    DX, 8000H
MOV    AL, 6DH
OUT    DX, AL
```

图 11.10　锁存器静态 LED 接口

2) 译码器接口

大部分芯片生产厂家将锁存器、译码器和驱动器集成在一块芯片中。图 11.11 所示为利用译码器连接的 LED 静态显示电路。与图 11.10 比较可知，利用译码器可以节省 I/O 口。

图 11.11　译码器静态 LED 接口

3. 动态显示

数码管动态显示是应用最为广泛的一种显示方式，动态驱动是将所有数码管的 8 个显示码段 "a、b、c、d、e、f、g、dp" 的同名端连在一起，另外为每个数码管的公共极 COM 增加位元选通控制电路，位元选通由各自独立的 I/O 线控制。当输出字形码时，所有数码管都接收到相同的字形码，但究竟是哪个数码管会显示出字形，取决于处理器对位元选通 COM 端电路的控制，所以我们只要将需要显示的数码管的选通控制打开，该位元就显示出字形，没有选通的数码管就不会亮。

通过分时轮流控制各个 LED 数码管的 COM 端，就使各个数码管轮流受控显示，这就是动态驱动。在轮流显示过程中，每位数码管的点亮时间为 1～2 ms。由于人的视觉暂留现象及发光二极管的余晖效应，尽管实际上各位数码管并非同时点亮，但只要扫描的速度足够快，给人的印象就是一组稳定的显示资料，不会有闪烁感。动态显示的效果和静态显示是一样的，但可以节省大量的 I/O 口，而且功耗更低。设计电路时要注意：

(1) LED 的驱动。总线上的 TTL 电平需要驱动才能接到 LED 上。常用于 LED 的驱动器有 7407/7406 同向/反向驱动器，75452 二输入与非驱动器。锁存器可用 74LS273/373、74LS244 等集成电路。

(2) 系统中有多位 LED 时位选码的确定。每次只能使一位 LED 显示信息，每位 LED 上有一选通端(公共端)。要想使哪位 LED 显示信息，就应给其公共端提供有效电平(共阳极为 "1"，共阴极为 "0")，而其他位的公共端提供无效电平。

(3) 多位 LED 动态显示的实现。在多位 LED 显示中，既要使每一位的显示信息有一个持续时间(可用循环延时程序实现)，又要保证一遍一遍地进行循环显示时不出现闪烁。在软、硬件设计时就要考虑 LED 的位数不能太多，显示的延时要适中。

图 11.12 所示为动态 LED 显示接口电路。图中第一个锁存器的作用是输出要显示的各段状态，而另一个锁存器用来控制哪一位被点亮。其工作过程是利用定时器每 20 ms 产生一次中断，在中断程序中使各位 LED 分别显示 1 ms。

图 11.12　动态 LED 接口电路

显示程序如下：

```
DISPLAY  PROC      FAR
PUSH     AX
PUSH     BX
PUSH     DX
```

```
            PUSH    DS
            PUSH    SI
            STI
            MOV     DX,  SEG DISDAT          ; 显示缓冲区段地址
            MOV     DS,  DX
            MOV     SI,   OFFSET DISDAT      ; 显示缓冲区首地址
            MOV     BL,  8                   ; 显示 8 位数码
            MOV     BH,  0FEH
GOON:       MOV     AL,  [SI]                ; 取显示数据
            MOV     DX,  4001H
            OUT     DX,  AL                  ; 送显示数据
            MOV     DX,  4000H
            MOV     AL,  BH
            OUT     DX,  AL                  ; 点亮 1 位 LED
            CALL    DISPLAY                  ; 延时 1 ms
            INC     SI
            ROL     BH,  1
            DEC     BL
            JNZ     GOON
            MOV     DX,  OCW2                ; 取 8259 的 OCW₂ 地址
            MOV     AL,  20H
            OUT     DX,  AL                  ; 8259 的结束中断命令
            MOV     DX,  4000H
            MOV     AL,  0FFH
            OUT     DX,  AL                  ; 熄灭 LED
            POP     SI
            POP     DS
            POP     DX
            POP     BX
            POP     AX
            IRET
DISPLAY  ENDP
```

4. LED 动态显示实例

【例 11.1】 某 8088 系统中，使用 8 位 LED 显示时间，格式为时-分-秒，画出硬件设计连接图和软件流程图。

图 11.13 所示为动态 LED 显示接口电路。图中 8088 通过数据线将显示的时间打入锁存器，锁存器/驱动器的作用是输出要显示的各段状态，8088 通过地址线到译码器再到驱动器来控制哪一位被点亮。

图 11.13　硬件设计连接图

图 11.14 为软件流程图，通过延时循环输出各个码段的值。

图 11.14　软件流程图

习 题 十 一

1. 简述常用的人机交互接口设备。

2. 简述键盘的编解码原理。

3. 什么是接触式键盘？什么是非接触式键盘？

4. 什么是编码式键盘？什么是非编码式键盘？

5. 矩阵式键盘和独立式键盘的区别是什么？

6. 什么是抖动？如何去除按键抖动？按键查询有几种方法？

7. 简述扫描法和反转法的原理。

8. 简述非编码矩阵键盘接口的实现过程。

9. 简述 LED 显示原理。

10. 什么是动态显示？什么是静态显示？

第 12 章 模拟量的输入/输出接口

【教学提示】

本章主要介绍 A/D、D/A 转换器的工作原理和典型芯片以及多路模拟开关和采样保持电路。模拟量的输入/输出接口是计算机与控制对象的一个重要接口。DAC0832 是 CMOS 工艺制造的 8 位 D/A 转换器，由两级 8 位寄存器和一个 8 位 D/A 转换器组成。ADC0809 是逐次逼近型 8 位 A/D 转换芯片。通过学习模拟量的输入/输出接口电路及实际应用，可提高计算机的应用开发能力。

【教学目标】

- 了解数/模和模/数转换器的基本概念、结构；
- 了解典型芯片 DAC0832 和 ADC0809 的原理、结构及主要性能指标；
- 了解多路模拟开关和采样保持电路的工作原理；
- 掌握数/模(D/A)转换器的工作原理；
- 掌握模/数(A/D)转换器的工作原理。

目前，随着数字技术和自动化技术的飞速发展，计算机已广泛应用于自动控制和测量等领域。在实际控制系统和工业生产过程中，需要进行加工和处理的信号可以分为模拟信号和数字信号两种类型。通常，传感器所检测的信号如温度、压力、流量、速度、湿度等物理量都是随着时间连续变化的模拟信号，而现在广泛使用的微型计算机内部都是采用二进制表示的数字量进行信号的输入、存储、传输、加工与输出的。为了能用计算机对模拟信号进行采集、加工和处理，就需要把采集到的模拟信号转换成数字信号送入到计算机中。同样经过计算机处理后的数字信号，要对外部设备实现控制必须转换成模拟信号。

12.1 模拟量的输入/输出通道

模拟量的输入/输出通道是微型计算机与控制对象之间的重要接口，也是实现工业过程控制的重要组成部分。

在微型计算机的自动监测和控制领域，需要模拟量的输入/输出通道来完成。模拟量的输入/输出通道结构如图 12.1 所示。

图 12.1　模拟量的输入/输出通道结构图

1. 模拟量的输入通道

模拟量的输入通道一般由一下几部分组成：

(1) 传感器(Transducer)。传感器是把一种物理量(或化学量、生物量)等非电量转换成另一种与之有确定对应关系的物理量(通常是电量，如电压、电流)的装置，它是测量系统中最重要的环节。

(2) 变送器(Transformer)。一般来说，传感器输出的信号比较微弱，变送器是把传感器的输出信号转变为可被控制器识别的标准的电信号的转换器。一般转换为 0～20 mA 或 4～20 mA 的统一电流信号，或 0～5 V 或 0～10 V 的统一电压信号。变送器一般有温度/湿度变送器、压力变送器、差压变送器、液位变送器、电流变送器、电量变送器、流量变送器、重量变送器等。

(3) 信号处理(Signal Processing)。信号处理环节主要包括信号的放大、整形、滤波，去除现场干扰信号等。

(4) 多路转换开关(Multiplexer)。在数据采集系统中，当需要对多个模拟量进行模/数变换时，由于模/数转换器(A/D 转换器)的价格较贵，通常不是每个模拟量输入通道设置一个 A/D，而是多路输入模拟量共用一个 A/D，中间经过多路转换开关(即模拟量多路转换开关(MPX)切换，用以降低成本。

(5) 采样保持电路(Sample Holder，S/H)。采样保持电路是用在模拟/数字(A/D)转换系统中的一种电路，用以保持输入信号不变。由于数据采集的模拟信号是连续变化的，而 A/D 转换器完成需要一定的时间，这段时间称为转换时间。在 A/D 转换器前面增加一级采样保持电路，保证在转换过程中输入信号保持在其采样时的值不变，以保证转换精度，减少误差。

(6) A/D 变换器(A/D Converter)。A/D 交换器的作用是将输入的模拟信号转换成计算机能够识别的数字信号，方便计算机的进一步分析和处理，这是模拟转换通道的重要环节。

2. 模拟量的输出通道

计算机输出的信号是数字信号，而执行控制单元要求提供模拟的输入电流或电压信号，这就需要将计算机输出的数字量转化为模拟量，这个过程需要模拟量的输出通道(如图 12.1

所示)完成。

　　输出通道的核心部件是 D/A(Digital to Analog)转换器。由于将数字量转换为模拟量同样需要一定的转换时间，也就要求在整个转换过程中待转换的数字量要保持不变，而计算机的运行速度很快，其输出的数据在数据总线上稳定的时间很短。因此，在计算机与 D/A 转换器之间必须加一级锁存器以保持数字量的稳定。D/A 转换器的输出端一般还要加上低通滤波器，以平滑输出波形。另外，为了能够驱动执行器件，还需要设置驱动放大电路将输出的小功率模拟量加以放大，以能够驱动执行元件动作。

　　由于 A/D 转换器的工作原理应用到 D/A 转换器中的部分工作原理，所以，先介绍 D/A 转换器。

12.2　D/A 转换与 DAC0832

　　D/A 转换即数/模转换，它是一种将二进制数字量形式的离散信号转换成以标准量(或参考量)为基准的模拟量的过程。实现 D/A 转换的电路称为 D/A 转换器，简称 DAC(Digital to Analog Converter)。

　　最常见的数/模转换是将并行二进制的数字量转换为直流电压或直流电流，它常用作过程控制计算机系统的输出通道，与执行器相连，实现对生产过程的自动控制。数/模转换器电路还用在利用反馈技术的模/数转换器设计中。

12.2.1　D/A 转换技术

　　D/A 转换器的作用就是把数字量转换成模拟量。数字量是用代码按数位组合起来表示的，为了将数字量转换成模拟量，必须将每一位的代码按其位权的大小转换成相应的模拟量。然后再将这些模拟量相加，即可得到与数字量成正比的总模拟量，从而实现数/模转换。这就是 D/A 转换器的基本指导思想。

1. D/A 转换器原理

　　实现数/模转换的电路有很多种，常用的是电阻网络 D/A 转换器。其中最为常用的是 R-2R 电阻网络型 D/A 转换器。

　　图 12.2 是一种 R-2R 电阻网络型 D/A 转换器。该转换器由参考电压 V_{REF}、R-2R 电阻网络、n 个模拟开关和集成运算放大器组成。

　　从模拟开关 S_0 向左看，等效电阻为 R，再从模拟开关 S_1 向左看，等效电阻也是 R，因此，流入电阻网络的总电流为

$$I = \frac{V_{REF}}{R} \tag{12.2.1}$$

各支路上的电流分别为

$$I_0 = \frac{1}{2}I, \qquad I_1 = \frac{1}{4}I, \qquad I_2 = \frac{1}{8}I, \qquad I_3 = \frac{1}{16}I \tag{12.2.2}$$

在输入数字量的作用下，流入集成运算放大器反向输入端的电流为

$$i_\Sigma = \frac{I}{2}d_0 + \frac{I}{4}d_1 + \frac{I}{8}d_2 + \frac{I}{16}d_3 \tag{12.2.3}$$

进而求出集成运算放大器的输出电压为

$$u_O = -i_\Sigma R = -\left(\frac{V_{REF}}{2R}d_0 + \frac{V_{REF}}{4R}d_1 + \frac{V_{REF}}{8R}d_2 + \frac{V_{REF}}{16R}d_3\right)R$$

$$= -V_{REF}\left(\frac{1}{2}d_0 + \frac{1}{4}d_1 + \frac{1}{8}d_2 + \frac{1}{16}d_3\right) \tag{12.2.4}$$

设 $V_{REF}=10\ V$，$d_3 d_2 d_1 d_0 = 0101$ 时，可求得：

$$u_O = -10\left(\frac{1}{2}\times1 + \frac{1}{4}\times0 + \frac{1}{8}\times1 + \frac{1}{16}\times0\right) = -10(0.5 + 0.125) = -6.25\ V \tag{12.2.5}$$

图 12.2　R-2R 电阻网络型 D/A 转换器电路原理图

【例 12.1】 已知 $R_f=20\ k\Omega$，$V_{REF}=10\ V$，其余电阻 R 的阻值均为 10 kΩ，电路如图 12.2 所示，试求：

(1) 输出 u_O 的关系式。

(2) 当 $u_O=-10\ V$ 时，该电路输入的数字量 $d_0 d_1 d_2 d_3$ 为多少？

解　(1)
$$u_o = -V_{REF}R_f\left(\frac{1}{2\times R}d_0 + \frac{1}{4\times R}d_1 + \frac{1}{8\times R}d_2 + \frac{1}{16\times R}d_3\right)$$

$$= -10\times\frac{20}{10}\times\left(\frac{1}{2}d_0 + \frac{1}{4}d_1 + \frac{1}{8}d_2 + \frac{1}{16}d_3\right)$$

$$= -\frac{20}{16}(8d_0 + 4d_1 + 2d_2 + d_3)\ V$$

(2) 当 $u_O=-10\ V$ 时代入关系式得

$$d_0 d_1 d_2 d_3 = 1000$$

2. D/A 转换器性能指标

D/A 转换器的主要特性指标包括以下几方面：

1) 分辨率

分辨率是指最小输出电压(对应的输入数字量只有最低有效位为"1"，即 LSB)与最大输出电压(对应的输入数字量所有有效位全为"1"，即 V_{FS})之比，如 N 位 D/A 转换器，其

分辨率为 $\dfrac{1}{2^N-1}$。分辨率代表转换器的分辨能力，与最低有效位 LSB 对应的模拟量，即最小数字量变化引起的最小模拟量值。在实际使用中，表示分辨率大小的方法也用输入数字量的位数来表示。

2) 转换精度

转换精度是指实际输出与理论值间的差，通常用绝对误差和相对误差反映转换的准确度，D/A 转换器的转换精度与 D/A 转换器的集成芯片的结构和接口电路配置有关，通常由噪声、增益误差、零点误差、参考电压、电子器件等综合因素决定。如果不考虑其他 D/A 转换误差，D/A 的转换精度就是最低有效位(分辨率)的一半，即 $\dfrac{1}{2}$ LSB，或最小数字量与满刻度 V_{FS} 的百分比，如 8 位的 DAC0832，其精度为 8 位，其最大可能误差为 $\pm\dfrac{1}{2^8}V_{FS}$，或 $\pm\dfrac{1}{2^8}=\pm0.39\%$。

3) 非线性度

非线性度也称为相对误差，当满刻度校准后，在整个转换范围内，各种数字输入对应的模拟输出量与理论值之差，可画成曲线表示，最大不超过 $\pm(1/2)$LSB。

因此要获得高精度的 D/A 转换结果，首先要保证选择有足够分辨率的 D/A 转换器。同时 D/A 转换精度还与外接电路的配置有关，当外部电路器件或电源误差较大时，会造成较大的 D/A 转换误差，当这些误差超过一定程度时，D/A 转换就产生错误。在 D/A 转换过程中，影响转换精度的主要因素有失调误差、增益误差、非线性误差和微分非线性误差。但是值得一提的是，精度和分辨率是不同的概念，前者表示实际值与理想值的接近程度，而后者表示引起输出变化的最小输入量，并且分辨率高不一定具有高的精度。

4) 建立时间

建立时间是衡量 D/A 转换速率快慢的一个重要参数，也是 D/A 转换器中的输入代码有满度值的变化时，其输出模拟信号电压(或模拟信号电流)达到满刻度值 $\pm(1/2)$LSB(或与满刻度值差百分之多少)时所需要的时间。不同型号的 D/A 转换器，其建立时间也不同，一般从几个毫微秒到几个微秒。若输出形式是电流的，其 D/A 转换器的建立时间是很短的；若输出形式是电压的，其 D/A 转换器的主要建立时间是输出运算放大器所需要的响应时间。

5) 电源抑制比

对于高质量的 D/A 转换器，要求开关电路及运算放大器所用的电源电压发生变化时，对输出电压影响极小。通常把满量程电压变化的百分数与电源电压变化的百分数之比称为电源抑制比。

6) 失调误差(或称零点误差)

失调误差定义为数字输入全为 0 码时，其模拟输出值与理想输出值之偏差值。对于单极性 D/A 转换，模拟输出的理想值为零伏点。对于双极性 D/A 转换，理想值为负域满量程。偏差值的大小一般用 LSB 的份数或偏差值相对满量程的百分数来表示。

7) 增益误差(或称标度误差)

D/A 转换器的输入与输出传递特性曲线的斜率称为 D/A 转换增益或标度系数，实际转换的增益与理想增益之间的偏差称为增益误差。增益误差在消除失调误差后用满码(全 1)输入时其输出值与理想输出值(满量程)之间的偏差表示，一般也用 LSB 的份数或偏差值相对满量程的百分数来表示。

8) 温度系数

在满刻度输出的条件下，温度每升高 1℃，输出变化的百分数定义为温度系数。

9) 工作温度范围

一般情况下，影响 D/A 转换精度的主要环境和工作条件因素是温度和电源电压的变化。由于工作温度会对运算放大器加权电阻网络等产生影响，所以只有在一定的工作范围内才能保证额定精度指标。较好的 D/A 转换器的工作温度范围为 −40℃～+85℃，较差的 D/A 转换器的工作温度范围为 0℃～70℃。多数器件其静、动态指标均是在 25℃ 的工作温度下测得的，工作温度对各项精度指标的影响用温度系数来描述，如失调温度系数、增益温度系数、微分线性误差温度系数等。

12.2.2 DAC0832 及应用

1. DAC0832 的特性

DAC0832 是美国国家半导体公司生产的 8 位双缓冲 D/A 转换器，片内带有数据锁存器，可与通常的微处理器直接接口。其电路有极好的温度跟随性，使用 CMOS 电流开关和控制逻辑来获得低功耗和低输出泄漏电流误差。其主要技术指标如下：电流建立时间为 1 μs，8 位的分辨率，功耗低(只需 20 mW)，采用 +5～+15 V 单电源供电，V_{REF} 输入端电压为 ±25 V，最大电源电压为 V_{DD}，满足 TTL 电平规范的逻辑输入，具有 8、9 或 10 位线性度(全温度范围均保证)。

2. DAC0832 的结构和引脚功能

图 12.3 给出了 DAC0832 芯片的引脚图。

图 12.3 DAC0832 引脚图

各引脚功能如下：

ILE——数据锁存允许信号输入端，高电平有效。

$\overline{\text{CS}}$——片选信号输入端，低电平有效。

$\overline{\text{WR}_1}$——输入锁存器写选通信号，低电平有效。它作为第一级锁存信号将输入数据锁存到输入锁存器中，此信号须在 $\overline{\text{CS}}$ 和 ILE 均有效时才能起操控作用。

$\overline{\text{WR}_2}$——DAC 寄存器写选通信号，低电平有效。它将锁存在输入锁存器中可用的 8 位数据送到 DAC 寄存器中进行锁存。此时，传送控制信号 $\overline{\text{XFER}}$ 必须有效。

$\overline{\text{XFER}}$——传送控制信号，低电平有效。

$D_0 \sim D_7$——8 位数据输入端，D_7 为最高位。

I_{OUT1}、I_{OUT2}：模拟电流输出端，转换结果以一组差动电流(I_{OUT1}，I_{OUT2})输出。当 DAC 寄存器中的数字码全为"1"时，I_{OUT1} 最大；全为"0"时，I_{OUT2} 为零。$I_{OUT1} + I_{OUT2} =$ 常数，I_{OUT1}、I_{OUT2} 随 DAC 寄存器的内容线性变化。

R_{FB}——反馈电阻引出端，DAC0832 内部已有 15 kΩ 的反馈电阻，所以 R_{FB} 端可以直接接到外部运算放大器的输出端。这样，相当于将一个反馈电阻接在运算放大器的输入端和输出端之间。

V_{CC}——电源电压输入端，范围为 +5～+15 V，以 +15 V 时工作为最佳。

V_{REF}——基准参考电压输入端。此端可接一个正电压，也可接负电压，范围为 $-10 \sim +10$ V。外部标准电压通过 V_{REF} 与 T 型电阻网络相连。此电压越稳定，模拟输出精度就越高。

AGND——模拟地。

DGND——数字地。

DAC0832 的逻辑结构如图 12.4 所示，由 8 位输入锁存器、8 位 DAC 寄存器和 8 位 D/A 转换电路组成。

图 12.4　DAC0832 逻辑结构图

当 ILE 为高电平、$\overline{\text{CS}}$ 为低电平、$\overline{\text{WR}_1}$ 为负脉冲时，在 $\overline{\text{LE}_1}$ 端产生正脉冲；$\overline{\text{LE}_1}$ 为高电平时，输入寄存器的状态随数据输入线状态变化，$\overline{\text{LE}_1}$ 的负跳变将输入数据线上的信息存入输入寄存器。

当 $\overline{\text{XFER}}$ 为低电平、$\overline{\text{WR}_2}$ 输入负脉冲时，在 $\overline{\text{LE}_2}$ 产生正脉冲；$\overline{\text{LE}_2}$ 为高电平时，DAC 寄存器的输入与输出寄存器的状态一致，在 $\overline{\text{LE}_2}$ 的负跳变开始时，输入寄存器内容存入

DAC 寄存器。实现第二级写缓冲操作，然后进行转换。

I_{OUT1} 的输出与输入的数字量 N 成正比，即

$$I_{OUT1} = \frac{N}{256} \times \frac{V_{REF}}{R}$$

其中 V_{REF} 为不低于 5 V 的实测电压，R 为 15 kΩ，N 为输入的数字量，当 N 为全 1(最大)

时，I_{OUT1} 输出最大电流，即 $\frac{255}{256} \times \frac{V_{REF}}{R}$，当 N 为 0

时，I_{OUT1} 为 0，且 I_{OUT1} 方向随 V_{REF} 极性变化。

DAC0832 的直接输出是模拟电流信号，在微机系统中，通常需要电压输出信号，电流信号输出端加接一个运算放大器，形成单极性接法，得到单一极性的电压形式的信号，原理如图 12.5 所示。这里，输出电压

图 12.5 DAC0832 单极性电压输出电路

$$U_1 = -I_{OUT1} \times R_{FB} = -\frac{N}{256} \times \frac{V_{REF}}{R} \times R_{FB} = -\frac{N}{256} \times V_{REF}$$

其中反馈电阻 R_{FB} 等于电阻网络 R，这里 N 为数字输入量的十进制数。

例如，当 V_{REF} =+5 V，N = 1 时，$U_1 = -\frac{1}{256} \times 5 = -0.02$ V；若 N=255，则 $U_1 = -\frac{255}{256} \times 5 = -4.98$ V，对应 8 位二进制数字量的输入，输出的模拟量范围是 0～–5 V，满刻度电压 FSR 为 –5 V。

如果在单极性电压输出电路输出端再增加一级运算放大器，并且由 V_{REF} 为第二级运算放大器提供偏移电压，如图 12.6 所示，则形成双极性电压输出电路。

图 12.6 DAC0832 双极性电压输出电路

对于单极性电压输出的接法，输出端可得到 0～±5 V、0～±10 V 等范围的输出，但对于有正负意义的数字量，双极性电压输出电路可得到 –5～+5 V、–10～+10 V 的输出，如马达的正转和反转需要的正电压和负电压。

不难得到，第二级运算放大器的输出电压 $U_2 = -(2U_1 + V_{REF})$，而 $U_1 = -\frac{N}{256} \times V_{REF}$，所以 $U_2 = \frac{N-128}{128} \times V_{REF}$。

例如，当 $V_{REF}=+5\,V$，$N=1$ 时，$U_2=\dfrac{1-128}{128}\times V_{REF}=-\dfrac{127}{128}\times 5=-4.96\,V$；若 $N=255$，则 $U_2=4.96\,V$；若 $N=80H$，则 $U_2=0\,V$。

单极性接法的电压输出和双极性接法的电压输出与相同数字量的对应如表 12.1 所示。

表 12.1　数字量与模拟量的对应

数字量输入	模拟输出(V_{REF} = +5 V)	
	单极性	双极性
00000000	0	−5
00000001	−0.02	−4.96
01111111	−2.48	0.04
10000000	−2.50	0
10000001	−2.52	+0.04
11111110	−4.96	+4.92
11111111	−4.98	+4.96

3. DAC0832 的工作方式

根据对 DAC0832 的输入锁存器和 DAC 寄存器的不同的控制方法，DAC0832 有如下三种工作方式：

1) 单缓冲方式

控制输入寄存器和 DAC 寄存器可同时接收数据，或者只用输入寄存器而把 DAC 寄存器接成直通方式，只需一次写入即可进行转换。此方式适用于只有一路模拟量输出或几路模拟量非同步输出的情形。

2) 双缓冲方式

分别使内部的寄存器接收数据，并可异步控制数据的接收和转换，内部形成流水工作线，提高模拟输出的转换率，而且可同时传送数据以实现多个 D/A 转换同步输出，所以此方式特别适用于多个 DAC0832 同时输出的情形。

3) 直通方式

此方式适用于连续反馈控制线路中，即数据不通过缓冲存储器，此时 $\overline{WR_1}$、$\overline{WR_2}$、$\overline{XFER}$、$\overline{CS}$ 均接地，ILE 接高电平。此时必须通过 I/O 接口与 CPU 连接，以匹配 CPU 与 D/A 的转换。

DAC0832 的外部接线图如图 12.7 所示，由于 DAC0832 内部已有数据锁存器，所以在控制信号作用下，可以对总线上的数据直接进行输入。在 CPU 执行输出指令时，$\overline{WR_1}$ 和 $\overline{CS}$ 信号处于有效电平。此时电压输出是单极性的，极性与 V_{REF} 相反，于是 $U_{OUT}=-\dfrac{N}{2^8}\times\dfrac{V_{REF}}{3R}\times R_{FB}$，即 $U_{OUT}=-\dfrac{N}{256}\times V_{REF}$。N 取 00H 到 FFH 的数字值时，$U_{OUT}$ 从 0 V 到 $-\dfrac{255}{256}\times V_{REF}$ 变化，其精度为 0.02 V，满刻度输出为−4.98 V。

图 12.7 DAC0832 的外部接线图

要使 DAC0832 实现一次 D/A 转换，可采用以下程序，程序中假设要转换的数据放在 4000H 单元中。

```
        MOV     BX,     4000H
        MOV     AL,     [BX]        ; 数据送 AL 中
        MOV     DX,     PORTA       ; PORTA 为 D/A 转换器端口号
        OUT     DX,     AT
```

在实际应用中，经常需要用一个线性增长的电压去控制某一个检测过程或者作为扫描电压去控制一个电子束的移动。为了说明 D/A 转换器的应用，以利用 D/A 转换器产生一个锯齿电压为例介绍，如对于图 12.7 的电路，为产生一个锯齿电压，可采用以下程序：

```
ROTATE: MOV     DX,     PORTA       ; PORTA 为 D/A 转换器端口号
        MOV     AL,     0FFH        ; 初值为 0FFH
        INC     AL
        OUT     DX,     AL          ; 向 D/A 转换器输出数据
        JMP     ROTATE
```

实际上，上面程序在执行时得到的输出电压会有 256 个小台阶，不过，宏观看仍为连续上升的锯齿波。对于锯齿波的周期，可以利用延迟进行调整。延迟的时间如果比较短，那么就可以用几条 NOP 指令来实现，如果比较长，则可用延迟子程序。

下面的程序段就是利用延迟子程序来控制锯齿波周期的。

```
ROTATE: MOV     DX,     PORTA       ; PORTA 为 D/A 转换器端口号
        MOV     AL,     0FFH        ; 初值为 0FFH
ROTATE: INC     AL
        OUT     DX,     AL          ; 向 D/A 转换器输出数据
        CALL    DELAY               ; 调用延迟子程序
        JMP     DX,     ROTATEP
        MOV     DX,     DATA        ; 向 CX 中送延迟常数
DELAY:  LOOP    DELAY
        RET
```

【例 12.2】 DAC0832 与 CPU 连接如图 12.8 所示，DAC 寄存器端口地址为 8FFFH，编程产生锯齿波。

图 12.8　DAC0832 与 CPU 连接图

程序如下：

```
        MOV DX,     8FFFH
        MOV AL,     0FFH
NEXT:   INC         AL
        OUT DX,     AL
        NOP
        NOP
        NOP
        JMP         NEXT
```

12.3　A/D 转换与 ADC0809

A/D 转换器的作用就是将输入的模拟量转换成与其成比例的数字量。实质上，A/D 转换器是模拟系统到数字系统的接口电路。一个完整的模/数转换过程必须包括采样→保持→量化→编码四步。前两步在采样保持电路中完成，后两步在 A/D 转换过程中同时实现。

12.3.1　A/D 转换技术

1. 采样

所谓采样，是将一个时间上连续变化的模拟量转换为时间上断续变化的(离散的)模拟量。或者说，采样是把一个时间上连续变化的模拟量转换为一个串脉冲，脉冲的幅度取决于输入模拟量，时间上通常采用等时间间隔采样。信号采样过程的示意图如图 12.9 所示。

为了保证能从采样信号中将原信号恢复，必须满足条件：

$$f_s \geqslant 2f_i(\max) \qquad (12.3.1)$$

式中：f_s 为采样频率，$f_i(\max)$ 为输入信号 f(t) 中最高次谐波分量的频率。这一关系称为采样定理。

A/D 转换器工作时的采样频率只有满足采样定理所规定的频率要求时，才能做到不失真地恢复出原模拟信号。这就像用照相机拍摄世界级运动员跨栏瞬间的镜头一样，如果相

图 12.9　信号采样过程

机的速度太慢，是无法留住那精彩瞬间的。采样频率越高，进行转换的时间就越短，对 A/D 的工作速度要求就越高。一般取 $f_s=(3\sim5)f_i(max)$。

采样器相当于一个受控的理想开关，s(t)=1 时，开关闭合，$f_s(t)=f(t)$；s(t)=0 时开关断开，$f_s(t)=0$。如用数字逻辑式表示，即 $f_s(t)=f(t)s(t)$，也可用波形图表示，如图 12.10 所示。

图 12.10 采样过程

从波形图可见，在 s(t)=1 期间，输出跟踪输入变化，相当于输出把输入的"样品"采下来了。所以也可把采样电路叫做跟踪电路。

2. 保持

所谓保持，就是将采样得到的模拟量值保持下来，即是说，s(t)=0 期间，使输出不是等于 0，而是等于采样控制脉冲存在的最后瞬间的采样值，如图 12.9(d)所示。可见，保持发生在 s(t)=0 期间。最基本的采样—保持电路如图 12.11 所示。它由 MOS 管 V、保持电容 C_b 和运算放大器构成的跟随器三部分组成。s(t)=1 时，T 导通，v_i 向 C_b 充电，v_C 和 v_o 跟踪 v_i 变化，即对 v_i 采样。s(t)=0 时，V 截止，v_o 将保持前一瞬间采样的数值不变。只要 C_b 的漏电电阻、跟随器的输入电阻和 MOS 管 V 的截止电阻都足够大，大到可忽略 C_b 的放电电流的程度，v_o 就能保持到下次采样脉冲到来之前而基本不变。实际中进行 A/D 转换时所用的输入电压，就是这种保持下来的采样电压，也就是每次采样结束时的输入电压。

图 12.11 采样—保持电路

3. 量化和编码

所谓量化，就是用基本的量化电平 q 的个数来表示采样—保持电路得到的模拟电压值。这一过程实质上是把时间上离散而数字上连续的模拟量以一定的准确度变为时间上、数字上都离散的、量级化的等效数字值。量级化的方法通常有两种，即只舍不入法和有舍有入法(四舍五入法)。这两种量化法的示意图如图 12.12(a)和(b)所示。图 12.12(c)给出了一个用只舍不入法量化的实例。从图中可看出，量化过程也就是把采样保持下来的模拟值舍入成整数的过程。显然，对于连续变化的模拟量，只有当数值正好等于量化电平的整数倍时，量化后才是准确值，如图 12.11(c) 中 T_1、T_2、T_4、T_6、T_8、T_{11}、T_{12} 时刻所示。否则，量化的结果都只能是输入模拟量的近似值。这种由于量化而产生的误差，称为量化误差，它直接影响了转换器的转换精度。量化误差是由于量化电平的有限性造成的，所以它是原理性误差，只能减小，而无法消除。

(a) 只舍不入法　　　　　　　　(b) 四舍五入法

量化: 2q 3q q 2q 3q 4q 3q 3q 2q 3q 3q q
编码: 010 011 001 010 011 100 011 011 010 011 011 001

(c) 实例(采用只舍不入法量化)

图 12.12　量化示意图

为减小量化误差，根本的办法是取小的量化电平。另外，在量化电平一定的情况下，一般采用四舍五入法带来的量化误差仅为只舍不入法引起的量化误差的一半。

编码就是把已经量化的模拟数值用二进制数码、BCD 码或其他码来表示，比如用二进制来对图 12.12(c) 的量化结果进行编码，则可得到图中所示的编码输出。

至此，即完成了 A/D 转换的全过程，将各采样点的模拟电压转换成了与之一一对应的二进制数码。

4. A/D 转换器分类及原理

实现 A/D 转换的方法很多，常用的有逐次逼近法、双积分法及电压频率转换法等。

1) 逐次逼近法 A/D 转换器

逐次逼近法 A/D 转换器是一个具有反馈回路的闭路系统。A/D 转换器可划分成三大部分：比较环节、控制环节、比较标准(D/A 转换器)。

图 12.13 所示为逐次逼近法 A/D 转换器的原理电路。其主要原理为：将一个待转换的模拟输入信号 V_{IN} 与一个"推测"信号 V_1 相比较，根据推测信号是大于还是小于输入信号来决定减小还是增大该推测信号，以便向模拟输入信号逼近。推测信号由 D/A 转换器的输出获得，当推测信号与模拟输入信号"相等"时，向 D/A 转换器输入的数字即为对应的模拟输入的数字。

图 12.13　逐次逼近法 A/D 转换器原理图

其"推测"的算法是，它使二进制计数器中的二进制数的每一位从最高位起依次置 1。每接一位时，都要进行测试。若模拟输入信号 V_{IN} 小于推测信号 V_1，则比较器的输出为零，并使该位置零；否则比较器的输出为 1，并使该位保持 1。无论哪种情况，均应继续比较下一位，直到最末位为止。此时在 D/A 转换器输入的数字即为对应于模拟输入信号的数字量，将此数字输出，即完成其 A/D 转换过程。

2) 双积分法 A/D 转换器

双积分法 A/D 转换器由电子开关、积分器、比较器和控制逻辑等部件组成，如图 12.14 所示。双积分法 A/D 转换器是将未知电压 V_X 转换成时间值来间接测量的，所以双积分法 A/D 转换器也叫做 T-V 型 A/D 转换器。

在进行一次 A/D 转换时，开关先把 V_X 采样输入到积分器，积分器从零开始进行固定时间 T 的正向积分。时间 T 到后，开关将与 V_X 极性相反的基准电压 V_{REF} 输入到积分器进行反相积分，到输出为零伏时停止反相积分。

由图 12.14(b)所示的积分器输出波形可以看出：反相积分时积分器的斜率是固定的，V_X 越大，积分器的输出电压越大，反相积分时间越长。计数器在反相积分时间内所计的数值就是与输入电压 V_X 在时间 T 内的平均值对应的数字量。

由于这种 A/D 转换器要经历正、反两次积分，故转换速度较慢。

图 12.14   双积分法 A/D 转换器

3) 电压频率转换法 A/D 转换器

VFC(电压频率转换器)构成模/数转换器时，由计数器、控制门及一个具有恒定时间的时钟门控制信号组成。图 12.15 所示为 VFC 型 A/D 转换装置的原理和波形图。当电压 V_i 加至 VFC 的输入端后，便产生频率 f 与 V_i 成正比的脉冲。该脉冲通过由时钟控制的门，在单位时间 T 内由计数器计数。计数器在每次计数开始时，原来的计数值被清零。这样，每个单位时间内，计数器的计数值就正比于输入电压 V_i，从而完成 A/D 变换。

图 12.15   VFC 型 A/D 转换器

VFC 与微型机结合起来，可方便地构成多位高精度的 A/D 转换器，且具有如下特点：

(1) 用 VFC 构成的 A/D 转换器，在零点漂移及非线性误差等方面，性能均优于逐次逼近法 A/D 转换器，且其价格不高。

(2) VFC 输出频率为 f 的脉冲信号，只需要两根传输线就可进行传送。用这种方式对生产现场的信号进行采样和远距离传输都很方便，且传输过程中的抗干扰能力强。

(3) VFC 的输入量为模拟信号，输出的是脉冲信号，只需采用光耦合器传输脉冲信号，便可实现模拟输入信号和计算机系统之间的隔离。

(4) 由于 VFC 的工作过程具有积分特性，因此在构成 A/D 转换器时，对噪声具有良好的滤波作用。所以，采用 VFC 进行 A/D 转换时，其输入信号的滤波环节可简化。

采用 VFC 构成 A/D 转换器的缺点是转换速度较慢。为了克服这一缺点，可采用如下措施：

(1) 采用高频 VFC。若采用 5 MHz 的 VFC 构成 10 位 A/D 转换器，则最大转换时间只需 200 μs，这就进入了中速 A/D 转换的行列。

(2) 在多微机系统中，利用单片机与 VFC 构成 A/D 转换器。由于系统是多机同时工作的，即在同一时间内，系统可实现多功能的控制运算，这就解决了实时控制中的速度问题。

5. A/D 转换器性能指标

1) 分辨率

分辨率表示转换器对微小输入量变化的敏感程度，通常用转换器输出数字量的位数来表示。例如，对 8 位 A/D 转换器，其数字输出量的变化范围为 0～255，当输入电压满刻度为 5 V 时，转换电路对输入模拟电压的分辨能力为 5 V/255≈19.6mV。目前常用的 A/D 转换集成芯片的转换位数有 8 位、10 位、12 位和 14 位等。

2) 精度

A/D 转换器的精度是指与数字输出量所对应的模拟输入量的实际值与理论值之间的差值。A/D 转换电路中与每个数字量对应的模拟输入量并非单一的数值，而是一个范围 Δ，如图 12.16(a)所示。

图 12.16　A/D 转换精度

图中 Δ 的大小，在理论上取决于电路的分辨率。例如，对满刻度输入电压为 5 V 的 12 位 A/D 转换器，Δ 为 1.22 mV。定义 Δ 为数字量的最小有效位 LSB。但在外界环境的影响下，与每一数字输出量对应的输入量实际范围往往偏离理论值 Δ。

精度通常用最小有效位 LSB 的分数值来表示。在图 12.16(a)中，设 Δ 的中点为 A。如果输入模拟量在 A±Δ/2 的范围内，产生唯一的数字量 D，则这时称转换器的精度为±0LSB。若模拟量变化范围的上限值和下限值各增减 Δ/4，转换器输出仍为同一数码 D，则称其精度为±(1/4)LSB，如图 12.16(b)所示。如果模拟量的实际变化范围如图 12.16(c)所示，这时称其精度为±(1/2)LSB。目前常用的 A/D 转换集成芯片的精度为(1/4～1/2)LSB。

3) 转换时间

完成一次 A/D 转换所需要的时间，称为 A/D 转换电路的转换时间。目前，常用的 A/D 转换集成芯片的转换时间约为几个 μs 至 200 μs。在选用 A/D 转换集成芯片时，应综合考虑分辨率、精度、转换时间、使用环境温度以及经济性等诸因素。12 位 A/D 转换器适用于高分辨率系统；陶瓷封装 A/D 转换芯片适用于 −25～+85℃或 −55～+125℃，塑料封装芯片适用于 0～70℃。

4) 温度系数和增益系数

这两项指标都表示 A/D 转换器受环境温度影响的程度。一般用每摄氏度温度变化所产生的相对误差作为指标，以 ppm/℃ 为单位表示。

5) 对电源电压变化的抑制比

A/D 转换器对电源电压变化的抑制比(PSRR)用改变电源电压使数据发生 ±1LSB 变化时所对应的电源电压变化范围来表示。

12.3.2 ADC0809 及应用

1. 主要特性

(1) 8 路 8 位 A/D 转换器，即分辨率为 8 位。

(2) 具有转换启停控制端。

(3) 转换时间为 100 μs。

(4) 单个 +5 V 电源供电。

(5) 模拟输入电压范围为 0～+5 V，不需零点和满刻度校准。

(6) 工作温度范围为 −40～+85℃。

(7) 低功耗，约为 15 mW。

2. 内部结构及引脚功能

ADC0809 是 CMOS 单片型逐次逼近法 A/D 转换器，内部结构如图 12.17 所示。它由 8 路模拟开关、地址锁存与译码器、比较器、D/A 转换器、寄存器、控制电路和三态输出锁存器等组成。因此，ADC0809 可处理 8 路模拟量输入，且有三态输出能力，既可与各种微处理器相连，也可单独工作。其输入/输出与 TTL 兼容。

图 12.17　ADC0809 内部结构图

ADC0809 采用双列直插式封装，共有 28 条引脚，如图 12.18 所示。

ADC0809 的 28 条引脚信号可分为四组：

1) 模拟输入信号 $IN_0 \sim IN_7$

$IN_0 \sim IN_7$——8 路模拟电压输入线，加在模拟开关上，工作时采用时分割的方式，轮流进行 A/D 转换。

2) 地址输入和控制线(4 条)

ADDA、ADDB 和 ADDC——地址输入线 (Address)，用于选择 $IN_0 \sim IN_7$ 上哪一路模拟电压送给比较器进行 A/D 转换。

ALE——地址锁存允许输入线，高电平有效。当 ALE 线为高电平时，ADDA、ADDB 和 ADDC 三条地址线上的地址信号得以锁存，经译码器控制 8 路模拟开关工作。

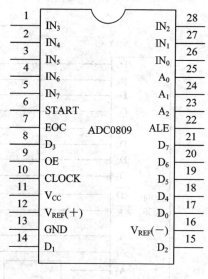

图 12.18 ADC0809 引脚图

3) 数字量输出及控制线(11 条)

START——"启动脉冲"输入线，该线的正脉冲由 CPU 送来，宽度应大于 100 ns，上升沿将寄存器清零，下降沿启动 ADC 工作。

EOC——转换结束输出线，该线高电平表示 A/D 转换已结束，数字量已锁入"三态输出锁存器"。

$D_0 \sim D_7$——数字量输出线，D_7 为最高位。OE 为"输出允许"端，高电平时可输出转换后的数字量。

4) 电源线及其他(5 条)

CLOCK——时钟输入线，用于为 ADC0809 提供逐次比较所需的 640 kHz 时钟脉冲。

V_{CC}——+5 V 电源输入线。

GND——地线。

$+V_{REF}$ 和 $-V_{REF}$——参考电压输入线，用于给 D/A 转换器提供标准电压。$+V_{REF}$ 常和 V_{CC} 相连，$-V_{REF}$ 常接地。

3. ADC 与微处理器的连接

ADC 与 CPU 连接时，除了要有数据信息的传送外，还应有控制信号和状态信息的联系。一般模拟输入来自采样保持器，而转换后的数据经数据缓冲器由数据输入端口输入至 CPU。ADC 的选通和启动转换由 CPU 控制端口送出控制信号至 ADC 启动端 START，使 ADC 开始转换。A/D 转换是否完成，由 ADC 的状态信号 EOC 决定。CPU 通过查询该信号可判断转换是否完成，若完成，则输入允许输入信号，然后通过数据端口将 A/D 转换结果读入。

【例 12.3】 ADC0809 与 CPU 的接口。

图 12.19 为 ADC0809 通过 8255A 与 CPU(8086)的接口电路，ADC0809 输出数据通过 8255A 的 PA 口给 CPU，而地址译码输入信号 ADDA、ADDB 和 ADDC 以及地址锁存信号 ALE 由 8255A 的 PB 口的 $PB_3 \sim PB_0$ 提供，A/D 转换的状态信息 EOC 则由 PC_4 输入。

图 12.19　ADC0809 与 CPU 的连接

若以查询方式读取转换的结果，则 8255A 可设定 A 口为输入，B 口为输出，均为方式 0，PC$_4$ 为输入。程序如下：

```
START:  MOV   AL,    98H     ; 8255A 控制字
        OUT   86H,   AL      ; 写入 8255A 控制端口地址
        MOV   AL,    0BH     ; 选 IN3 输入端和地址锁存信号
        OUT   82H,   AL      ; 选 IN3 通道地址写入 8255A 的 B 口
        MOV   AL,    1BH     ; START←PB4=0
        OUT   82H,   AL      ; 启动 A/D 转换
        MOV   AL,    0BH
        OUT   82H,   AL      ; START←PB4=0
TEST:   IN    AL,    84H     ; 读 C 口状态
        AND   AL,    10H     ; 检测 EOC 状态
        JN    TEST           ; 如未转化完，再测试；转换完则继续
        MOV   AL,    01H
        OUT   84H,   AL      ; PC0=1，OE 高电平
        IN    AL,    80H     ; 从 8255A 的 A 口地址读取转换结果
        HLT                  ; 暂停
```

【例 12.4】　如图 12.20 所示，利用查询的方式编写程序，将 8 路模拟信号轮流采样一次，并依次把结果存到 #data 开始的单元内。

图 12.20　硬件连接图

程序如下：

```
        ORG  1000H
MAIN:   MOV      R1,       #DATA
        MOV      DPTR,     #7FF8H
        MOV      R7,       #08H        ；采样通道
LOOP:   MOVX     @DPTR,    A           ；启动转换
        MOV      R6,       #0AH        ；延时
DLAY:   NOP
        NOP
        NOP
        DJNZ     R6,       DLAY
        MOVX     A,        @DPTR
        MOV      @R1,      A
        INC      DPTR
        INC      R1
        DJNZ     R7,       LOOP
        END
```

【例 12.5】　设需要测试某加热炉的内部温度变化，反应釜的温度变化范围为 0～1200℃，如果要求误差不超过 0.4℃，应选用多少位的 A/D 转换芯片？

解　　　　　　　　　　　　1200/0.4=3000=1011 1011 1000B

故应选用 12 位的转换芯片。

习 题 十 二

1. 什么是 D/A 转换器？什么是 A/D 转换器？
2. D/A 转换器的性能指标主要有哪些？

3. DAC0832 转换器有哪些特点？其内部结构由哪几部分组成？

4. ADC0809 转换器有哪些特点？其内部结构由哪几部分组成？

5. 什么是多路模拟开关？采样—保持电路能实现哪些功能？

6. 如果一个 8 位 D/A 转换器的满量程(对应于数字量 255)为 10 V，分别确定模拟量为 2.0 V 和 8.0 V 所对应的数字量。

7. 某 12 位 D/A 转换器，输出电压为 0~2.5 V。当输入的数字量为 400H 时，对应的输出电压是多少？

8. 设被测温度的变化范围为 0~100℃，若要求测量误差不超过 0.1℃，应选用分辨率为多少位的 A/D 转换器？

第13章 微机应用系统设计

【教学提示】

　　微机应用系统的设计，是利用学习与掌握的微机硬件与软件基本知识，将微机运用到数据采集与处理、生产自动监测控制等实际应用过程中。本章从微机应用系统的设计过程和内容入手，介绍微机应用系统开发和调试的详细步骤，并通过温度控制、步进电机控制等具体实例，展现应用系统设计具体的硬件设计和软件设计方法，最后对比较热门的基于嵌入式的应用系统设计进行介绍。

【教学目标】

* 了解和掌握微机应用系统设计与开发的相关知识；
* 理解微机应用系统设计的整体过程；
* 掌握微机应用系统的实际开发、调试步骤；
* 了解嵌入式的应用系统设计的概念和相关知识。

　　微型计算机自问世以来，仅仅几十年的时间，但是发展的速度却是惊人的。它以其独有的优越性，如体积小、重量轻、功耗省、价格低、灵活可靠和使用方便等特点，已经渗透到几乎所有的领域，对社会产生了巨大的影响。微机应用系统是指以微处理器、微控制器、嵌入式集成芯片为核心，配以必要的外围电路扩展和各类软件，能实现某种或几种功能的应用系统。强大的功能、低廉的价格这两大优势，使它广泛用于各个领域。

13.1 微机应用系统的设计过程和内容

　　微机应用系统的开发属于工程设计范畴，可按照工程化思想的指导，进行整体到局部、规划到设计再到修正、调试、集成、试运行、交付等设计工程。对于具体的计算机应用系统，一般包括系统的总体设计、硬件设计、软件设计、系统调试等几个阶段，而这几个开发阶段并非完全独立、各自进行的。在总体设计进行硬件和软件功能划分后，可以把硬件设计和软件设计分开同时进行，但要根据开发过程的需要不断协调一致，有时甚至需交叉进行。

　　硬件设计完成后将制造出样机。样机可以做在试验板上，也可以加工成 PCB 的形式。由于微机应用系统一般都较为复杂，总线数量庞大，因此单元电路可以采用试验板的形式焊接和调试，而整个微机系统样机的主板一般都采用 PCB 上加装集成电路插座的方式构成。当硬件电路完成后，可进行模块调试和整体联调，最后进行性能评价，即检查其功能和性能是否满足系统设计任务的需要。这时可能需要返回修改整个设计，重新进行硬件和软件功能的划分。如果只有少数指标不够满意，应尽量少做硬件上的变动而用修改软件的方法改善其性能。微机应用系统开发流程示意如图 13.1 所示。

图 13.1　微机应用系统开发流程

13.1.1　总体设计

总体设计是指通过调研和分析，确定应用系统的功能、性能、使用的主要器件以及软硬件分工，并制定设计任务书。设计任务书包括程序功能、技术指标、精度等级、实施方案、工程进度、所需设备、研制费用和人员分工等。总体设计是微机应用系统设计中十分重要的环节，它决定着应用系统的性能指标、生产成本、开发效率和生命周期。合理的总体设计在于对系统要求的全面分析和在此基础上对系统功能与实现方法的综合考虑。

1) 确定系统功能技术指标

设计一个应用系统的基础是完备的系统分析。大多数微机应用系统应用于测控领域，这一类系统要考虑的主要问题是开关量、模拟量的输入/输出和过程控制算法。系统分析的目的是确定系统究竟要完成什么任务，并对控制对象及其控制要求进行文档化，定义应用系统所要达到的功能技术指标，包括：

(1) 系统需要检测的信号，对测试点、检测精度、检测元件及检测方法的要求；

(2) 控制算法的精度和实时性要求，可能出现的突发和平均数据率大小；

(3) 系统输出信号的格式和电平，使用的驱动机构和执行机构；

(4) 系统的操作方式，配备的外围设备，对显示、打印、通信等的要求；

(5) 系统的工作环境及可靠性等级，与系统配合工作的其他电气设备的动态运行情况。

总之，在开始设计前，必须进行周密的调查研究，明确工业现场的硬件资源和工作环境、应用系统要求实现的各项功能技术指标，必要时可以进行现场勘察和小型试验，对产品的实时性、可靠性、通用性、可维护性、先进性以及成本等进行综合考虑，参考国内外同类产品的相关资料，使确定的技术指标更加合理可行且有竞争力。

2) 微处理器的选择

可供选择的微处理器很多，须根据应用系统的设计目标、复杂程度、可靠性、精度和进度要求来选择性能价格比相对合理的微处理器，应主要考虑以下几个方面：

(1) 市场货源。通常设计者只能从市场上可提供的微处理器中选择，特别是将作为产品生产的系统，微处理器需要使用性价比高的成熟产品，所选机型必须有稳定、充足的货源。

(2) 机型性能。微处理器的性能包括位数、指令系统、片内资源、扩展能力、运算速度和可靠性等方面。要根据应用系统的实际需要，选择最容易实现产品技术指标的微处理器，并留有一定的扩展空间，以便于维护和升级。

微处理器的选择一定要以够用为原则，避免盲目追求高频 CPU。因为随着频率的提高，与之相关的配件(如 RAM)也要工作于较高的频率，从而使系统发热量大幅增加，可靠性下降，整体制造成本提高。

(3) 研制周期。在研制任务重、时间紧的情况下，要选择最熟悉的机型和器件，也可直接采用商品化的配件(如研华工控系列板卡)，进行系统集成和二次开发。这种方法对于小批量的工程项目(非商品化的产品)特别有用。

在研制时间比较充裕、产品批量大的情况下，则需要把应用系统的性能价格比核算作为选择处理器的重要依据。

3) 主要器件的选择

除了微处理器外，系统中还有传感器、模拟电路、输入/输出电路等部件和设备。这些部件在器件上应符合应用系统各方面要求，在实现技术指标的同时，再考虑性价比等因素。在总体设计过程中，不需要进行单元电路的设计，但可以对应用系统需要使用的主要器件进行查阅和建议。比如，传感器往往是制约系统性能指标的瓶颈，应根据工作环境和精度要求选择合适的传感器。A/D 转换器有多种形式，应根据模拟信号的变化速度选用合适的 A/D 转换器。如对缓变的温度输入宜采用慢速高精度的双积分型 A/D 转换器，对频率范围较大的声音输入信号宜采用高速的逐次比较型 A/D 转换器，对视频信号进行采集的高速视频 A/D 转换器等。

4) 硬件和软件功能的划分

系统的硬件配置和软件设计应紧密联系、相互结合。对硬件和软件进行划分，以确定哪些功能由硬件电路来实现，哪些功能由软件来实现。这种划分和具体产品的要求有很大关系。在某些场合，硬件和软件具有一定的互换性。多用硬件可以提高工作速度，减少软件开发的工作量，但增加了硬件成本；反之，若用软件代替某些硬件的功能，可以节省硬件开支，增加了灵活性，有利于系统升级，但也增加了软件的复杂性。由于软件是一次性投资，因此在研制产品批量比较大的情况下，能够用软件实现的功能尽量由软件来完成，以便简化硬件结构，降低生产成本，提高系统的可靠性。

总体设计时，需权衡利弊，划分好软、硬件的功能，并按照各部分任务列出其清单，再根据总体方案对软、硬件任务的划分，画出由硬件框图和软件功能图组成的系统结构框图。

5) 总体设计可行性验证

对于较复杂的微机应用系统或必须一次成功的系统，如巡航导弹伺服系统，在进行软、硬件独立设计前需进行系统可行性验证。一般可通过人工论证、标准测试和软件仿真等三种技术途径检验设计的可行性。

13.1.2 硬件设计

硬件设计包括按硬件系统结构选择现成的功能模块、器件装置和自行设计市面上难于买到或虽能买到但不能满足设计要求的模拟、数字接口电路，并制作印制电路板。微型计算机系统的硬件设计有从元件级上的设计和利用应用板(单片单板机)构成系统两大类。从元件级上的设计主要是配置必需的存储器、接口电路和外围设备而组成一个系统，要考虑的主要因素有微处理器选择、存储器配置、输入通道设计、输出通道设计、电源配置和打印、显示、报警、通信、操作、信号等接口电路。利用应用板设计主要指选用市面上销售的通用微处理器产品以缩短开发周期。硬件电路设计时应注意以下几个问题：

(1) 程序存储器：尽量避免用小容量的芯片组合扩充成大容量的存储器；

(2) 数据存储器和 I/O 接口：应尽量减少芯片数量，使译码电路简单；

(3) 地址译码电路：优先考虑线选法；

(4)总线驱动能力：数据总线宜采用双向 8 路三态缓冲器 74LS245 作为总线驱动器，地址和控制总线可采用单向 8 路三态缓冲器 74LS244 作为单向总线驱动器；

(5) 系统速度匹配。

在实际工作中，微机应用系统可能会受到各种外部和内部因素的干扰，使系统工作产生错误或故障。为了减少这种错误和故障，就要采取各种提高可靠性的措施。因此在硬件整合中应认真考虑：整合后形成的系统总线负载大小和各部分负载分配；相互连接的各单元电路间信号电平是否兼容；系统中相互隔离部分的电路是否采用各自独立的电源和地；应尽量减少系统中电源电压的种类，合理安排不同类型电源和地线系统；双绞线抗共模干扰的能力较强，模块间需要进行长线连接的场合，是否选用了双绞线作为接口的信号线。

13.1.3 软件设计

微机应用系统的软件设计是系统设计中最基本且工作量最大的任务。一个较为复杂的应用系统软件，如嵌入式操作系统，其设计往往需要很多人进行多年的工作才能完成。事实上软件设计可包括接口控制程序设计和整体应用程序设计两大部分。前者一般采用汇编语言进行设计，其目标是实现对各接口硬件电路的控制，一般由硬件设计员以子程序、软中断、驱动程序等形式给出；后者一般采用高级语言进行设计，可交给软件设计员完成，一般包括各种算法、人机对话、数据采集、输出控制等，其中数据采集和输出控制是通过调用接口控制程序实现的。以下介绍的软件设计，主要是指在硬件基础上的接口程序的设计。

根据软件程序流程，按模块化的原则设计应用程序。尽量利用经过运行实践证明是切实可靠的测控程序模块，包括实时管理程序，以减少软件设计的工作量。编写模块化程序时要注意使模块可以由多个任务在不同条件下调用，每个独立的模块以不超过 100 句为宜。各模块在逻辑上互相独立，并应尽量限制或减少模块间的信息交换，以利于各个模块的查询和调试。例行操作如延时、显示、标准函数等应尽量利用系统软件中提供的标准调用。

由于软、硬件的界面已经在总体设计方案中划分好，所以两者的设计基本上可以并行进行。由于硬件和软件相互间的联系很多，也可交叉进行。无论硬件还是软件设计，都需要边设计、边调试、边修改。一般需经过几次这样的循环反复才能完成，完成后即进入系统总装阶段。总装是进行实验室联调的前提及必要条件。

按照先粗后细的原则，把整个系统软件划分成多个功能独立、大小适当的模块，应有以下特点：

(1) 结构清晰、简捷、流程合理；

(2) 各功能块程序化、子程序化；

(3) 程序存储区、数据存储区规划合理；

(4) 各功能程序的运行状态、运行结果以及运行要求尽量设置状态标志；

(5) 做好抗干扰设计；

(6) 设置自诊断程序。

13.2　微机应用系统开发与调试

13.2.1　微机应用系统的开发

微机应用系统开发需要解决的问题首先是编程，根据开发工具的性能，可以有机器语言、汇编语言和高级语言三种不同级别的编程方式；其次是排错，主要是指对单片机应用系统的硬件、软件进行综合调试；最后是仿真，实际上也是一种软件和硬件综合在一起的排错调试手段，它能加速目标应用系统的开发。

开发的手段主要有通用机模拟开发和在线仿真开发。开发工具也有不同类型，主要有通用型微机仿真器开发系统、实用型开发系统、通用机开发系统三种。开发工具主要由主机、在线仿真器、仿真软件等组成。

13.2.2　微机应用系统的调试

微机应用系统调试包括硬件调试、软件调试和软硬件综合调试。

1. 硬件调试

硬件调试的任务是排除应用系统的硬件电路故障，包括设计性错误、工艺性故障和样机故障。

(1) 脱机调试。脱机调试是在样机加电之前，先用万用表等工具，根据硬件电路原理图和装配图仔细检查样机线路的正确性，并核对元器件的型号、规格和安装是否符合要求。应特别注意电源的走线，防止电源之间的短路和极性错误，并重点检查总线间是否存在相互间的短路或与其他信号线的短路。对于样机所用电源事先必须单独调试，调试好后，检查电压值、负载能力、极性等是否均符合要求，符合后才能加到系统的各个部件上。在不插芯片的情况下，加电检查各插件上引线端的电位，仔细测量各点电位是否正常，尤其应注意 CPU 插座上的各点电位是否正常，若有高压，联机时会损坏系统。

(2) 联机调试。通过脱机调试可排除一些明显的硬件故障。但有些隐性硬件故障还是要通过联机调试才能发现和排除的。

若开发的是带有 CPU 的小系统，则应使用仿真器。在联机前先断电，把开发系统的仿真插头插到样机上，检查一下开发机与样机之间的电源、接地是否良好。一切正常，即可打开电源。通电后执行开发系统的读/写命令，对用户样机的存储器、I/O 端口进行读/写操作和逻辑检查。若有故障，可用示波器观察有关波形(如选中的译码器输出波形和读/写控制信号、地址线、数据线的波形以及有关控制电平)。通过对波形的观察分析寻找故障原因，并进一步排除故障。可能的故障有线路连接上的逻辑错误、断路或短路现象，还有集成电路失效等。

若开发的是总线接口板，则可将其插入到总线槽中，通过 CPU 板对其进行调试。插入前应设置好接口地址、中断号和 DMA 通道号，以免与 CPU 板的相关编号重叠。对于各接口板(如 A/D、D/A、数字 I/O、通信等)也可通过上述方法进行调试。在调试过程中如发现用户系统工作不稳定，一定要查出原因，进行排除。

2. 软件调试

软件调试包括单步运行、断点运行、连续运行、检查和修改存储器单元的内容、检查和修改寄存器的内容、符号化调试等。

3. 软硬件综合调试

在系统综合调试时，应将全部硬件(包括外设)连接好，应用程序也都组合好。进行完整系统的软硬件调试，不断地调整修改应用系统的软硬件，进一步排除较难发现的软硬件错误，使系统达到预期的技术指标。

13.2.3　实验室模拟运行

将整个联调好的系统在实验室中模拟现场的运行，称为离线仿真。这时，可由人工输入模拟信号(电压)。用仪表(如万用表、示波器等)对输出进行指示，使系统连续运行在实验室模拟运行过程中，设计人员必须仔细观察运行过程中的各种状态，对任何不正常情况必须仔细分析其原因。必要时，可人为地制造一些干扰，以便观察系统的可靠性，亦可将电源拉偏，观察系统的适应能力等。

13.2.4　现场调试、试运行

将所研制的系统放到用户现场，接上用户的常规及专用外设，对专用外设进行逐一调试，使它们进入正常状态。然后，执行用户程序，由用户使用，完成用户要求的功能，使系统进入试运行状态。在试运行过程中，开发者与使用者需要密切配合，仔细观察并记录系统运行的状态。如发现问题，要认真分析，务求尽快解决。在试运行过程中，系统的设计开发人员要认真编写大量的文件、资料。例如，研制项目的背景、研制报告、技术报告、使用维护手册、软件资料、硬件图纸、标准化规范、用户使用报告等。

13.3　应用系统设计实例

本节通过一些典型实例介绍微机系统级的应用设计。

13.3.1 温度控制系统的设计

【例 13.1】 现要求设计一个单片机温度控制系统，自动控制一个温室的温度，实现如下功能：

(1) 温室温度为三挡：第一挡为室温，第二挡为 40℃，第三挡为 50℃。温度控制误差≤±2℃。

(2) 升温由三台 1000 W 的电炉实现。若三台电炉同时工作，可保证温室温度在 3 min 内超过 60℃。

(3) 实时显示温室温度，显示位数为 3 位，即××.×℃(如 38.7℃)。

(4) 当不能保证所要求温度范围时，发出声光报警信号。

(5) 对升温和降温过程时间不作要求。

1. 整体分析与初步设计

1) 对温度控制系统的分析

(1) 温度测量：模拟信号到数字信号的转换(A/D)。

(2) 温度控制：电炉的通电或断电实现温度控制，需要开关量输出通道。

(3) 温度给定：要有相应的给定输入装置，如键盘。

(4) 温度显示：按要求实时显示温室的温度值。

(5) 报警：声光报警信号。

2) 控制方案的确定

对温度控制选用继电器控制方式。

(1) 第一挡：给定温度为室温，切除所有电炉。

(2) 第二挡：给定温度为 40℃，一般情况为 1 台电炉工作。

(3) 第三挡：给定温度为 50℃，一般情况为 2 台电炉工作。

(4) 检测温室：取 A/D 采样周期为 30 s。

3) 硬件和软件功能划分

本系统的设计软硬件划分明显，电路部分用硬件实现，硬件驱动和控制程序采用软件实现。

(1) 硬件系统包括：

- 温度测量电路(传感器、放大器、A/D 转换及接口电路)；
- 温度控制电路(开关量输出和电炉驱动电路)；
- 温度显示电路和输出报警电路等。

(2) 软件功能包括：

- 温度检测(定时采样、软件滤波)功能；
- 利用定时器实现 30 s 定时，以满足采样周期的要求；
- 温度控制的实现，三台电炉的通电与断电；
- 实现定时器 30 s 定时，满足采样周期的要求；
- 显示温度和输出报警。

4) 系统结构框图

温度控制系统的结构框图如图 13.2 所示。

图 13.2　温度控制系统的结构框图

2．系统的硬件电路设计

1) 微机的选择

系统的硬件设计包括温度检测、定时、显示和报警、继电器控制机构等部分的设计。温度检测通过温度传感器、ADC 和 8255 实现，提供中断方式的传输；定时电路完成采样周期的控制，比如每 60 s 采样一次，控制采样过程；显示和报警电路通过 8255 输出利用 LED 显示当前温度；继电器控制机构通过 8255、DAC 和继电器实现对加温、降温机构的控制。局部硬件模块的设计框架如图 13.3 所示。

图 13.3　环境温度测控系统硬件模块示例

2) 输入通道设计

输入通道包括温度传感器、放大器和 A/D 转换器三部分。温度检测采用温度传感器 AD590，运算放大器 OP07 作为信号放大器，A/D 转换器采用 ADC0809。

3) 输出通道设计

输出通道有 3 条，光电耦合双向晶闸管驱动电路，分别控制三台电炉通电和断电。

4) 人机接口设计

(1) 温度设定电路：本例采用 BCD 码拨盘。

(2) 温度显示电路：温度值采用 LED 显示，利用串行口的移位寄存器功能，扩展为三位静态显示 LED 接口电路。

(3) 报警电路：报警电路仅需要一位开关量输出控制，采用微机的 I/O 口线即可。

3. 系统的软件设计

1) 软件总体设计

为减少外界对温度测量的干扰，用软件进行滤波处理，如每个采样周期采集多个数据，去掉最大值和最小值，然后计算平均值作为最后的结果；调节效果的保障可采用 PID 算法实现；采样频率通过 8253 实现对采集过程的控制；转换的数据传输采用中断处理程序。

根据题目要求及硬件设计，软件设计需满足以下要求：

(1) 温度检测：定时启动 A/D 转换，采取四点平均值滤波法抑制信号的干扰。

(2) 温度控制：比较温度检测值和给定值，控制电路的通断。

(3) 定时采样：利用 8253 的定时器 T_0 或 T_1，进行 30 s 定时，以满足采样周期的要求。

(4) 温度显示：在每次检测温度后，将新的温度检测值经过标度变换后由串行口输出给 LED 显示器。

(5) 蜂鸣报警：将每次的温度检测值与设定值作比较，如果其差值超出允许范围，输出报警信号，并将程序转入事故处理程序。

2) 软件设计的模块结构

(1) 程序结构设计：应用程序结构采用中断方式，由定时器发出定时中断申请。主程序进行系统初始化，包括定时器、I/O 口和中断系统的初始化，等待定时中断。在中断服务程序中，先判断是否到 30 s。若不到 30 s，返回；若到 30 s，进行拨盘设定值检测、温度检测、标度变换、温度显示和温度控制等操作，并根据温度检测值决定是否报警。据此可设计出应用程序总体流程，如图 13.4 所示。

图 13.4 应用程序总体流程图

(2) 程序模块划分：在应用程序总体结构中，将温度设定输入、温度检测、温度值标度变换、温度显示、温度控制和报警程序模块等 6 个功能程序作为模块程序。

13.3.2 步进电机控制系统

制造设备的测控系统中，步进电机是一种常用的装置。步进电机是一种脉冲电机，是开环伺服运动系统执行元件，广泛用于数字控制系统，是工业控制过程和精密仪器设备的重要部件。其运动方式有旋转式和直线式。通过将脉冲信号转换为角位移或线位移，步进电机的工作速度与脉冲频率成正比，能够提供高精度的位移和速度控制，具有快速启停的特点，因此广泛用于精密定位的场合，如打印机、绘图仪、机器人和机床设备等都以步进电机为动力核心。

通常电机的转子为永磁体，当电流流过定子绕组时，定子绕组产生一矢量磁场。该磁场会带动转子旋转一角度，使得转子的一对磁场方向与定子的磁场方向一致。当定子的矢量磁场旋转一个角度时，转子也随着该磁场转一个角度。每输入一个电脉冲，电机转动一个角度前进一步。它输出的角位移与输入的脉冲数成正比，转速与脉冲频率成正比。改变绕组通电的顺序，电机就会反转。所以可用控制脉冲数量、频率及电机各相绕组的通电顺序来控制步进电机的转动。这里以感应定子式三相步进电机为例，简单说明其工作原理和控制。

三相步进电机的定子绕有三相线圈，分别称为 A、B、C，按星形连接。两个相邻磁极之间的夹角为 60°，中间的转子是永磁铁，没有线圈，转子圆周均匀分布若干矩形小齿。当 A、B、C 三相线圈轮流通过一定节拍的电流脉冲信号，即励磁时，产生的磁场吸引转子转动，每转动一次的角度称为步距。三相步进电机有三种工作方式：一种是三相三拍式，正转时的励磁相序为 A→B→C→A，反转时的励磁相序为 A→C→B→A；一种是三相双三拍式，正转时的励磁相序为 AB→BC→CA→AB，反转时的励磁相序为 AC→CB→BA→AC；一种是三相六拍式，正转时的励磁相序为 A→AB→B→BC→C→CA→A，反转时的励磁相序为 A→AC→C→CB→B→BA→A。为减少一相线圈交替通电、断电时容易造成的失步和振荡，采用双相轮流通电控制方式，可改善步进电机的性能，获得较好的稳定性。这里为减小步距角度，可选择单双相轮流通电方式，即第三种方式。其步距角按如下公式计算：

$$\theta = \frac{360}{m \cdot Z \cdot K} \ (\text{度})$$

其中，m 为步进电机的相数，Z 为步进电机转子的齿数，K 为通电方式(K=1，相邻两次通电的相数相同；K=2，相邻两次通电的相数不同)。

步进电机不同的轮流通电方式称为"分配方式"。每循环一次所包含的通电状态数称为拍数，用 n 表示，n = m·K。对于三相六拍式步进电机，n = 3×2 = 6 拍，如果转子的齿数 Z = 40，齿距角为 9°，而其步距角 θ = 360/6×40 = 1.5°，即通电 6 次转子转过一个齿距。通过滚珠杆可以将角位移转换为线位移。如果转子转动一周，线位移为 L mm，则容易计算线位移与脉冲拍数间的关系。

【例 13.2】 三相六拍方式步进电机控制。

三相六拍方式步进电机的三相线圈的励磁相序按一定频率给出通电信号，电机会平稳转动。如正转时的励磁相序为 A→AB→B→BC→C→CA→A，转换为 ABC 三相线圈顺序控制字为 001、011、010、110、100、101，通过并口实现多路脉冲循环分配电路，连接控制三相线圈驱动，也可以通过软件用查相序表的办法实现控制字的发送。电机的转向、速度控制、显示等需要加入开关、ADC、定时器、数码显示等电路。硬件系统的设计示例如图 13.5 所示。软件部分主要涉及 8255、ADC 的应用，读者可自行设计。

图 13.5　步进电机控制系统的设计

13.4　基于嵌入式的应用系统设计

13.4.1　典型嵌入式应用系统的构成

一个典型的 MCU 为核心的嵌入式系统硬件构成如图 13.6 所示，通常由单片机、片外 ROM、RAM、扩展 I/O 口及对系统工作过程进行人工干预和结果输出的人机对话通道等组成。

图 13.6　典型嵌入式应用系统的构成框图

单片机常用的输入、输出设备有键盘、LED、LCD 显示器、打印机等；用于检测信号采集的输入通道一般由传感器、信号处理电路和相应的接口电路组成；向操作对象发出各种控制信号的输出通道，通常包括输出信号电量的变换、通道隔离和驱动电路等；另外就是与其他计算机系统或智能设备实现信息交换的通信接口。

13.4.2　嵌入式应用系统的构成方式

应用系统的构成方式因设计思想和使用要求的不同有较大差异。

1. 专用系统

这是最典型和最常用的构成方式，它的最突出的特征是系统全部的硬件资源完全按照具体的应用要求配置，系统软件就是用户的应用程序。专用系统的硬、软件资源利用得最充分，但开发工作的技术难度较高。

2. 模块化系统

由图 13.6 可见，单片机应用系统的系统扩展与通道配置电路具有典型性，因此有些厂家将不同的典型配置做成系列模板，用户可以根据具体需要选购适当的模板组合成各种常用的应用系统。它以提高制作成本为代价换取了系统开发投入的降低和应用上的灵活性。

3. 单机与多机应用系统

一个应用系统只包含一块 MCU 或 MPU，称为单机应用系统，这是目前应用最多的方式。

如果在单机应用系统的基础上再加上通信接口，通过标准总线和通用计算机相连，即可实现应用系统的联机应用。在此系统中，单片机部分用于完成系统的专用功能，如信号采集和对象控制等，称为应用系统。通用计算机称为主机，主要承担人机对话、大容量计算、记录、打印、图形显示等任务。由于应用系统是独立的计算机系统，对于快速测控过程，可由其独立处理，大大减轻了总线的通信压力，提高了运行速度和效率。

在多点多参数的中、大型测控系统中，常采用多机应用系统。在多机系统中，每一个单片机相对独立地完成系统的一个子功能，同时又和上级机保持通信联系，上级机向各子功能系统发布有关测控命令，协调其工作内容和工作过程，接收和处理有关数据。多机应用系统还可以以局部网络的方式工作。

13.4.3　嵌入式应用系统的设计原则

单片机是嵌入式系统的心脏，其机型选择是否合适，对系统的性能优劣、构成繁简，开发工作的难易、产品的价格等方面影响较大。选择单片机时应首先考虑单片机的功能和性能满足应用系统的要求，其次要考虑供货渠道是否畅通、开发环境是否具备。对于熟悉的机型，无疑将提高开发的效率。

应充分利用单片机内的硬件资源，简化系统的扩展，利于提高系统的可靠性。单片机和服务对象往往结合成一个紧密的整体，应了解服务对象的特性，进行一体化设计，在性能指标上应留有余地。

在保证系统的功能和性能的前提下，不要过分追求单片机或其他器件的精度，如八位单片机满足要求就无需选十六位单片机，以降低成本，增加竞争优势。总之，单片机用于产品的设计，要求性价比高，开发速度快，这样就能赢得市场。

软件采用模块设计，便于调试、链接、修改和移植。对于实时性较强的采用汇编语言编程比较合适，对复杂的计算或实时性要求不高的，若对 C 语言比较熟悉，采用 C 语言编程比较合适。

此外，还须考虑应用系统的使用环境，采取相应的措施，如抗干扰等。

13.4.4 电子显示屏设计

电子显示屏广泛用于火车站显示火车到站时刻表、银行利率显示、股市行情显示等公众信息场合。仔细观察可以发现，它是由成千上万个发光二极管(LED)组成的。为方便安装，将若干个 LED 组合在一个模块上，若干个模块再组成大屏幕。

市售的模块按 LED 的排列有 5×7、5×8、8×8 等几种类型；LED 的直径也有大有小，有 1.9、3.0、5.0…；点阵模块按颜色分有单色(红色)或双色，双色的 LED 在一个玻璃管中有红和绿两个 LED，如果红、绿同时发亮，即可显示黄色，因此双色实际上可显示红、绿、黄三色。如图 13.7 所示的是一个 8×8 的单色 LED 点阵模块图，型号为 LMM 2088DX。由图可见，LED 排列成点阵的形式，同一行的 LED 阴极连在一起，同一列的阳极连在一起，仅当阳极和阴极的电压被加上，使 LED 为正偏的，LED 才发亮，对于双色的 LED 模块，同一行的红管和绿管阴极连在一起控制，阳极分别控制。

图 13.7 LMM 2088DX(8×8 单色)引脚图

为了了解电子屏幕的设计原理，便于实验实现，用 6 块 5×8 的模块构成一个 15×16 点阵的小型显示屏，可以显示一个汉字，电路如图 13.8 所示。如果采用行循环扫描法，即左块第一行亮，右块第一行亮，然后左块第二行亮，右块第二行亮……对于列而言，一列只一个亮点，而对一行而言有多个 LED 同时发亮，一个 LED 亮需 10～20 mA 的电流。因此在行线上加上行驱动三极管，列上只用了锁存器而省去了列驱动。

图 13.8　相关电路图

15 行的行选由 2 个 273 完成，地址分别为 FCFFH 和 FDFFH。16 根列选也由 2 个 273 芯片完成。由于列线分为红、绿两色，共需 4 片 273 芯片控制，红色的列选地址为 FAFFH 和 FBFFH。按照"1"亮的规则，一个 16×16 的汉字点阵信息(字模编码)需占 32 个字节，一个"中"的汉字字模编码显示在图 13.9 中。按照从左到右从上到下的原则顺序排列，存放于字模编码表(数组)中。行选轮流选通，列选查表输出，一个字循环扫描多次，就能看到稳定的汉字。

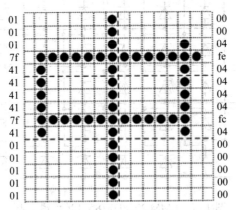

图 13.9　字模编码

　　如下的程序在小显示屏上轮流显示"我爱中华"四个绿色汉字，四个字模编码占 128 个字节，存放于 buff[128]数组中，每字循环扫描显示 1000 遍，再换下一个汉字。根据行、列序号，利用公式计算字模编码在数组中的位置。为消除拖尾，显示间有清屏，显示和清

屏的延时由定时器 T_0 控制，程序清单如下：

```c
#include <reg51.h>
#include <absacc.h>
#define red1 XBYTE[0xf8ff]      /* 第一红色 273 地址 */
#define red2 XBYTE[0xf9ff]      /* 第二红色 273 地址 */
#define green1 XBYTE[0xfaff]    /* 第一绿色 273 地址 */
#define green2 XBYTE[0xfbff]    /* 第二绿色 273 地址 */
#define hang1 XBYTE[0xfcff]
#define hang2 XBYTE[0xfdff]     /* 行 273 地址 */
#define uchar unsigned char
#define uint unsigned int
void delay(unint t);
void clr(void);
void display(uint b);
uchar code
buff[128]={0x04,0x80,0x0e,0xa0,0x78,0x90,0x08,0x90,0x08,0x84,0xff,0xfe,0x08,0x80,0x08,0x90,0x0a,0
x90,0x0c,0x60,0x18,0x40,0x68,0xa0,0x09,0x20,0x0a,0x14,0x28,0x14,0x10,0x0c,0x00,0x78,0x3f,0x80,0x1
1,0x10,0x09,0x20,0x7f,0xfe,0x42,0x02,0x82,0x04,0x7f,0xf8, 0x04,0x00,0x07,0xf0,0x0a,0x20,0x09,0x40,
    0x10,0x80,0x11,0x60,0x22,0x1c,0x0c,0x08,
    0x01,0x00,0x01,0x00,0x01,0x04,0x7f,0xfe,
    0x41,0x04,0x41,0x04,0x41,0x04,0x41,0x04, 0x7f,0xfc,0x41,0x04,0x01,0x00,0x01,0x00,
    0x01,0x00,0x01,0x00,0x01,0x00,0x01,0x00,
    0x04,0x40,0x04,0x48,0x08,0x58,0x08,0x60, 0x18,0xc0,0x29,0x40,0x4a,0x44,0x08,0x44,
    0x09,0x3c,0x01,0x00,0xff,0xfe,0x01,0x00,
    0x01,0x00,0x01,0x00,0x01,0x00,0x01,0x00  } /* "我爱中华" 字模 */
main( )
{ char m;
    for(;; )
    {
        for(m=0;m<=96;m=m+32)
        {   clr( );
            display(m);             /* 显示 */
            clr( );                 /* 清屏 */
            delay(10);              /* 延时 */
        }
    }
    void display(uint b)            /* 显示函数 */
    { uchar i,j,k,n=1;
        uint c;
```

```
        for(c=0;c<1000;c++)
    {   clr( );
        for(k=0;k<2;k++)                   /* k 用以选择两个左右不同的 273 */
        {   for(i=0;i<8;i++)               /* i 选择不同行  */
            {   green1=~buff[b+16*k+2*i];      /* 查字模表，并取反  */
                green2=~buff[b+16*k+2*i+1];
                if(k==0)
                {
                    hang1=~n;hang2=0xff;
                }
                else
                {   hang2=~n;hang2=0xff;      /* k=0，选上面一个 273，同时关闭下半屏显示*/
                }
                hang1=0xff;hang1=0xff;n=n*2;
            }
            n=1;
        }
    }
}
void delay(uint t) {                   /* 延时子程序，延时 t*10 ms */
    uint i;
    for(i=0;i<t;i++){
        TMOD=0x11;
        TL0=-10000%256;   TH0=-10000/256;
        TR0=1;
        do{ }
        while(TF0!=1);
        TF0=0;   }
}
void clr(void)                  /* 清屏子程序 */
{   uchar xdata *ad_drl;
    ad_drl=&green1;
    hang1=0xff;hang2=0xff;
    red1=0xff;red2=0xff;
    *ad_drl=0xff;
    ad_drl++;
    ad_drl=0;
}
}
```

读者若修改程序，则不难变换显示颜色及跑马式显示等各种显示方式，如改换显示的汉字可从汉字库中提取字模，提取汉字字模的方法可以查阅有关资料。

习 题 十 三

1. 怎样进行微机系统级的总体设计？
2. 什么是脱机调试？什么是联机调试？
3. 分析身边涉及微机应用系统设计的实例，概括其设计思路、所采用的技术及其难点。

附　　录

附录 A　实验项目推荐

实验分为微机环境的和实验平台环境的两大类，即软件实验和硬件实验。其实根据需要还可以在不同层面上分为基本实验、拓展实验以及综合设计等。

1. 软件实验

(1) 程序设计类。熟悉汇编语言程序上机环境、步骤、基本调试，掌握汇编程序结构、语句格式、伪指令等内容，完成常用指令的编程，如算术运算指令、逻辑运算指令、查表、转换、数据与字符操作、基本输入和输出等。

(2) 程序结构类。完成诸如多分支程序、循环程序、子程序设计与调用、宏操作、条件汇编等。

(3) 中断调用类。完成 DOS/BIOS 中断程序设计，如磁盘读/写、屏幕显示、程序驻留、时钟中断、键盘输入、文件操作与管理、目录操作与管理、内存分配、中断向量操作、数据通信与输出等内容。

(4) DEBUG 应用。完成 DEBUG 下的编程、程序调试等。

(5) 程序设计综合实验。进制转换与编码工具设计、简单计算器设计、磁盘加密设计、磁盘维护设计、时钟日历设计等。

2. 硬件实验

(1) 8259A 中断实验。完成 8259A 原理认知、硬件连接、初始化、基本功能用法、编程使用等内容。

(2) 8255A 并口实验。掌握 8255A 基本功能和工作原理、构成并口电路的基本方法、8255A 三种工作方式的使用、初始化编程、查询和中断数据的 I/O 操作；设计实际应用系统，如交通灯控制、集成电路测试、八段数码管显示、走马灯控制、I/O 口扩展、数据采集等。

(3) 定时/计数器实验。掌握 8253 基本功能和工作原理、初始化方法、8253 的几种工作方式、8253 在接口电路中的实际应用系统；8253 芯片用于中断请求的产生、定时功能、单脉冲实现、频率发生器、硬件触发选通等。

(4) DMA 实验。掌握 8237 基本功能和工作原理、初始化方法、DMA 方式数据传送等。

(5) 串行通信实验。掌握 8251A、INS8250 的基本功能和工作原理、硬件连接、初始化方法、查询和中断方式的数据通信、双机通信等。

(6) 键盘与显示实验。掌握 8255A 构成非编码键盘的硬件设计和软件驱动设计、LED

和数码显示输出、8279 接口等。

(7) A/D、D/A 转换实验。熟悉 ADC 和 DAC 工作原理和芯片功能特性。运用 ADC 和 DAC 构成硬件系统，并编程实现模拟/数字信号的 A/D 转换和 D/A 转换，得到相关波形(如三角波、锯齿波)、音频驱动、电位数字化输出、温度显示等。

(8) 综合性设计性实验。利用 X86 平台环境或其他系统的支持，采用多芯片构成复杂系统，如 8253-8259、8255-8253、8255-8253-8259、8250-8251-8259、ADC/DAC-8255、ADC/DAC-8255-8259-8253 等，涉及接口板电路设计和驱动程序与应用程序设计；设计诸如电子时钟、密码锁、定时中断的数据采集、实时控制、设备检测、温控系统、监控报警系统、电子琴、交通灯控制、机电控制系统、大屏幕显示、聊天系统、文件传输系统、电机控制、智能系统等综合应用的软硬件系统。

附录 B　ASCII 编码表

高3位 低4位		0	1	2	3	4	5	6	7
		000	001	010	011	100	101	110	111
0	0000	NUL	DLE	SP	0	@	P	`	p
1	0001	SOH	DC1	!	1	A	Q	a	q
2	0010	STX	DC2	"	2	B	R	b	r
3	0011	ETX	DC3	#	3	C	S	c	s
4	0100	EOT	DC4	$	4	D	T	d	t
5	0101	ENG	NAK	%	5	E	U	e	u
6	0110	ACK	SYN	&	6	F	V	f	v
7	0111	BEL	ETB	'	7	G	W	g	w
8	1000	BS	CAN	(	8	H	X	h	x
9	1001	HT	EM	)	9	I	Y	i	y
A	1010	LF	SUB	*	:	J	Z	j	z
B	1011	VT	ESC	+	;	K	[	k	{
C	1100	FF	FS	,	<	L	\	l	|
D	1101	CR	GS	-	=	M	]	m	}
E	1110	SO	RS	.	>	N	↑	n	~
F	1111	SI	US	/	?	O	←	o	DEL

ASCII 编码表中特殊字符的说明：

字符	说明	字符	说明	字符	说明
NUL	空	FF	走纸控制	ETB	信息组传输结束
SOH	标题开始	CR	回车	CAN	作废
STX	正文开始	SO	移位输出	EM	纸尽
ETX	正文结束	SI	移位输入	SUB	换置
EOT	传输结束	DLE	数据链换码	ESC	换码
ENG	询问字符	DC1	设备控制 1	FS	文字分隔符
ACK	认可	DC2	设备控制 2	GS	组分隔符
BEL	报警	DC3	设备控制 3	RS	记录分隔符
BS	退格	DC4	设备控制 4	US	单元分隔符
HT	横向列表	NAK	否认	SP	空格
LF	换行	SYN	同步	DEL	删除
VT	垂直制表				

附录 C　8086/8088 指令系统

指令操作符	功　能	说　明
MOV	数据传送	源操作数→目的操作数
XCHG	数据交换	
XLAT	查表	DS:[BX/EBX+AL]→AL
PUSH POP	入栈 出栈	PUSHA/POPA 对 8 个 16 位通用寄存器操作
PUSHF LAHF	16 位标志寄存器入栈 16 位标志寄存器低字节→AH	对应出栈指令 POPF 对应恢复标志寄存器低字节指令 SAHF
LEA LDS	取偏移地址 取段地址	16 位有效地址→寄存器 32 位远指针→DS:16 位寄存器 (类似的有 LES/LSS 指令)
IN OUT	从端口输入数据 从端口输出数据	端口地址的数据→AL AL→端口地址
ADD ADC INC	加法指令 带进位的加 加 1	源操作数+目的操作数→目的操作数 源操作数+目的操作数+CF→目的操作数
SUB SBB DEC	减法指令 带借位的减 减 1	目的操作数 − 源操作数→目的操作数 目的操作数 − 源操作数 −CF→目的操作数
CMP	比较	目的操作数 − 源操作数，只影响标志位
MUL IMUL	无符号整数乘法 有符号整数乘法	AL/AX*操作数→AX/DX:AX AL/AX*操作数→AX/DX:AX

指令操作符	功　能	说　明
DIV	无符号整数除法	AX/DX:AX÷操作数→AH:AL/DX:AX(商:余数)
IDIV	有符号整数除法	AX/DX:AX÷操作数→AH:AL/DX:AX(商:余数)
DAA	十进制运算后的调整	十进制加调整为压缩 BCD 码
AAA		十进制加调整为非压缩 BCD 码
DAS		十进制差调整为压缩 BCD 码
AAS		十进制差调整为非压缩 BCD 码
AAM		十进制乘积调整为非压缩 BCD 码
AAD	10*AH+AL→AL;0→AH	十进制除法的非压缩 BCD 码调整
CBW	字节扩展为字	把 AL 的符号位扩展到 AH
CWD	字扩展为双字	把 AX 的符号位扩展到 DX
AND	逻辑与	
OR	逻辑或	
XOR	逻辑异或	
TEST	测试位	
NOT	按位取反	
SAL	算术左移	操作数最高位→CF；0→操作数最低位
SAR	算术右移	操作数最高位不变；操作数最低位→CF
SHL	逻辑左移	同 SAL
SHR	逻辑右移	0→操作数最高位；操作数最低位→CF
ROL	循环左移	操作数最高位→CF 和操作数最低位
ROR	循环右移	操作数最低位→CF 和操作数最高位
RCL	带进位的循环左移	操作数最高位→CF，CF→操作数最低位
RCR	带进位的循环右移	CF→操作数最高位，操作数最低位→CF
MOVS	串传送	(DS:SI)→(ES:DI)
CMPS	串比较	(DS:SI)−(ES:DI)，影响 CF、PF、ZF、SF、OF
SCAS	串扫描	AL/AX−(ES:DI)，影响 CF、PF、ZF、SF、OF
STOS	存字符串	AL/AX→(ES:DI)
LODS	取字符串	(DS:SI)→AL/AX
REP	重复操作前缀	重复 CX 指定的次数，直到 CX=0
REPE/REPZ	有条件重复操作前缀	CX≠0 且 ZF=1 重复
REPNE/REPNZ	有条件重复操作前缀	CX≠0 且 ZF=0 重复
INS	从端口输入字符串	
OUTS	从端口输出字符串	
JMP	无条件跳转	
JE/JZ	结果相等/为 0 则转移	ZF=1 则转移
JNE/JNZ	不相等/不为 0 则转移	ZF=0 则转移
JS/JNS	为负/为正则转移	SF=1/0 则转移
JC/JNC	有进位/无进位则转移	CF=1/0 则转移

续表二

指令操作符	功　能	说　明
JO/JNO	溢出/无溢出则转移	OF=1/0 则转移
JP/JPE	结果为偶数个 1 则转移	PF=1 则转移
JNP/JPO	结果为奇数个 1 则转移	PF=0 则转移(类似的还有 JB/JA/JL/JG 等)
JCXZ	计数减为 0 则转移	CX=0 则转移
LOOP	循环操作	CX≠0 则循环
LOOPZ/LOOPE		CX≠0 且 ZF=1 则循环
LOOPNZ/LOOPNE		CX≠0 且 ZF=0 则循环
CALL	子程序调用	CS:IP 入栈并转移到目标程序
RET	子程序返回	CS:IP 出栈并返回
INT N	中断调用 N	
INTO	中断调用 4	
IRET	中断返回	CS:IP 和 FLAG 出栈并返回
STC/CLC	置位/复位进位标志	1/0→CF
CMC	进位标志取反	CF 取反
STI/CLI	置位/复位中断标志	1/0→IF
STD/CLD	置位/复位方向标志	1/0→DF
NOP	空操作	
HLT	停机	
WAIT	等待	
ESC	交权给外部处理器	
LOCK	封锁总线	

附录 D　8086/8088 常用宏汇编伪操作表

伪操作指令	使 用 格 式	功 能 说 明
ASSUME	ASSUME 段寄存器：段名(, …)	定义段所属的段寄存器
DB	变量名 DB 操作数(, …)	定义字节变量(类似的还有 DW/ DD/DQ/DT)
END	END 标号	源程序结束
EQU	表达式名 EQU 表达式	赋值(类似的还有=)
EVEN	EVEN	使地址计数器成为偶数
EXTRN	EXTRN 名：类型(, …)	说明用在本模块的外部符号
GROUP	名字 GROUP 段名(, …)	使指定段在 64K 物理段内
INCLUDE	INCLUDE 文件说明	把另外的源文件放在当前源文件中
LABLE	名字 LABLE 类型	类型如 BYTE/WORD/DWORD/NEAR/FAR
NAME	NAME 模块名	给模块命名

伪操作指令	使 用 格 式	功 能 说 明
ORG	ORG 表达式	地址计数器置为表达式的值
PROC	过程名 PROC 类型(NEAR/FAR)	定义过程
NEDP	过程名 NEDP	
PUBLIC	PUBLIC 符号名(, ...)	说明用在模块中定义的外部符号
SEGMENT ... ENDS	段名 SEGMENT(定位类型)(组合类型)("类别型") 段名 ENDS	定位类型：PARA/BYTE/WORD/PAGE 组合类型：PUBLIC/COMMON AT 表达式/STACK/MEMORY
STRUC STRUC ENDS	结构名 STRUC ... STRUC ENDS	定义结构

IF
...
ELSE
...
ENDIF
	IF XX 变量
	...
	[ELSE]
	..
	ENDIF
		条件伪操作结构

IF	IF 表达式	表达式不为0则为"真"(类似的还有IFE/IF1/IF2/IFDEF/IFNDEF/IFB/IFNB/IFDIF)
MACRO ... ENDM	名字 MACRO(哑元表) ... ENDM	宏定义
&	字符串 & 字符串	合并字符串
PAGE	PAGE(操作数 1)(操作数 2)	控制列表文件的格式和打印，建立页的长度和宽度
SUBTTL	SUBTTL 字符串	在每页标题后一行打印出一个子标题
TITLE	TITLE 字符串	指定第一页第一行要打印的标题

附录 E　中断与功能调用

DOS 的软件中断

中断号 INT n	功　　能	入口参数	出口参数
20H	程序正常退出		
21H	系统功能调用	AH=子功能号 其他入口参数	调用返回参数
22H	结束退出		
23H	Ctrl+Break 中止退出		
24H	出错退出		

续表

中断号 INT n	功　能	入口参数	出口参数
25H	读盘	AL=盘号 CX=读入扇区数 DX=起始逻辑扇区号 DS:BX=缓冲区地址	CF=1，出错
26H	写盘	AL=盘号 CX=写入扇区数 DX=起始逻辑扇区号 DS:BX=缓冲区地址	CF=1,出错
27H	驻留退出		

DOS 系统功能调用

子功能号 AH	功　能	入口参数	出口参数
00H	程序终止	CS=程序段前缀地址	
01H	键盘输入		AL=输入的字符
02H	显示输出	DL=显示输出的字符	
03H	串行通信输入		AL=接收的字符
04H	串行通信输出	DL=发送的字符	
05H	打印输出	DL=打印的字符	
06H	控制台 I/O	DL=FF(输入) DL=字符(输出)	AL=输入的字符
07H	无回显控制台直接输入		AL=输入的字符
08H	无回显键盘输入字符		AL=输入的字符
09H	输出字符串	DS:DX=缓冲区首地址	
0AH	输入字符串	DS:DX=缓冲区首地址	
0BH	检查键盘输入状态		AL=00 无输入 AL=FF 有输入
0CH	清除输入缓冲区并执行指定的输入功能	AL=功能号(1、6、7、8、A)	
0DH	磁盘复位		
0EH	选择磁盘	DL=盘号	AL=系统的盘数
0FH	打开文件	DS:DX=FCB 首地址	AL=00 文件找到 AL=FF 文件未找到
10H	关闭文件	DS:DX=FCB 首地址	AL=00 目录修改成功 AL=FF 文件未找到
11H	查找第一个目录项	DS:DX=FCB 首地址	AL=00 找到 AL=FF 未找到

续表一

子功能号 AH	功　　能	入口参数	出口参数
12H	查找下一个目录项	DS:DX=FCB 首地址	AL=00 找到 AL=FF 未找到
13H	删除文件	DS:DX=FCB 首地址	AL=00 删除成功 AL=FF 未找到
14H	顺序读	DS:DX=FCB 首地址	AL=00 读成功 AL=01 文件结束，记录无数据 AL=02 DTA 空间不够 AL=03 文件结束，记录不完整
15H	顺序写	DS:DX=FCB 首地址	AL=00 写成功 AL=01 盘满 AL=02 DTA 空间不够
16H	创建文件	DS:DX=FCB 首地址	AL=00 创建成功 AL=FF 无磁盘空间
17H	文件改名	DS:DX=FCB 首地址 DS:DX+1=旧文件名 DS:DX+17=新文件名	AL=00 改名成功 AL=FF 改名不成功
19H	取当前磁盘号		AL=当前驱动器号
1AH	设置 DTA 地址	DS:DX=DTA 地址	
1BH	取当前驱动器 FAT 信息		DS:BX=FAT 标志字节 AL=每簇扇区数 CX=扇区大小 DX=驱动器总簇数
1CH	取指定驱动器 FAT 信息	DL=盘号(0=默认值，1=A)	DS:BX=FAT 标志字节 AL=每簇扇区数 CX=扇区大小 DX=驱动器和簇数
21H	随机读一个记录	DS:DX=FCB 首地址	AL=00 读成功 AL=01 文件结束 AL=02 缓冲区溢出 AL=03 缓冲区不满
22H	随机写一个记录	DS:DX=FCB 首地址	AL=00 成功 AL=FF 盘满
23H	取文件长度	DS:DX=FCB 首地址	AL=00 成功，长度在 FCB； AL=01 未找到
24H	设置随机记录号	DS:DX=FCB 首地址	
25H	设置中断向量	DS:DX=中断向量 AL=中断向量号	
26H	建立 PSP	DX=新的 PSP	

续表二

子功能 号 AH	功　能	入口参数	出口参数
27H	随机块读	DS:DX=FCB 首地址 CX=记录数	AL=00 读成功 AL=01 文件结束 AL=02 缓冲区溢出 AL=03 缓冲区不满
28H	随机块写	DS:DX=FCB 首地址 CX=记录数	AL=00 写成功 AL=01 盘满 AL=02 缓冲区溢出
29H	分析文件名	ES:DI= FCB 首地址 DS:SI=ASCII 串 AL=控制分析标志	AL=00 标准文件 AL=01 多义文件 AL=FF 非法盘符
2AH	取日期		CX:DH:DL=年:月:日
2BH	设置日期	CX:DH:DL=年:月:日	
2CH	取时间		CH：CL = 时：分，DH：DL = 秒：百分秒
2DH	设置时间	CH:CL=时:分，DH:DL=秒:百分秒	
2EH	设置磁盘读写标志	AL=00 关闭标志 AL=01 打开标志	
2FH	取 DTA 地址		ES:BX=数据缓冲区 DTA 首地 址
30H	取 DOS 版本号		AH:AL=主版本号:辅版本号
31H	程序结束并驻留	AL=返回码 DX=驻留大小	
33H	Ctrl+Break 检测	AL=00 取状态 AL=01 置状态	DL=00 关闭检测 DL=01 打开检测
35H	取中断向量	AL=中断类型号	ES:BX=中断向量
36H	取磁盘空闲空间	DL=驱动器号(0=缺省，1=A，2=B，…)	失败：AX=FFFF 成功：AX=每簇扇区数 BX=有效簇数 CX=扇区大小 DX=驱动器总簇数
38H	取国家信息	DS:DX=信息区首地址	BX=国家代码
39H	建立子目录	DS:DX=ASCII 串	AX=错误码
3AH	删除子目录	DS:DX= ASCII 串	AX=错误码
3BH	改变当前目录	DS:DX= ASCII 串	AX=错误码
3CH	建立文件	DS:DX= ASCII 串 CX=文件属性	AX=文件号(成功)；错误码(失 败)
3DH	打开文件	DS:DX= ASCII 串 AL=0 读；1 写；2 读写	AX=文件号(成功)；错误码(失 败)
3EH	关闭文件	BX=文件号	AX=错误码(失败)

子功能号 AH	功　能	入口参数	出口参数
3FH	读文件或设备	DS:DX=数据缓冲区地址 BX=文件号 CX=读取字节数	AX=实际读入的字节数(成功)；错误码(失败)；0 读到文件尾
40H	写文件或设备	DS:DX=数据缓冲区地址 BX=文件号 CX=写入字节数	AX=实际写入的字节数(成功)；错误码(失败)
41H	删除文件	DS:DX= ASCII 串地址	AX=00(成功)；错误码(失败)
43H	文件属性操作	DS:DX= ASCII 串地址 AL=0 取文件属性 AL=1 置文件属性 CX=文件属性	CX=文件属性(成功)；错误码(失败)
44H	设备 I/O 控制	BX=文件号 AL=0 取状态；1 置状态；2 读数据；3 写数据；6 取输入状态；7 取输出状态	DX=设备信息
45H	复制文件号	BX=文件号 1	AX=文件号 2(成功)；错误码(失败)
46H	强制文件号	BX=文件号 1；CX=文件号 2	AX=文件号 1(成功)；错误码(失败)
47H	取当前路径名	DL=驱动器号，DS:SI= ASCII 串地址	DS:SI= ASCII 串(成功)；错误码(失败)
48H	分配内存空间	BX=申请内存容量	AX=分配的内存首址(成功)；BX=最大可用空间(失败)
49H	释放内存空间	ES=内存起始地址	AX=错误码(失败)
4AH	调整分配的内存空间	ES=原内存起始地址 BX=再申请内存容量	AX=错误码，BX=最大可用空间(失败)
4BH	装入/执行程序	DS:DX= ASCII 串地址 ES:BX=参数区首地址 AL=0 执行，3 装入不执行	AX=错误码 (失败)
4CH	程序终止	AL=返回码	
4DH	取返回码		AL=返回码
4EH	查找第一个匹配文件	DS:DX= ASCII 串地址 CX=属性	AX=错误码 02/18 (失败)
4FH	查找下一个匹配文件	DS:DX= ASCII 串地址 (文件名带*/?)	AX=错误码 18 (失败)
54H	读取磁盘读写标志		AL=当前标志值
56H	文件改名	DS:DX= ASCII 串地址(旧) ES:DI= ASCII 串地址(新)	AX=错误码 03/05/17 (失败)
57H	文件日期时间操作	BX=文件号 AL=0 读取 AL=1 设置(DX:CX)	AX=错误码(失败) DX:CX=日期和时间(成功)

ROM-BIOS 功能调用

中断号	功 能 说 明
10H	显示器 I/O 调用，完成显示模式设置、字符和图形显示功能
11H	设备检测调用，提供系统硬件配置服务
12H	存储器检测调用，可获得常规内存大小
13H	磁盘 I/O 调用，提供磁盘读写、检测、格式化、复位等服务
14H	异步串行通信调用，完成串口初始化、收发字符、提示状态的功能
15H	磁带机 I/O 服务
16H	键盘 I/O 服务，读取按键、判别按键、提供键盘状态等
17H	打印机服务，初始化、打印字符、提供状态
19H	自举程序入口
1AH	时钟调用
1BH	Ctrl+Break 控制
1CH	定时处理
1DH	显示器参数表
1EH	软盘参数表
33H	鼠标功能

附录 F　DEBUG 及其命令

DEBUG 是 DOS 的一个外部命令，其命令格式为

　　　[path]DEBUG [filename] [parm1] [parm2]

如果启动时指定的 filename 是 .EXE 文件，则 DEBUG 启动后将自动把指定的文件装入内存，并置 CS 为程序代码段段地址，IP 为第一条要执行指令的偏移地址，SS 为堆栈段段地址，SP 为堆栈底部+1 单元的偏移地址，DS 和 ES 是装入文件前第一个可用内存段的段地址(即 DEBUG 程序后的第一个段地址)，标志寄存器的所有标志位为 0，BX(0)和 CX 是装入的文件长度，其余寄存器为 0。

如果启动 DEBUG 时指定的文件 filename 不是 .EXE 文件，则 DEBUG 将把文件装入内存，并置四个段寄存器为 DEBUG 程序后面的第一个段地址，IP 指向 100H，SP 指向这个段的段尾，标志寄存器的所有标志位为 0，BX 和 CX 是装入的文件长度，其余寄存器为 0。

如果启动 DEBUG 时不指定 filename，则只是把 CPU 的各寄存器进行初始化，初始化结果与上述的第 2 点相同。这时要想显示、修改文件，可以用 DEBUG 的子命令装入文件。

命令	功能	格　式	作　用　说　明
A	汇编	A [地址]	从指定地址开始汇编一段小程序，省略地址，则从 CS:100H 开始或上次 A 命令结束位置开始
C	比较	C 范围 地址	比较两个内存块的内容，范围是起始地址、块长或起始地址、结束地址
D	显示	D [地址/范围]	显示十六进制数据内容
E	修改	E [地址/地址 表]	用表或输入的内容替换指定地址的内容
F	填充	F 范围 表	用表的内容反复覆盖填充指定范围的内存空间
H	运算	H 值 1 值 2	用十六进制计算值 1、值 2 的和与差
G	执行	G [=地址][断点地址]	从当前地址或指定地址开始执行到断点或程序结束
L	装入	L [地址] [盘号 起始扇区号 扇区数]	把打开的文件或磁盘扇区装入指定开始地址的内存（盘号 0=A 盘、盘号 1=B 盘、盘号 2=C 盘…）
N	命名	N 文件名	命名文件，要装入内存或写到磁盘的文件的名字(包括盘符和路径)
I	输入	I 端口地址	从指定端口地址输入数据并显示
O	输出	O 端口地址	从指定端口地址输出数据
M	传送	M 范围 地址	传送指定范围的内容到指定地址开始的内存
Q	退出	Q	退出 DEBUG 环境，返回系统
R	寄存器	R[寄存器名]　　RF	显示所有寄存器内容或显示并修改指定寄存器；显示并修改标志寄存器
S	检索	S 范围 字符串	在指定范围搜索某个字符串
T	跟踪	T[=地址] 条数	从当前或指定地址处执行一条指令,同时显示寄存器内容、标志位信息
P	跟踪	P[=地址]	与 T 类似，但可以跟踪一个过程或软中断
U	反汇编	U[=地址] [范围]	从上次或指定地址开始的范围内存进行反汇编成为指令序列
W	写盘	W [地址] [盘号 起始扇区号 扇区数]	由 CS:100H 或指定地址开始，长度由 BX、CX 给定的内存数据写入磁盘；由指定地址开始，长度由扇区数*扇区容量给定的内存数据写入指定磁盘、指定起始扇区的若干逻辑扇区中；但不能写入以 .EXE 和 .HEX 为扩展名的文件

注：(1) DEBUG 下显示和修改的数据为十六进制，无需加"H"。

(2) 数据操作命令默认段为 DS，指令操作命令默认段为 CS。

(3) DEBUG 的命令参数大多数是地址或地址范围，地址书写格式为

[段地址:]偏移地址

其中，段地址可以用段寄存器名表示，也可以用一个十六进制数表示。地址范围的书写格式为

[段地址:]起始偏移地址 终止偏移地址

或者

　　[段地址:]起始地址 L 长度

(4) 命令经常组合操作，完成一定的功能。

(5) 标志寄存器含义如下：

	OF	DF	IF	SF	ZF	CF	PF	AF
置位	OV=有	DN=减	EI=允	NG=负	ZR=零	CV=有	PE=偶	AC=有
复位	NV=无	UP=增	DI=禁	PL=正	NZ=否	NC=无	PC=奇	NA=无

附录 G　汇编语言程序的上机过程

　　汇编语言源程序的建立、汇编及在计算机上运行汇编语言程序的步骤包括源程序的录入编辑、汇编、连接形成可执行程序、运行等过程。为运行汇编语言程序，需建立汇编语言的工作环境，在磁盘上至少要有以下文件：

- 编辑程序，如 EDIT.EXE；
- 汇编程序，如 ASM.EXE 或 MASM.EXE；
- 连接程序，如 LIKE.EXE；
- 调试程序，如 DEBUG.COM。

有时还需要 CREF.EXE、EXE2BIN.EXE 等文件。

　　文件扩展名的含义如下：

.ASM——汇编语言的源文件。

.CRF——被 CREF 使用的交叉引用文件。

.LST——可打印或显示的汇编语言源列表文件。

.OBJ——可浮动的目标文件，用于生成可执行文件。

　　在对汇编语言程序进行编辑、汇编、连接、运行的任何步骤有错误出现时，都必须对源程序重新编辑、汇编、连接。以下举例说明汇编语言程序上机运行的过程。

1. 建立 ASM 源程序文件

　　例如：把40个字母 a 的字符串从源缓冲区 SOURCE_BUFFER 传送到目的缓冲区 DEST_BUFFER。

　　可以用编辑程序 EDIT 等创建源程序文件 okk.ASM。

```
    ;PROGRAM TITLE
    ;*****************************************
    data segment                    ; 定义数据段
        source_buffer db 40 dup('a')
    data ends
    ;*****************************************
    extra segment                   ; 定义附加数据段
```

```
    dest_buffer db 40 dup(?)
extra ends
;**********************************************
code segment                    ; 定义代码段
;_____
main proc far                   ; 主程序
    assume cs:code,ds:data,es:extra
start:
    push ds
    sub ax,ax
    push ax
    mov ax,data
    mov ds,ax
    mov ax,extra
    mov es,ax
    lea si,source_buffer
    lea di,dest_buffer
    cld
    mov cx,40
    rep movsb
    ret                         ; 返回 DOS
main endp                       ; 主程序结束
;_____
code ends                       ; 代码段结束
;**********************************************
    end start                   ; 结束汇编
```

2. 用 ASM 或 MASM 程序产生 OBJ 文件

建立源程序后, 用汇编程序 **MASM.EXE** 对源文件进行汇编。汇编格式及过程如下:

交互式汇编的格式: [d:][PATH]MASM(回车)

系统提示: Source filename[ASM]:

此时用户输入汇编源程序文件名(缺省文件扩展名为.ASM), 回车。或直接在提示符下输入
MASM 源程序文件。

D:\ASM>MASM okk.asm   ; 对源文件汇编

Microsoft (R) Macro Assembler Version 5.00

Copyright (C) Microsoft Corp 1981-1985, 1987.   All rights reserved.

Object filename [eg_movs.OBJ]:回车   ; 产生目标文件 okk.OBJ

Source listing   [NUL.LST]: okk   ; 在当前目录生成 LST 列表文件

Cross-reference [NUL.CRF]: okk   ; 产生 CRF 交叉引用表

；开始汇编

49318 + 434634 Bytes symbol space free

      0 Warning Errors

      0 Severe   Errors

    在以上汇编过程中，汇编程序输入的源文件是 okk.ASM，其输出可以有三个文件。第一个是我们需要的 .OBJ 文件，这是汇编的主要目的，对提示项[okk.OBJ]:直接回车，就在磁盘上建立了目标文件 okk.OBJ。第二个是 .LST 文件，称为列表文件。这个文件是可有可无的，如不需要则可对[NUL.LST]:回车；如果要产生这个文件，则可键入文件名后回车。如果在汇编过程中发现错误，则汇编程序将在屏幕上显示错误信息，同时也将错误信息写入列表文件中。当然汇编程序只能指出源程序中的语法错误，至于程序的算法或逻辑错误，则应在程序调试时解决。

    汇编过程中汇编程序对源程序进行两遍扫描。第一遍扫视要确定源程序每一行的偏移地址，建立一张符号表。它把用户所定义的符号赋予地址计数器$的值。第二遍扫视中，据符号表、机器指令表、伪指令表把汇编语言指令翻译成机器语言指令。机器指令表是每条汇编指令所对应的机器码。伪操作表是指伪指令名及有关信息。

    源列表文件 .LST 同时列出源程序和机器语言程序清单，并给出符号表、汇编后的出错信息等内容，因而可使程序调试更加方便。源程序 okk.ASM 文件的列表文件 okk.LST 如下：

    ❏ Microsoft (R) Macro Assembler Version 5.00   5/27/10 17:31:28

                                                 Page   1-1

```
  1                     ;PROGRAM TITLE
  2                     ;***************************************
  3 0000               data segment              ; 定义数据段
  4 0000    0028[       source_buffer db 40 dup('a')
  5          61
  6            ]
  7
  8 0028               data ends
  9                     ;***************************************
 10 0000               extra segment             ; 定义附加数据段
 11 0000    0028[       dest_buffer db 40 dup(?)
 12          ??
 13        ]
 14
 15 0028               extra ends
 16                     ;***************************************
 17 0000               code segment              ; 定义代码段
 18                     ;_____
 19 0000               main proc far             ; 主程序
 20                         assume cs:code,ds:data,es:extra
```

```
21 0000          start:
22               ;set up stack for return
23 0000    1E            push ds
24 0001    2B C0    sub ax,ax
25 0003    50            push ax
26               ;set DS register to current data segment
27 0004    B8 ---- R    mov ax,data
28 0007    8E D8        mov ds,ax
29               ;set ES register to current extra segment
30 0009    B8----R      mov ax,extra
31 000C    8E C0        mov es,ax
32                 ;MAIN PART OF PROGRAM GOES HERE
33 000E    8D 36 0000 R     lea si,source_buffer
               ;put offset addr of source buffer in DI
34 0012    8D 3E 0000 R     lea di,dest_buffer
               ;put offset addr of source buffer in SI
35 0016    FC            cld
36 0017    B9 0028      mov cx,40
37 001A    F3/ A4 rep movsb
38 001C    CB       ret              ; 返回 DOS
39 001D          main endp           ; 主程序结束
40          ;_____
41 001D          code ends           ; 代码段结束
42          ;*********************************************
43               end start           ; 结束汇编
```

❏ Microsoft (R) Macro Assembler Version 5.00　　　　　5/27/10 17:31:28

Symbols-1

Segments and Groups:

Name	Length	Align	Combine Class
CODE	001D	PARA	NONE
DATA	0028	PARA	NONE
EXTRA	0028	PARA	NONE

Symbols:

Name	Type	Value	Attr	
DEST_BUFFER	L BYTE	0000	EXTRA	Length = 0028
MAIN	F PROC	0000	CODE	Length = 001D
SOURCE_BUFFER	L BYTE	0000	DATA	Length = 0028
START	L NEAR	0000	CODE	

```
@FILENAME . . . . . . . . . .          TEXT   okk
    37 Source   Lines
    37 Total    Lines
     9 Symbols
49318 + 434634 Bytes symbol space free
     0 Warning Errors
     0 Severe   Errors
```

列表文件分别列出源程序的行号、地址计数器的值、以字节为单位的语句长度、机器码、源程序。列表文件尾部列出的符号表及其他信息包括段名、段的大小及有关属性，以及用户定义的符号名、类型及属性等。

汇编程序能提供的第三个文件是交叉引用表.CRF，它给出了用户定义的所有符号，对于每个符号列出了其定义所在行号(加上#)及引用的行号。它为大程序的修改提供了方便。而一般较小的程序则不使用 .CRF 文件。如果不需要生成 .CRF 文件，直接键入回车即可。

通过汇编无严重错误后，进行链接从而将目标文件(.OBJ)生成可执行文件。若一个程序由多个模块组成，也应该通过 LINK 把它们链接在一起。

3. 用 LINK 程序产生 EXE 文件

汇编程序产生的 .OBJ 文件必须经过链接程序(LINK)文件转换为可执行文件(.EXE)才能被执行。链接命令的格式是：

```
[d:][PATH]LINK(回车)
```

其中可选项 d:是链接文件 LINK.EXE 所在的驱动器名，PATH 为系统链接文件的路径。

对于此例可直接输入如下命令进行链接：

```
D:\ASM>link OKK              ；链接过程开始
Microsoft (R) Overlay Linker    Version 3.60
Copyright (C) Microsoft Corp 1983-1987.   All rights reserved.
Run File [OKK.EXE]:回车        ；产生可执行的 EXE 文件 OKK.EXE
List File [NUL.MAP]: OKK       ；产生 .MAP 文件
Libraries [.LIB]: 回车         ；无需要用到的库文件
LINK : warning L4021: no stack segment    ；无堆栈段例行提示
```

LINK 程序有两个输入文件名 .OBJ 和 .LIB。.OBJ 是需要链接的目标文件，.LIB 则是程序中所需要用到的库文件，如无特殊需要，直接在项[.LIB]:回车。LINK 程序有两个输出文件，一个是 EXE 文件，直接在[OKK.EXE]:回车，就在磁盘上生成可执行文件 OKK.EXE。LINK 的另一个输出文件为 MAP 文件，它是链接程序的列表文件，又称为链接映像，它给出每个段在存储器中的分配情况。下面给出此例的链接映像 OKK.MAP 文件。

```
LINK : warning L4021: no stack segment

Start   Stop    Length Name                        Class
00000H 00027H 00028H DATA
00030H 00057H 00028H EXTRA
00060H 0007CH 0001DH CODE
```

Program entry point at 0006:0000

链接程序给出的无堆栈段的警告性错误，是指明本程序中未定义堆栈段，它并不影响程序的运行。至此，链接过程结束，可以执行 OKK.EXE 程序了。

4．程序的执行

在建立了 EXE 文件之后，就可以直接在 DOS 环境执行程序，即输入可执行文件名。

> D:\ASM>okk
>
> D:\ASM>_

程序运行结束并返回 DOS。如果在用户程序中直接把结果显示在终端上，那么程序运行一结束，结果在终端上就得到了。但 OKK.ASM 程序并未显示出结果，是存储在内存中。只能通过调试程序 DEBUG 才能知道程序执行后的内存情况，另外程序中的错误也需要通过调试程序才能够得到纠正。下面以 OKK.EXE 为例说明 DEBUG 的简单应用。

```
D:\ASM>DEBUG OKK.EXE          ；用调试程序调试 OKK.EXE
-u                            ；反汇编结果
18AB:0000 1E           PUSH    DS
18AB:0001 2BC0         SUB     AX,AX
18AB:0003 50           PUSH    AX
18AB:0004 B8A518       MOV     AX,18A5      ；数据段寄存器的值 18A5
18AB:0007 8ED8         MOV     DS,AX
18AB:0009 B8A818       MOV     AX,18A8      ；附加段寄存器的值 18A8
18AB:000C 8EC0         MOV     ES,AX
18AB:000E 8D360000     LEA     SI,[0000]
18AB:0012 8D3E0000     LEA     DI,[0000]
18AB:0016 FC           CLD
18AB:0017 B92800       MOV     CX,0028
18AB:001A F3           REPZ
18AB:001B A4           MOVSB
18AB:001C CB           RETF                 ；过程结束
18AB:001D 3E           DS:
18AB:001E E704         OUT     04,AX
-
```

DEBUG 可以查看内部寄存器，结果如下：

```
D:\ASM>debug okk.exe
-r                                          ；查看寄存器的内容
AX=0000   BX=0000   CX=007D   DX=0000   SP=0000   BP=0000   SI=0000   DI=0000
DS=1895   ES=1895   SS=18A5   CS=18AB   IP=0000      NV UP EI PL NZ NA PO NC
18AB:0000 1E           PUSH    DS
```

用 DEBUG 运行程序至断点 001C，且显示附加段和数据段的数据如下：

```
-g=0000 001C
```

```
AX=18A8   BX=0000   CX=0000   DX=0000   SP=FFF8   BP=0000   SI=0028   DI=0028
DS=18A5   ES=18A8   SS=18A5   CS=18AB   IP=001C      NV UP EI PL ZR NA PE NC
18AB:001C CB            RETF
-d18a8:0                        ; 显示附加段的内容
18A8:0000   61 61 61 61 61 61 61 61-61 61 61 61 61 61 61 61   aaaaaaaaaaaaaaaa
18A8:0010   61 61 61 61 61 61 61 61-61 61 61 61 61 61 61 61   aaaaaaaaaaaaaaaa
18A8:0020   61 61 61 61 61 61 61 61-00 00 00 00 00 00 00 00   aaaaaaaa........
18A8:0030   1E 2B C0 50 B8 A5 18 8E-D8 B8 A8 18 8E C0 8D 36   .+.P..........6
18A8:0040   00 00 8D 3E 00 00 FC B9-28 00 F3 A4 CB 3E E7 04   ...>....(....>..
18A8:0050   00 75 03 E9 9A 00 BE E7-04 E8 69 02 80 3E 3C 04   .u........i..><.
18A8:0060   00 74 6A 2E A1 4B E8 BB-22 00 BA 01 00 BF 01 00   .tj..K..".......
18A8:0070   CD 21 72 50 8B D8 B8 00-44 CD 21 F6 C2 80 75 68   .!rP....D.!...uh
-d18a5:0                        ; 显示数据段的内容
18A5:0000   61 61 61 61 61 61 61 61-61 61 61 61 61 61 61 61   aaaaaaaaaaaaaaaa
18A5:0010   61 61 61 61 61 61 61 61-61 61 61 61 61 61 61 61   aaaaaaaaaaaaaaaa
18A5:0020   61 61 61 61 61 61 61 61-00 00 00 00 00 00 00 00   aaaaaaaa........
18A5:0030   61 61 61 61 61 61 61 61-61 61 61 61 61 61 61 61   aaaaaaaaaaaaaaaa
18A5:0040   61 61 61 61 61 61 61 61-61 61 61 61 61 61 61 61   aaaaaaaaaaaaaaaa
18A5:0050   61 61 61 61 61 61 61 61-00 00 00 00 00 00 00 00   aaaaaaaa........
18A5:0060   1E 2B C0 50 B8 A5 18 8E-D8 B8 A8 18 8E C0 8D 36   .+.P..........6
18A5:0070   00 00 8D 3E 00 00 FC B9-28 00 F3 A4 CB 3E E7 04   ...>....(....>..
-q                              ; 退出 DEBUG 程序回到 DOS
D:\ASM>_
```

在运行程序前可查看一下附加段的内容，并比较运行程序前后附加段内容的变化情况。对于汇编语言程序，汇编和连接通过，逻辑上正确，表示程序无语法错误和语义错误。但不一定能够执行得到正确结果，需要进一步利用 DEBUG 程序跟踪调试或修改程序，实现设计的功能正确。

参 考 文 献

[1] 邹逢兴. 计算机硬件技术基础简明教程, 北京：高等教育出版社, 2011.

[2] 龚尚福. 微机原理与接口技术. 西安：西安电子科技大学出版社, 2006.

[3] 杨全胜. 现代微机原理与接口技术. 北京：电子工业出版社, 2005.

[4] 陈国良. 计算思维导论. 北京：高等教育出版社, 2012.

[5] 袁芳, 王兵, 等. 计算机导论. 北京：清华大学出版社, 2009.

[6] 教育部高等学校计算机科学与技术教学指导委员会. 高等学校计算机科学与技术专业发展战略研究报告暨专业规范(试行). 北京：高等教育出版社, 2006.

[7] 教育部高等学校计算机基础课程教学指导委员会. 高等学校计算机基础核心课程教学实施方案. 北京：高等教育出版社, 2011.

[8] 教育部高等学校计算机科学与技术教学指导委员会. 高等学校计算机科学与技术专业实践教学体系与规范. 北京：清华大学出版社, 2008.

[9] J.Glenn Brookshear. 计算机科学概论. 刘艺, 等译. 北京：人民邮电出版社, 2007.

[10] 唐朔飞. 计算机组成原理. 北京：高等教育出版社, 2008.

[11] 包健. 计算机组成原理与体系结构. 北京：高等教育出版社, 2009.

[12] 戴梅萼. 微型计算机技术及应用——从16位到32位. 北京：清华大学出版社, 1998.

[13] 耿恒山. 微机原理与接口. 北京：中国水利水电出版社, 2005.

[14] 陆鑫达. 计算机系统结构. 北京：高等教育出版社, 2008.

[15] 董荣胜, 古天龙. 计算机科学与技术方法论. 北京：人民邮电出版社, 2002.

[16] 李恩林, 陈斌生. 微机接口技术300例. 北京：机械工业出版社, 2003.

[17] 汤书森. 微机原理接口技术实验与实践教程. 北京：清华大学出版社, 2008.

[18] 宋杰. 微机原理与接口技术课程设计. 北京：机械工业出版社, 2005.

[19] R E Bryant, D O'Hallaron. 深入理解计算机系统. 机械工业出版社, 2010.

[20] 周苏. 新编计算机导论. 北京：机械工业出版社, 2010.

[21] 郑学坚. 微型计算机原理与接口应用技术. 北京：清华大学出版社, 2008.

[22] 刘乐善. 微型计算机原理与接口技术. 北京：华中科技大学出版社, 2010.

[23] 冯博琴, 吴宁. 微型计算机原理与接口技术. 3版. 北京：清华大学出版社, 2011.

[24] 刘永军. 微型计算机技术与接口应用基础. 北京：清华大学出版社, 2011.

[25] 张晨曦. 计算机系统结构. 北京：高等教育出版社, 2011.

[26] 罗四维. 计算机工程设计导论. 高等教育出版社, 2008.

[27] David Easley, Jon Kleinberg. 网络、群体与市场——揭示高度互联网世界的行为原理与效应机制. 李晓明, 王卫红, 杨韫利译. 北京：清华大学出版社, 2011.

[28] 王伟. 计算机科学前沿技术. 北京：清华大学出版社, 2012.

[29] 孙德文. 微型计算机技术. 3版. 北京：高等教育出版社, 2010.

[30] 潘新民. 微型计算机控制技术. 电子工业出版社, 2003.